SPRING CITY GEOGRAPHY AND METRO PROJECT

泉城地理与地铁工程

◎李罡　李虎　编著

中国建筑工业出版社

图书在版编目（CIP）数据

泉城地理与地铁工程 = SPRING CITY GEOGRAPHY AND METRO PROJECT/李罡，李虎编著. — 北京：中国建筑工业出版社，2020.8

ISBN 978-7-112-25375-3

Ⅰ.①泉… Ⅱ.①李… ②李… Ⅲ.①泉水—水文地质勘探—济南 ②地下铁道—铁路工程—水文地质勘探—济南 Ⅳ.①P641.7②U231.1

中国版本图书馆CIP数据核字（2020）第157687号

责任编辑：李玲洁　付　娇
责任校对：张惠雯

泉城地理与地铁工程
SPRING CITY GEOGRAPHY AND METRO PROJECT
李罡　李虎　编著

*

中国建筑工业出版社出版、发行（北京海淀三里河路9号）
各地新华书店、建筑书店经销
北京点击世代文化传媒有限公司制版
临西县阅读时光印刷有限公司印刷

*

开本：787毫米×1092毫米　1/16　印张：12¾　字数：270千字
2020年8月第一版　2020年8月第一次印刷
定价：158.00元
ISBN 978-7-112-25375-3
（36367）

编委会

序

济南是一座拥有 72 名泉的世界泉水文化遗产名城，因其特殊的水文地质环境，济南的地铁建设一直滞后于国内其他主要城市。如何在保护好泉水的前提下修建地铁，一直是国内外水文地质及工程专家所关注的难题。从 1999 年济南地铁线网规划开始，历经二十余载的研究和积累，与地铁建设和泉水保护相关的科学与技术难题越来越清晰，并逐步得以解决。这本书介绍了这一段时期内的地质认识与泉水保护工作，系统地梳理了大家关心的与泉水保护相关的问题与成果。

本书收集整理了众多济南泉域水文地质研究成果，也汲取了许多水文地理工作者的真知灼见。书中以大量翔实数据、清晰的图文资料阐述了泉城地理演化的历史以及泉域地下水环境与地铁建设的关系，相信本书的出版会为我们认识并解决相关问题提供帮助。特别是在地铁线路的规划、施工方面，本书介绍了四维地质平台等新技术、新工艺，为处理好工程建设和地下水环境保护提供了新思路。

希望能在国内外同行专家的共同努力下，更好地推动地下工程建设和水环境保护和谐共生。相信通过新一轮的济南轨道交通工程实践，本书的研究内容将会延展出更加丰硕的成果，也相信济南必将在泉水声中拥抱自己的地铁线网，拥抱美好的未来。

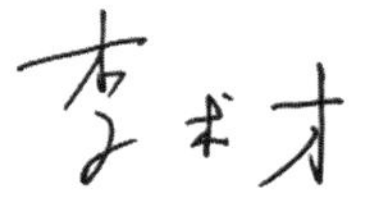

中国工程院院士

前　言

济南，历史悠久，是融“山、泉、湖、河、城”于一体的历史文化名城，境内名泉罗布，被誉为“泉城”。济南伴泉而生、依泉而建、因泉而名。特殊的水文地质环境，既承载了济南悠久的文明，也为现代化城市建设，如地铁工程的快速发展提供了天然屏障。

当地铁彷徨于泉水，当现代文明邂逅城市传承，如何处理好泉水与地铁的关系，实现泉水与地铁的和谐共生，成为泉城地铁人避不开的话题。泉水叮咚，城市美好，是泉城市民的初心；地铁成网，交通便捷，是地铁人的使命。1999 年，济南市编制了《济南市快速轨道交通线网规划》，但当时，在济南趵突泉连续停喷的大背景下，导致济南地铁项目错失良机。2002 年济南市政府邀请多位院士来到济南调研地铁建设对泉水的影响，得出“需进一步充分论证和规划”的结论。

2013 年，济南轨道交通集团成立，成立伊始就将泉水和地铁的共荣共生列为工作目标。在国家、省、市各单位的支持及老一辈地质工作者的帮助下，通过收集、归纳、整理近 60 年的历史资料，市区大量钻孔数据、海量试验数据及水位信息，通过大数据、信息化的手段，建立了四维地质系统，旨在对泉水成因、地铁与泉水的关系开展进一步的探索，以确保工程建设和地下水环境的和谐关系。

本书的编著工作得到“泉城 5150 引才倍增计划”“山东省交通运输科技计划 2019B08”“山东省工业和信息化厅山东省技术创新项目（201921001207）”“山东省重点研发计划（重大科技创新工程）——数字孪生城市四维可视化信息系统及其在济南城区的应用项目（2019JZZY020105）”的支持，也得到济南轨道交通集团领导的关心和支持，书中引用了相关单位及专家、学者的大量文献，在此一并表示感谢！

由于水平所限，书中难免存在不足之处，敬请广大读者批评指正。

目　录

第 1 章

泉城概述

1.1 城市概况

济南，泰山以北，黄河以南，济水之东。4600年前，先人择泉而居出现城市文明的雏形，形成了以青铜器为标志的龙山文化。济南是一座在泉水中生长起来的城市，境内泉水众多，被誉为“泉城”。“济南”之名来源于西汉时设立的济南郡，济南之“济”是指济水，济南意为济水之南，古济水发源于现河南省济源市，大致相当于现在的黄河流域山东段。后因黄河在新莽天凤元年（公元14年）从濮阳改道流入济水以北的那一段河道。在1128年改道时，黄河下游流入泗水，1855年改道时，黄河下游流入济水，因此成为黄河下游的干流河道。而济南的地名还是保存了下来。

济南最早对泉的记载出现于1500年前的甲骨文，商代末期帝乙、帝辛（纣）克东夷时甲骨文卜辞中的“泺（音‘洛’，四声）”字，即今日的趵突泉，从而把济南泉水有文字记载的历史上溯至3562年前（即公元前1542年）（图1.1-1）。

图1.1-1 甲骨文卜辞（“泺”，右数第一列第二个字）

济南历史悠久，是国务院公布的历史文化名城，城市因泉而灵动，因山而稳达，古往今来在这片土地上，演绎着一代代山与泉的故事，元代《鹊华秋色图》正是济南最好的历史写照。其作者赵孟頫是元代著名的书法家、画家和诗人，曾在济南做过官，他对济南的山水河湖泉十分喜爱，留下了“泺水发源天下无，平地涌出白玉壶”“云雾润蒸华不注，波涛声震大明湖”等脍炙人口的名句。《鹊华秋色图》描绘的是济南市北郊鹊山和华山一带的风景，自然质朴、幽远宁静，《鹊华秋色图》自创作之日起，就成为和济南有关的最有价值的画作和艺术品，亦成为济南的代名词。提起这幅画，人们自然就能想到济南（图 1.1-2）。

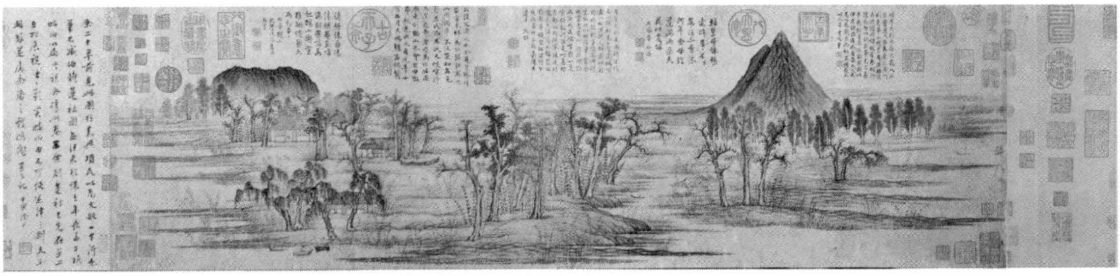

图 1.1-2 鹊华秋色图

整个城市虽居北方，却胜似江南。济南古城自开辟以来，城址从未迁移，究其原因则是“巧居广川之上，大山之下，两利兼得”之故。近代以来，济南作为山东省省会，是全省政治、经济、文化、科技、教育、旅游和金融中心，全国重要交通枢纽和重要工业基地。随着 2019 年 1 月 9 日，莱芜撤市划区并入济南市，济南全市目前共辖 10 区、2 县，市域总面积 10244km^2，人口 870 万人（2019 年）。

1.2 城市泉水

济南素有“泉城”之美誉。万千清甘冽美的泉水，在城市中心涌出，涓涓细流，小汇成河、大聚腾湖。悠悠千古，盛水时节，泉涌密集区，处处呈现“家家泉水，户户垂杨”“清泉石上流”的绮丽风光（图 1.2-1）。

济南最著名的趵突泉，北魏郦道元《水经注》载：“泉源上奋水涌若轮，突出雪涛数尺，声如隐雷”。“泺水出历城县故城西南，泉源上奋，水涌若轮，觱涌三窟”。宋齐州（济南）太守曾巩就评价道：“齐多甘泉，冠于天下”。清代康熙皇帝南游时，曾观赏了趵突泉，兴奋之余题了“激湍”两个大字，并封其为“天下第一泉”（图 1.2-2）。

虽说世人常以“七十二名泉”描述古城济南泉水之多。但实际上，济南的泉水，远不止 72 处，历代诸家所记载不尽相同。仅在老城区 2.6km^2 的范围内，就有名泉 136 处，连同市郊及济南市所辖的章丘、长清、平阴境内分布的名泉，总数达 733 处之多。这在国内乃至世界上，都是绝无仅有的（图 1.2-3）。

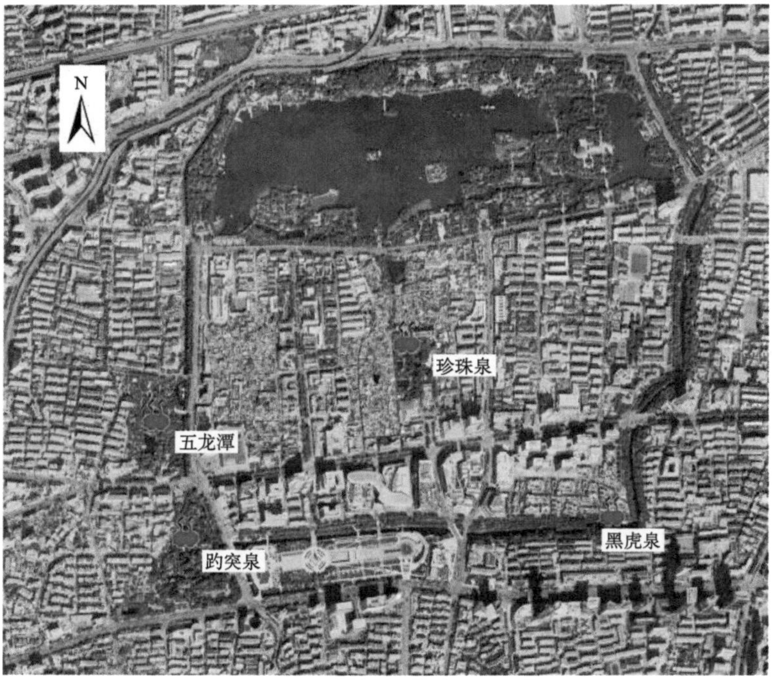

图 1.2-1　济南泉域四大泉群

图 1.2-2　石碑“激湍”

（a）　　　　　　　　　　（b）

图 1.2-3　济南名泉（1）

（a）趵突泉；（b）檀抱泉；（c）圣水泉；（d）涌泉；（e）苦苣泉；（f）袈裟泉

（c）　（d）

（e）　（f）

图 1.2-3　济南名泉（2）

（a）趵突泉；（b）檀抱泉；（c）圣水泉；（d）涌泉；（e）苦苣泉；（f）袈裟泉

1.3　城市发展面临的问题

近年来，由于社会经济的快速发展和城市化进程的提速，大量人口涌入城市，交通拥堵、环境污染、住房短缺等问题日益凸显。济南作为山东省省会，省级行政办公、市级商贸金融中心、省级教育科研机构、体育文化等中心功能高度集中于老城区，尤其是城市中心区内部交通需求巨大，而我国城市用地条件决定了道路交通供给难以满足交通需求（道路面积率比欧美国家一般水平低 1 倍，道路网密度比欧美国家低 5 ~ 10 倍）。城市发展不堪重负，发展空间明显不足（图 1.3-1）。

济南“四面荷花三面柳，一城山色半城湖”的古城风貌特征，山、泉、湖、河、城有机结合为一体。随着济南市经济的快速发展、人口增加、城市规模的不断扩大，过快过量的城市改造在一定程度上破坏了自然生态系统和历史文化环境。由于很长一段时间旧城改造与新区建设重点不突出，开发方向不明确，城市功能过度集中，老城负荷日益加重，老城区的无序开发建设破坏了城市特色风貌。同时，老城改造速度过快、强度过大、密度过高，缺乏开敞空间，对古城格局造成了破坏性影响。具有“远东第一”美誉的济南老火车站，曾是亚洲最大的火车站，其哥特式建筑风格曾出现在清华大学、同济大学的建筑类教科书中，因为当时市政府缺乏对古城的保护意识，在 20 世纪 90 年代被强行拆除，成为城市变迁过程中的一大遗憾（图 1.3-2）。

图 1.3-1　城市功能中心分散布局

图 1.3-2　济南老火车站及拆除现场图

此外，中心城区空间集约度低，造成土地蔓延式发展。近几年，济南的发展呈现中心分散、无法集聚的现状，特别是 2010 年以后，规划建设的城市综合体有 20 多个，分布于中心城各个角落，老城区已建和在建的城市综合体数量达 5 个。分散发展不仅造成土地利用的浪费，还进一步加剧了交通拥堵。

另外，城市综合环境质量有待提升。工业用地布局不合理，工业区位于城市的主导风向上，历史上形成的重化工、建材、机械等重工业污染源较多，对城市环境影响较大。除此之外，众多污染工业集中在旧城区，特别是北部，普遍存在效益差、扰民的问题，导致城市环境问题急剧增加。

1.4　大规模建设轨道交通的必要性和紧迫性

早在城市化进程初期，就有人提出“一条道路改变一座城”的观点。

城市人口的集聚和城区面积的扩大，带来了出行总量的增加及出行距离的延长，常规的公共汽车已无法满足居民的出行需求，交通的发展使得各大城市均把建设大容量的快速轨道交通作为解决城市交通问题的最主要技术政策。

从区域定位来看，济南的城市发展有很大的增长空间，未来将从区域大城市转变为特大型区域中心城市，其不仅具备修建轨道交通的基本条件，而且拥有发展轨道交通的广阔空间。从城市发展来看，建设轨道交通能够顺应济南城市化的进程，引导城市规模有序扩大，缓解人口扩张引发的用地问题，尤其是对优化济南城市环境、提升城市品质和形象具有重大意义。从现状城市交通来看，济南存在城区严重拥堵、内外干扰、公交薄弱、出行困难、事故频发、缺乏安全保障等问题。而与此同时，机动车辆数量在不断迅速增长，机动化水平较高，道路拥堵除在二环路以内区域表现明显外，已经向东西部城区蔓延，部分路段饱和度在 0.95 以上。因此，建设轨道交通是有效缓解地面道路资源供求矛盾的必由之路。

1.5　城市化发展带来的生态挑战

1.5.1　泉域补给区面积变化情况

1.5.1.1　市区范围无节制扩展

根据多时相遥感解译，1954 年济南城区面积仅 28.89km^2，城区位于解放桥以西，棋盘街以东，八一礼堂、南辛庄以北范围。随着社会经济的发展，城市规模逐渐增大，城市扩展方向主要向东、东南、南部、西南方向发展。

城镇化扩展速度最快的时间段是 20 世纪 80 年代以来，主要扩展至南部奥陶系灰岩区，如东郊高新技术产业开发区、中井、荆山、羊头峪、八里洼、千佛山、太平庄—土屋、金鸡岭、十六里河、七贤镇、党家庄一带，这些地区奥陶系灰岩地表岩溶相对发育，直接补给区有效入渗面积随之逐年减少。

2000 ~ 2010 年，10 年间济南市城市化过程占用直接补给区面积增长速率较快，翻了 1 倍多。与 20 世纪 80 年代相比，2015 年直接补给区的有效入渗面积减少了约 130km^2。

1.5.1.2　渗漏带功能日渐衰退

南部山区是济南泉域地下水补给区，正是由于南部山区对泉域地下水源源不断的补给，才有了济南丰沛的地下水源。随着城市的建设和发展，城市“南控线”不断往南推移，而这里恰好是强渗漏带所在。

直接补给区内的许多重要渗漏带遭到不同程度的开发破坏，如中井庄—下井庄渗漏带、南北湖—刘志远强渗漏带、分水岭—北康强渗漏带、兴隆—土屋强渗漏带、浆水泉强渗漏带。以上强渗漏带因城市建设和房地产开发，直接补给区内大量沟谷变窄或被填平、河流改道、湖泊及水库进行防渗处理，渗漏带的自然状态受到了严重破坏，其功能日益减弱，大气降水和地表水在此入渗补给岩溶含水层作用也日益减小。研究成果显示，直接补给区内不透水面积每增加 $1km^2$，就会减少入渗地下水 25 万 m^3，多增加 45.73 万 m^3 的地表径流。硬化面积的增加将直接减少泉域地下水的有效补给。

中国工程院院士王超曾表示，保护济南泉域，应明确 24 个强渗漏带的功能，禁止重金属污染强渗漏区，让更多的人认识到保护强渗漏带的必要性。

1.5.1.3　山体、植被遭到破坏

直接补给区内山体表层均由寒武系九龙群炒米店组、三山子组及奥陶系马家沟群地层组成，这些地层岩溶裂隙发育，富水性好，泉水为该地层所形成含水层中岩溶地下水出露地表形成。山体是大气降水与该地层直接进行水力联系的区域；植被则是涵养水源的必要条件，山体和植被破坏后，大气降水将更多地转化为地表径流，而对岩溶含水层的直接入渗补给作用将会大大变小。

鉴于以上几个方面原因，泉水有效补给区面积的降低，将直接导致泉水补给量的锐减。相比 20 世纪 80 年代，2014 ~ 2015 年降雨条件下，趵突泉泉域岩溶水子系统地下水总补给量由 $73.15 \times 10^4 m^3/d$ 减少为 $48.64 \times 10^4 m^3/d$；长孝岩溶水子系统地下水总补给量由 $17 \times 10^4 m^3/d$ 减少为 $15.25 \times 10^4 m^3/d$；白泉泉域岩溶水子系统地下水总补给量由 $33.7 \times 10^4 m^3/d$ 减少为 $21.11 \times 10^4 m^3/d$。

1.5.2　地下水过度开采

近些年来，通过政府的不断努力，已然实现了大部分自备井、部分水厂、工厂停采或减采地下水，但对于农业用水依旧处于地下水开采阶段。农业灌溉对地下水的需求量较大，每年到农灌时节地下水位就会出现较大幅度的下降。尤其在 3 月和 6 月这两个时节，由于此时泉水处于枯水期，水位本就处于下降趋势，农灌的开启会使得泉水水位以每日超过 3cm 的幅度降低，严重时甚至会达到 7 ~ 9cm/d，如 2016 年 6 月的农灌一度使泉水面临停喷的危险。但农业对于济南的经济来说也是重要的一环，农灌也是农业生产过程中必须的工作，因此如何使农业灌溉与泉水保护之间取得平衡，如何让农业用水尽快脱离抽取地下水而改为长江水、黄河水等客水，这些对于保泉工作来说都是需要尽快解决的问题。

1.5.3 地下水水质污染加剧

随着人类活动的加剧，济南市四大泉群泉水、西郊岩溶地下水和东郊岩溶地下水的常规离子污染呈现明显的恶化趋势，其中硫酸盐、氯离子、总硬度、硝酸盐、溶解性总固体等生活饮用水常规指标含量较 20 世纪 50 年代明显增加。

以标志地下水质量的常规离子——硫酸根离子、氯离子含量为例：1958 年，趵突泉泉水中硫酸根离子、氯离子含量分别为 8.47mg/L 和 9.06mg/L，至 2016 年分别增加到 78.21mg/L 和 42.97mg/L，分别为原含量的 9.2 倍和 4.7 倍，特别是 20 世纪 80 年代后期至今，地下水中离子含量增幅明显加快。

其他地段重金属类、酚、氰化物、石油类等污染物质均被检出，且局部已不能作为生活饮用水源，直接减少了地下水可供开发利用的资源量；泉水水质也相对变差，一定程度上影响了城市的协调发展。而这些问题的产生，与岩溶水子系统直接补给区生态环境的破坏、人类工程建设活动以及直接补给区环境污染的加重有着直接的关系。

1.5.4 泉水水位及水质现状

以上问题的存在，不仅致使直接补给区内岩溶地下水补给量逐年减少，而且补给水的水质也存在着一定的问题。受其影响，泉水的水位和水质也呈现逐年下降的态势，现将近年来济南市泉水水位和水质现状简述如下。

1.5.4.1 泉水水位现状

1980 年以来，泉水断流日趋严重，年断流天数达 180d 以上，“保泉”问题提到议事日程。在保持地下水开采量 55 万 m^3/d 基本不变的情况下，济南市实施水源地向外发展、压缩中心城区地下水开采量的“采外减内”措施，使济南市区泉水得到一定程度的恢复，1984 ~ 1985 年泉水基本保持了持续出流。

1986 ~ 1989 年，除 1987 年降水量较大外，其他年份降水量极小，只有 400mm 左右。降水量的减少使地下水接收大气降水的补给明显减少。另外，城市用水，特别是农田灌溉用水大幅增加，造成了 1986 年、1988 年、1989 年的长期低水位和泉水断流，1989 年平均地下水位为 24.11m、年最低水位为 22m，达到历史最低水平，泉水长期性断流。

1990 年降水量偏丰，地下水位和泉水流量得到一定程度的恢复，1991 年泉水断流时间缩短为 90d。

1992 ~ 1998 年，泉水出流与断流交替出现，泉水年平均流量 2 万 ~ 10 万 m^3/d，年平均地下水位 26 ~ 27m。这是由于在降水量介于多年平均水平 500 ~ 800mm，地下水开采量保持在 55 万 ~ 60 万 m^3/d 的情况下，地下水系统处在一个低水位层次上，“补给”与“排泄”相对平衡的结果。

1999 年 3 月 ~ 2001 年 9 月，济南市区地下水位一直处在趵突泉出流标高 26.8m 以下，创泉水持续断流 926d 的最高纪录，这是历史上泉水断流持续时间最长、跨越年份最多的一次。

2003 年为丰水年，9 月 6 日干枯多年的趵突泉等名泉复涌。同时，章丘百脉泉泉群经过长达 900d 的停喷，也于 2003 年 9 月 16 日实现了复涌。

济南市政府高度重视保泉工作，济南市城市园林绿化局、市政公用事业局、水利局、公共事业局等会同各科研院所、机构开展了大量保泉技术研究，采取一系列保泉措施，确保泉水自 2003 年复涌以来，持续喷涌，保泉工作取得了阶段性成效。

1.5.4.2　泉水水质现状

随着人类活动的加剧，济南市四大泉群泉水、西郊岩溶地下水和东郊岩溶地下水常规离子污染呈现明显恶化趋势，其中硫酸盐、氯离子、总硬度、硝酸盐、溶解性总固体等生活饮用水常规指标含量较 20 世纪 50 年代明显增加，如图 1.5-1 所示。

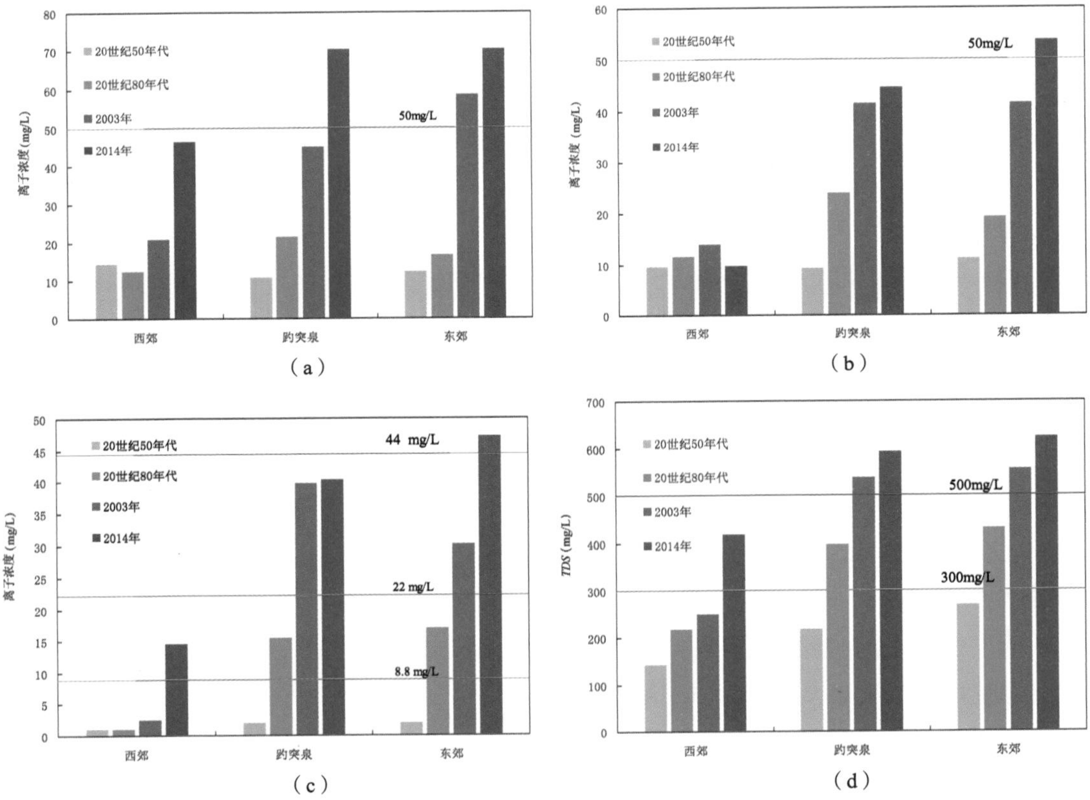

图 1.5-1　西郊、趵突泉和东郊岩溶地下水常规离子不同时期浓度对比图

（a）西郊、趵突泉和东郊岩溶地下水 SO_4^{2-} 不同时期浓度对比图；（b）西郊、趵突泉和东郊岩溶地下水 Cl^- 不同时期浓度对比图；（c）西郊、趵突泉和东郊岩溶地下水 NO_3^- 不同时期浓度对比图；（d）西郊、趵突泉和东郊岩溶地下水 TDS 不同时期浓度对比图

1.6 泉城地铁线网规划要点

轨道交通解决的是交通问题，人们的交通行为，实际上是交通需求和交通供给这一对矛盾因素平衡下的状态。轨道交通作为城市交通方式的一种，同样是需求和供给平衡下的选择。线网规划工作的意义，就是要科学回答“轨交需求”和“轨交供给”这两个方面的问题，以及二者间动态的影响关系和科学的平衡关系，从而阐明作为大城市客运骨干系统的发展方向，同时协调与城市其他要素之间的关系。从“需求”方面讲，轨道交通线网规划主要满足以下要求：包括城市新城建设、旧城改造等土地发展要求；人口的出行要求；交通发展目标要求；城市重要建设项目的交通疏解。从“供给”方面讲，轨道交通线网规划主要考虑：线网合理的规模；线网合理的构架；各条线路合理的运能体量；正线、联络线、车站、车场的位置等。

轨道交通与其他交通方式始终是竞争 / 合作关系，与城市交通其他方式比较，城市快速轨道交通的交通优势如下：由于采用列车编组化运行，因此运量大，单向最高断面可以达到 5 万人/h；由于运行系统封闭独立，因此稳定、干扰小、速度高，旅行速度可以达到 35km/h 以上；由于可采用地下和高架敷设方式，因此占用地面空间小；永久的固定线路，容易形成交通习惯，并给“城市陌生者”以明确的提示；由于采用电能，因此清洁环保；技术水平高，因此发展余地大；但应注意的是，轨道交通优势是相对的、有条件的。

因此，对应这些优势也伴随着这种方式的局限性。大运量要求有足够的客流需求，如果沿线土地容量限制了客流需求规模，建设轨道交通并无意义。速度高是相对于道路拥挤、服务水平较低（城市中心区道路高峰时段机动车平均旅行速度一般在 18km/h 以下）而言的，一旦道路通畅，则轨道交通速度优势并不明显。不占用地面空间（高架或地下）、封闭的交通系统以及技术水平高，意味着建设的高投入。与道路分离，同时高速度、高投入意味着网络密度要远小于道路网，因此交通可达性较差。集约化高效运行，因此是不可自由支配的交通方式，而人们从行为上更趋向于采用可自由支配的交通方式（自行车、私家车、摩托车）。通过以上分析可以看出，轨道交通的优势表现在沿线道路交通供给难以满足交通需求的时候。这也可以理解为城市快速轨道交通是城市道路交通系统的补充，当道路供给足以满足交通需求时，轨道交通并无优势。

轨道交通线网规划是城市总体规划完成之后，土地控制性详细规划开展之前，城市交通体系中的专项规划。一般来说好的线网规划需要具备以下特征。承载性，作为城市综合交通系统的一个有机组成部分，轨道交通线网能协调与其他交通方式之间的关系。稳定性，即在中心区的线路和近期修建的线路，方案能够保持稳定。灵活性，即在外围区的线路和远期修建的线路，方案能够具有灵活变化的适应力。连续性，保持规划的严肃性。可行性，专业可行是最基本的保证，毕竟轨道交通具备很强的专业性，能否实施和实施代价是衡量线网规划优劣的最终标准。符合性，必须符合总体规划意图。

对于泉城济南，线网规划除考虑上述因素外，还需要考虑泉水的因素。在轨道交通建设过程中就要做到，不明显减少泉水的补给量，不阻挡（不揭露）泉水的径流通道，不改变泉眼出露结构。随着线网方案的不断优化和勘测成果的不断更新，最终形成互为指导、以保泉论证成果为技术支撑的轨道交通线网规划成果。总的评价准则是：轨道交通建设不会导致泉水流量发生显著变化。

1.7 泉城地铁建设面临的独特挑战

1.7.1 泉水停喷

特殊的地下水环境，造就了济南流淌了千年的群泉奇观。但由于环境变迁、人类活动等影响，近 40 年中济南以地下水系统为代表的地质环境面临着巨大威胁。自从 20 世纪 50 年代末至 20 世纪 80 年代初期，济南泉水流量锐减，从 35.52 万 ~ 33.58 万 m^3/d 降至 10.48 万 m^3/d，自 1972 年枯水期开始，泉水出现季节性连续断流（图 1.7-1），1999 年 3 月 ~ 2001 年 9 月还出现创纪录的停喷长达 926d 的尴尬局面。

图 1.7-1　泉水季节性断流

1973 年 2 月底黑虎泉首次断流 2 个月，1973 年 5 月趵突泉首次断流 41d 以来，济南泉水经历了多次时间长短不一的断流。以趵突泉为例，自 1973 年 5 月 30 日断流，至 2003 年 9 月 6 日最后一次复涌，累计断流天数达到 6258d，其中最长的一次断流为 1988 年 1 月 1 日 ~ 1990 年 8 月 24 日，连续断流时间 978d，其次为 1999 年 3 月 3 日 ~ 2002 年 9 月 6 日，连续断流时间 926d，最后一次断流为 2002 年 3 月 4 日 ~ 2003 年 9 月 6 日，累计断流时间 548d。全年断流的年份有 1988 年、1989 年、2000 年和 2001 年（表 1.7-1、图 1.7-2）。

济南趵突泉断流时间统计表　　表 1.7-1

<table>
<tr><th rowspan="2">年份</th><th colspan="2">断流时间</th><th colspan="2">出流时间</th><th rowspan="2">断流天数
（d）</th><th rowspan="2">年降水量
（mm）</th><th rowspan="2">市区平均水位
（m）</th></tr>
<tr><th>月</th><th>日</th><th>月</th><th>日</th></tr>
<tr><td>1973 年</td><td>5</td><td>30</td><td>7</td><td>10</td><td>41</td><td>994.40</td><td>28.10</td></tr>
<tr><td>1975 年</td><td>6</td><td>20</td><td>7</td><td>30</td><td>40</td><td>600.10</td><td>28.15</td></tr>
<tr><td>1976 年</td><td>4</td><td>30</td><td>7</td><td>30</td><td>91</td><td>880.80</td><td>27.71</td></tr>
<tr><td>1977 年</td><td>4</td><td>11</td><td>6</td><td>30</td><td>80</td><td>563.30</td><td>27.33</td></tr>
<tr><td>1978 年</td><td>3</td><td>10</td><td>6</td><td>30</td><td>112</td><td>823.60</td><td>27.34</td></tr>
<tr><td rowspan="3">1979 年</td><td>5</td><td>10</td><td>7</td><td>15</td><td rowspan="2">101</td><td rowspan="3">512.40</td><td rowspan="3">27.26</td></tr>
<tr><td>8</td><td>15</td><td>9</td><td>10</td></tr>
<tr><td>10</td><td>15</td><td></td><td></td><td rowspan="2">252</td></tr>
<tr><td>1980 年</td><td>1</td><td>1</td><td>7</td><td>6</td><td>762.20</td><td>27.37</td></tr>
<tr><td>1981 年</td><td>3</td><td>2</td><td></td><td></td><td rowspan="2">552</td><td>386.00</td><td>26.70</td></tr>
<tr><td>1982 年</td><td>1</td><td>1</td><td>9</td><td>6</td><td>644.60</td><td>26.50</td></tr>
<tr><td>1983 年</td><td>1</td><td>1</td><td>9</td><td>21</td><td>263</td><td>596.60</td><td>27.00</td></tr>
<tr><td>1984 年</td><td>2</td><td>25</td><td>8</td><td>10</td><td>157</td><td>700.60</td><td>27.30</td></tr>
<tr><td>1985 年</td><td>3</td><td>25</td><td>6</td><td>15</td><td>82</td><td>606.60</td><td>27.43</td></tr>
<tr><td>1986 年</td><td>3</td><td>10</td><td></td><td></td><td rowspan="2">531</td><td>347.00</td><td>26.64</td></tr>
<tr><td>1987 年</td><td>1</td><td>1</td><td>8</td><td>26</td><td>909.80</td><td>26.24</td></tr>
<tr><td>1988 年</td><td>1</td><td>1</td><td></td><td></td><td rowspan="3">978</td><td>550.50</td><td>26.16</td></tr>
<tr><td>1989 年</td><td>1</td><td>1</td><td></td><td></td><td>365.50</td><td>24.11</td></tr>
<tr><td>1990 年</td><td>1</td><td>1</td><td>8</td><td>24</td><td>779.50</td><td>24.37</td></tr>
<tr><td>1991 年</td><td>4</td><td>30</td><td>7</td><td>29</td><td>90</td><td>764.70</td><td>27.06</td></tr>
<tr><td>1992 年</td><td>4</td><td>15</td><td>12</td><td>30</td><td>259</td><td>541.10</td><td>26.29</td></tr>
<tr><td>1993 年</td><td>1</td><td>1</td><td>9</td><td>17</td><td>260</td><td>834.00</td><td>25.45</td></tr>
<tr><td>1994 年</td><td>3</td><td>20</td><td>7</td><td>8</td><td>110</td><td>873.10</td><td>27.69</td></tr>
<tr><td>1995 年</td><td>4</td><td>20</td><td>8</td><td>7</td><td>109</td><td>599.00</td><td>27.66</td></tr>
<tr><td>1996 年</td><td>3</td><td>1</td><td>7</td><td>18</td><td>130</td><td>834.00</td><td>27.80</td></tr>
<tr><td>1997 年</td><td>6</td><td>1</td><td>12</td><td>31</td><td>210</td><td>619.00</td><td>26.39</td></tr>
<tr><td>1998 年</td><td>1</td><td>1</td><td>8</td><td>13</td><td>224</td><td>757.00</td><td>26.30</td></tr>
<tr><td>1999 年</td><td>3</td><td>1</td><td>12</td><td>31</td><td rowspan="3">926</td><td>574.00</td><td>25.97</td></tr>
<tr><td>2000 年</td><td>1</td><td>1</td><td>12</td><td>31</td><td>720.00</td><td>24.21</td></tr>
<tr><td>2001 年</td><td>1</td><td>1</td><td>9</td><td>17</td><td>600.00</td><td>25.96</td></tr>
<tr><td>2002 年</td><td>3</td><td>4</td><td>12</td><td>31</td><td rowspan="2">548</td><td>456.00</td><td>25.41</td></tr>
<tr><td>2003 年</td><td>1</td><td>1</td><td>9</td><td>6</td><td>987.00</td><td>28.28</td></tr>
<tr><td>累计</td><td></td><td></td><td></td><td></td><td>6258</td><td></td><td></td></tr>
</table>

（a）

（b）

图 1.7-2　干涸的泉水

（a）干涸的趵突泉（1987 年 4 月 22 日，饮虎池水位 25.36m）；（b）干涸的珍珠泉（1989 年 6 月 12 日，水位 23.88m）

1.7.2　泉水通道受破坏

济南南部山区，属泰山北麓，自南而北有中山、低山、丘陵，至市区变为山区和山前倾斜平原的交接带。这种南高北低、坡度平缓的地势，有利于地表水和地下水向城区汇集。在地质构造上，南部山区属泰山隆起北翼，岩层为一平缓的单斜构造，基底为太古界变质岩，上覆有 1000 多米厚的古生界寒武系和奥陶系石灰岩，岩层一般以 7° ~ 13° 倾角向北倾斜，至市区埋没于第四系沉积岩之下。在漫长的地质年代，这些可溶性石灰岩经过多次构造运动和长期溶蚀，岩溶发育，形成大量溶沟、溶孔、溶洞和地下暗河等，共同组成了能够储存和输送地下水的脉状网道，也就是所谓的泉水通道。

当工程建设没有查明泉水通道具体埋深及发育程度时，施工过程中往往会破坏泉水通道。图 1.7-3 所示为济南某隧道施工中遇到溶孔，导致岩溶水大量倒灌进入隧道内；图 1.7-4 所示为济南某医院基坑在开挖过程中遇到溶洞，导致基坑内排水困难；图 1.7-5 所示为市区南部某山体开挖过程中，将原有的水流通道阻断，上游的地下水源源不断地流出。另外，越是接近泉水出露区，地下泉水通道越密集，尤其是泺源大街一带，富水性极强，岩溶水的径流通道厚度较大，曾经其附近有两个重要的广场及商厦在基坑开挖中发生过强烈的突水涌水事故。

图 1.7-3　济南某隧道施工中遇到溶孔

图 1.7-4　济南某医院基坑开挖过程中遇到溶洞

图 1.7-5 济南南部某山体开挖揭露流水通道

1.7.3 强富水地层隧道建设及运维风险

1996 ~ 1997 年济南四大泉群主要补给地段超过 400km² 范围内的四个阶段示踪试验显示，泉水的视流速比井水的视流速约快 21.8 ~ 23.1m/h，五龙潭地下水视流速为 140.0m/h、珍珠泉为 97.2m/h、黑虎泉为 127.6m/h、趵突泉为 104.7m/h。可见，济南泉域岩溶水主要赋存于灰岩的裂隙及溶洞中，处于强径流状态。济南地区裂隙、岩溶发育具有不均匀性和各向异性，故地下岩溶水径流具有不均匀性和各向异性。那么，如何安全有效地在如此强径流岩溶地区进行大规模轨道交通建设，是一个重大的挑战；并且，在强径流可溶碳酸盐岩岩体中，隧道建成后，如何对之进行有效长期的维护，亦鲜有报道，缺乏系统、深入的研究。

1.7.4 轨道交通建设以前研究现状

济南地区保泉工作研究程度相对较高，自 1958 年以来，地矿、水力、地调等部门就开始了对济南地区水文地质、工程地质、城市环境地质和济南泉水的专门研究，市政府牵头组织了各项保泉工程并出台了一系列保泉政策。主要工作可分为以下几个方面。

1.7.4.1 水文地质研究

水文地质研究是济南地区历时最长、投入勘察研究手段齐全、投资最大的一项主要研究工作，研究历程大体可分为以下几个阶段：

第一阶段：1958 ~ 1972 年。开始了济南地区岩溶水的动态研究，初步研究了济南地区的水文地质条件，查明了济南 108 处泉水的分布、流量。

第二阶段：1973 ~ 1982 年。此阶段济南泉水已开始断流，为了查清济南泉水断流的原因，地矿部门在前一阶段工作成果的基础上，调整了观测点布局，扩大了研究区范围，加强了分析研究，为开展济南保泉供水勘察奠定了基础。

第三阶段：1983 ~ 1990 年。地矿部门在济南地区进行全面、系统的 1∶5 万综合地质、水文地质测绘工作。测绘面积达 3000km²。在综合水文地质测绘工作的基础上，又重点在济南市区、东部与西部地区进行了长达 5 年的保泉供水水文地质勘探，开展了水文地质钻探、抽水试验、示踪试验与水质检测等工作，查明了济南泉域的范围及其边界条件，充分论证了济南泉水的来龙去脉，提出了保泉供水的水资源优化调度方案。

第四阶段：1991 年至今。为解决济南保泉供水中存在争议的问题，查明济南泉水的来源，调整济南市供水水源地开采布局，地矿、水利、高校等部门进行大量勘察研究。这一时期提交的主要成果有:《济南泉域西部岩溶水系统水力联系研究报告》《济南泉域岩溶水管理模型报告》《济南保泉供水系统研究》《济南泉水》等。

1.7.4.2　城市环境地质研究

20 世纪 80 年代以来，针对济南已发生变化的生态地质环境，地矿部门提出开展济南城区生态地质环境调查研究工作，主要成果有:《济南市高新技术产业开发新区开发建设环境影响评价报告》《济南市环境地质调查评价报告》《济南地区水资源调蓄与生态环境地质调查报告》《济南城市多参数立体化综合地质调查报告》等。

1.7.4.3　工程地质研究

几十年来，城建、地矿、水利、交通等部门为济南市城市建设开展了大量的工程地质勘察研究工作，积累了丰富的研究资料，比较著名的有济南遥墙国际机场一期、二期、三期工程地质勘察，济南黄河公路大桥工程地质勘察等，在主城区主要进行了大量的高层建筑和普通工民建筑工程地质勘察，积累了丰富的勘察研究资料，对轨道交通建设过程中泉水的保护研究都具有一定的参考价值，为济南市区泉水补、径、排特征研究提供了基础地质、水文地质依据。

纵观以往地质、水文地质、工程地质勘察工作，在 20 世纪 80 年代以前，多采用传统的水文地质勘察方法，20 世纪 80 年代以后，技术人员不断应用新理论、新方法进行济南泉水保护方面的研究和探索，如同位素测试，大型水源地停、抽水试验，大型地下水示踪试验，数值模拟和 GIS 等的应用。

1.7.4.4　市政府相关保泉措施

济南市自保泉工作实施以来，采取了各种管理、技术措施，综合调度，取得了丰富的经验，确保泉水持续喷涌。进入 21 世纪，济南市政府和社会各界高度重视保泉工作，济南市各有关部门多措并举，驻济地矿部门、科研机构、各高校的诸多专家学者为保泉献计献策，不断进行有益的探索与实践。

在科学保泉阶段，主要进行的工作包括:开展封井保泉，严厉查处各类违法取水行为；推进供水水网建设，进行城市供水原水置换；保护和治理南部山区生态、地质环境，实施南部山区植树造林、水源涵养和水土保持工作，保护泉域源头；严格取水许可审批等。

在保泉政策制定阶段，先后出台了《济南市泉水管理暂行办法》《济南市名泉保护管理办法》《济南市名泉保护条例》《济南市保护泉水喷涌应急预案》《济南市名泉保护总体规划》等宏观保泉政策来指导泉水保护。另外，济南市组建南部山区管理委员会对南部山区进行有效保护，对违法违规行为进行整治管理。

在保泉工程实施阶段，为了加强济南市水源支撑与保障，建立"五库连通"工程满足城市供水和生态用水要求；引黄调水生态补源，通过分水口直补玉符河；建立历阳湖生态补源工程，实现地表水转换地下水，补充泉城水源；结合山体海绵工程，提高山体源头水域水源涵养能力。

1.7.5 轨道交通建设以来保泉研究

轨道交通集团成立以后，集团专门成立了保泉研究小组，系统整理收集了山东省地矿工程勘察院、济南市勘察院、山东省城乡建设勘察院、山东正元建设工程有限公司、山东省地质环境监测总站、济南市名泉保护办公室、山东省地质调查院、市规划局、市档案馆、山东大学等单位与本研究有关的部分工程勘察、基坑支护、保泉论证资料等。最终搜集了大量的已有资料，其中钻孔 30000 余个（从 1943 年至今），机民井 4000 余眼，历史水位水质资料 11520 点次，区域地质、水文地质、基坑支护和保泉论证资料 300 多份等（图 1.7-6）。

图 1.7-6 与保泉专家交流

济南市轨道交通线网规划研究阶段，重点研究了趵突泉和白泉等宏观区域和趵突泉地垒段的核心区，其中宏观区研究内容主要为研究岩溶水的补给、径流、排泄特征，研究岩溶水流场，研究泉水形成的地层条件、构造条件及边界条件，不同类型含水层的富水性、水力联系及岩溶水的来源。核心区研究地下水流场、四大名泉的主径流通道位置。以上研究为核心区地铁埋置的适宜深度提供依据。

济南市轨道交通建设规划研究阶段，主要工作是多部门在搜集前人研究成果的基础上，针对轨道交通工程的特点，进行充分分析，结合现场实物工作综合研究。对济南市城市轨道交通建设规划涉及的各线路进行工程地质、水文地质资料搜集和研究，有针对性地投入工程地质、水文地质、物探等实物工作，分析论证工程建设对泉水环境的影响，评价轨道交通建设对济南泉水环境的影响程度；重点研究了线路附近的工程地质条件、线路附近区域的水文地质条件、线路附近的地质环境条件、线路对泉水环境的影响、线路建设的适宜性、工程建设中对泉水环境的保护措施与建议。

济南市轨道交通科技创新与实践阶段，主要深入研究主动保泉措施。建立水文地质动态监测网，监测并预防地下水与工程建设的相互影响，在车站及隧道区间增加导流设施措施，优化地下水过流条件，确保轨道交通在施工和运营期间对泉水径流不产生影响。创新富水地层基坑降水与原位回灌关键技术，地下车站回灌率总体达到80%，保证车站周边水位和开工初期水位基本一致。建设四维地质平台，做到泉水与轨道交通共融共生，为全域轨道交通规划建设提供地质环境方面的指导，提升决策水平和能力。

1.8 小结

济南特殊的水文地质环境为轨道交通绿色建造提供了一道天然屏障，轨道交通施工不但可能会影响到济南群泉的喷涌，还极有可能导致施工区域水质恶化、水环境污染等问题，为了保护好泉水、保护好水文地质环境，必须树立绿色理念建设绿色地铁。特别对于水文地质条件复杂的城市，独特的水文地质条件是区域地下水系统可持续运行的关键性控制因素，例如泉城济南，一旦地下水环境遭受破坏，不但泉水不保，并且极有可能导致济南丧失内在发展动力，直接关系济南乃至整个山东区域经济建设的正常运转和可持续发展。

随着近年济南保泉研究的深入和国家有关政策的支持，发展济南城市轨道交通迎来最佳的机遇期。2012年2月，《济南轨道交通线网规划》通过专家评审论证。2015年1月9日，《济南市城市轨道交通近期建设规划（2015—2019年）》经国务院批准实施，按照先外后内、先快后慢、先易后难的原则，一期建设规划中的三条市域快线已陆续开通。

轨道交通作为造福人民、缓解交通、拉动内需的重大工程对于济南城市的发展和人民生活质量的改善具有重大意义。济南独特地质构造孕育的泉水，是镶嵌在齐鲁大地上的明珠。处理好泉水与地铁的关系，实现泉水与地铁的共荣共生，成为泉城地铁人避不开的终生的话题。

第 2 章

泉城地理

2.1 地形地貌

济南市地处鲁中山地的北缘，南依泰山，北有黄河，地形南高北低。地貌类型包括溶蚀切割中山、溶蚀—剥蚀低山、剥蚀—溶蚀丘陵、山间冲积—洪积平原等。微地貌类型包括溶洞、剥蚀残丘、干谷及冲沟、河流阶地等。

济南市地貌单元可划分为中低山、低山、丘陵、山间冲洪积平原、山前冲洪积平原、黄河冲积平原六种主要类型（表 2.1-1）。评价区自东南至西北地形由高渐低，地貌单元类型依次为：低山、丘陵、山间冲洪积平原、山前冲洪积平原、黄河冲积平原（图 2.1-1）。

地貌单元划分表　　表 2.1-1

地貌类型	地形及特性
中低山（Ⅰ）	标高一般在 600 ~ 900m，区内梯子山为最高点，山顶标高达 975.80m，位于历城区柳埠镇簸箕掌东，是济南市域的南端。主要地质作用为溶蚀、切割
低山（Ⅱ）	冲沟、缓平洼地、溶洞等微地貌发育。标高一般在 500 ~ 800m，切割深度 200 ~ 500m。地质作用以溶蚀、剥蚀为主
丘陵（Ⅲ）	冲沟、缓平洼地、剥蚀残丘、溶洞等微地貌发育。标高一般在 300m 以下，切割深度 200m 以内，山麓有残积、坡积物。鹊山、华山、卧牛山等剥蚀残丘零星分布于黄河、小清河两岸。一般南部连续性强，北部无明显脉络走向，坡度多在 15° ~ 35°。山顶多呈混圆状，沟谷多呈 U 形，沟谷倾角 5° ~ 10°。因岩石抗风化能力不同，形成阶梯式地形。在低山、残丘丘陵区，广泛分布碳酸盐岩，形成一系列岩溶地貌，顺层缓坡可见溶沟、溶槽地形，陡坡不同高程分布有溶洞和落水洞
山间冲洪积平原（Ⅳ）	冲沟、剥蚀残丘等微地貌发育。一般由黄土、黏性土、碎石土等组成，标高一般在 30 ~ 150m 之间，坡度多在 5° ~ 10°，宽度一般 3 ~ 10km，冲沟发育，切割深度 10 ~ 15m。在西巴漏河大站南北有明显的二级内叠阶地；玉符河西渴马至筐李庄也有二级内叠阶地。阶地由黏性土夹砂砾石组成，一级阶地高出河漫滩 2 ~ 3m，二级阶地高出河漫滩 4 ~ 6m
山前冲洪积平原（Ⅴ）	冲沟、冲洪积扇、剥蚀残丘等微地貌发育。地势南东高、北西低，坡度一般 5° ~ 10°，标高一般 25 ~ 50m。冲洪积扇沉积厚度由南向北逐渐增大，北部与黄河冲积平原相接。局部由于人类活动对原始地貌进行了改造
黄河冲积平原（Ⅵ）	冲积砂垄、砂堆、缓平洼地、湖沼洼地、剥蚀残丘等微地貌发育。地势平坦，标高一般 17 ~ 30m。黄河发育有高河漫滩和低河漫滩，低河漫滩位于人工堤坝内，标高 30m 左右，高河漫滩位于人工堤坝外，标高 25m 左右。在小清河与黄河堤坝之间局部分布有沼泽地带。小清河沿岸、章丘白云湖、芽庄湖一带，有湖沼洼地

济南南部为绵延起伏的山区，山势陡峻，区内最高点为摩天岭（标高 988.8m），梯子山（标高 975.5m）位于历城区柳埠，是济南与泰安的边界（图 2.1-2）。

由长城岭向北逐渐过渡为低山、丘陵，标高逐步降至 300m。如七星台标高 680m，兴隆山 578m，至千佛山为 274m。山顶多呈混圆状，沟谷呈 U 形，由于岩石抗风化能力不同，形成阶梯式地形（图 2.1-3）。

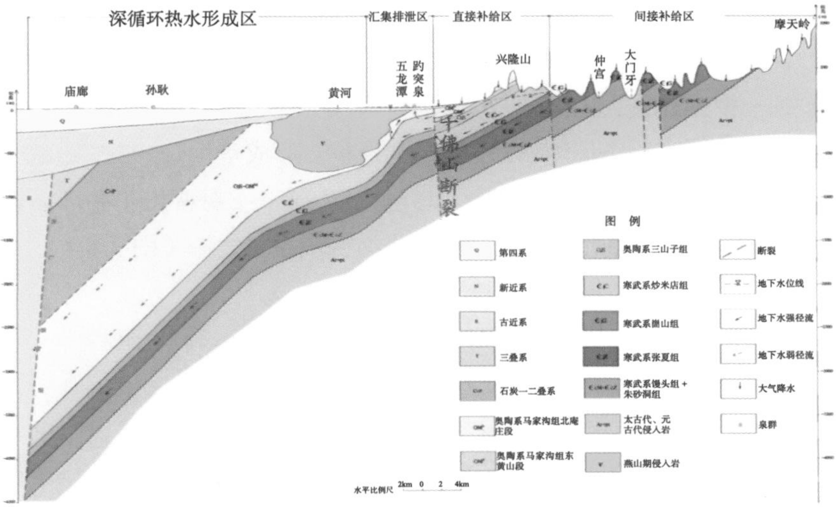

图 2.1-1　济南地区地貌剖面图

图 2.1-2　梯子山

图 2.1-3　七星台

在低山、残丘丘陵区，广泛分布碳酸盐岩，形成一系列岩溶地貌，顺层缓坡可见溶沟、溶槽地形，陡坡不同高程分布有溶洞和落水洞。地貌类型包括溶蚀切割中山、溶蚀—剥蚀低山、剥蚀—溶蚀丘陵、山间冲积—洪积平原等。

济南中北部地区有燕山期侵入的辉长岩体分布，形成华山（197m）、鹊山（120m）、药山（125m）、标山（48m）、凤凰山（49m）、北马鞍山（88m）、卧牛山（96m）、匡山（80m）、粟山（61m）等孤山，有“齐烟九点”之称，成为济南胜景之一（图 2.1-4）。

图 2.1-4　齐烟九点图

北部黄河以北地区，地貌类型单一，属黄河冲积平原，地势平坦，地面标高约 23 ~ 24m，微地貌发育。黄河携带的大量泥砂在下游迅速堆积，河床不断抬高，经多次决口、泛滥、改道形成河道高地、决口扇形地、洼地和缓平坡地等多种微地貌交错重叠分布的格局。

2.2　泉城地质演化

地球自 45 亿年前诞生以来，一直在不停地演化。从一个熔融状态的火球逐渐冷却，不仅演化出水圈、大气圈以及生物圈，同时作为固体地球表层的地壳也在不停地变化，以每年几厘米的速度发生移动，导致地球上各大陆板块时而分开，时而拼合在一起形成超级大陆。中国大陆也是由多个陆块在漫长的地质历史时期逐渐聚合而成。

中国大陆主要包含三个大的古老陆块：华北板块、华南板块和塔里木板块。各板块在拼合过程中，其间的边界则形成缝合带或造山带。华北板块是世界上最古老的陆块之一，已知最老的岩石形成于 38 亿年前，经过 25 亿年和 18 亿年等多期造山事件，最终拼合成为一个统一的稳定大陆克拉通，并成为 18 亿年前的哥伦比亚超大陆的一部分。华南板块已知最老的岩石形成于 33 亿年以前，并经历了从新太古至新元古代的一系列构造演化，并成为 10 亿年前的罗迪尼亚超大陆的一部分（图 2.2-1）。在寒武纪之前，华北板块与华南板块相隔千里，可能一直未曾谋面。

距今 8.5 亿～7.5 亿年期间罗迪尼亚（Rodinia）超大陆重建图

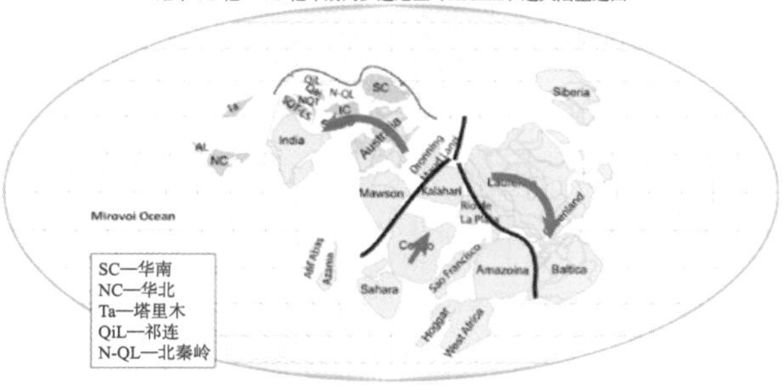

全球主要造山事件及对应的超大陆拼合

时间	造山运动事件	超大陆名称
距今 20 亿~18 亿年	吕梁期	哥伦比亚
距今 11 亿~9 亿年	格林威尔期	罗迪尼亚
距今 6.5 亿~5.5 亿年	泛非期	冈瓦纳
距今 5 亿~4 亿年	加里东期	
距今 3.8 亿~2.5 亿年	海西 / 华里西期	潘基亚
距今 2.4 亿~2.2 亿年	印支期	
距今 0.6 亿~0.35 亿年	喜山期	—

图 2.2-1　新元古代罗迪尼亚超大陆重建图及全球主要造山事件

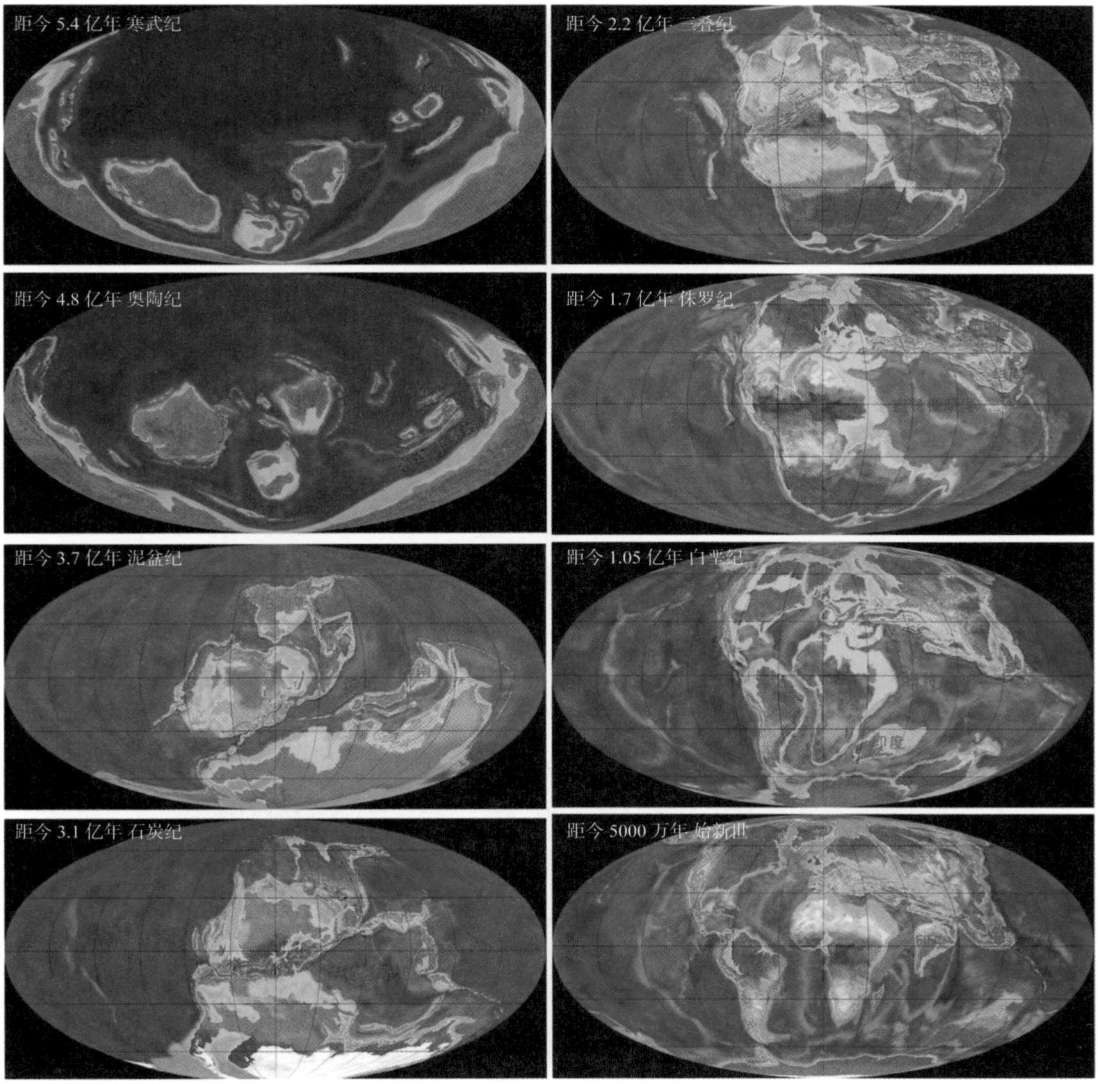

图 2.2-2　不同时期大陆构造更迭

在显生宙（5.4 亿年前），从罗迪尼亚超级大陆裂解出来的陆块开始了重新组合的时代，也是这一时期，组成中国大陆的各个陆块开始了漫长复杂的汇聚历史（图 2.2-2）。在寒武纪，由于洋壳的俯冲消减，祁连—北秦岭微陆块逐渐与华北板块南缘靠近，并最终在 5 亿～ 4.8 亿年之前相遇，并发生碰撞。

在距今 4 亿～ 2.5 亿年的海西构造期，构成后世中国大陆北部的零散地块开始向北漂移、汇聚增生。介于西伯利亚板块和华北板块、塔里木板块之间的古亚洲洋逐渐闭合，形成中亚（蒙古—兴安）造山带，使华北和塔里木板块最终与西伯利亚板块拼合。沿这一造山带发生了大规模的岩浆活动，不仅是多个板块拼合在一起，还有大量新生地壳物质的产生。而在华北板块的南缘，与华南板块之间的古特提斯洋也在向北俯冲消减于华北板块之下，在南秦岭形成了一系列泥盆—石炭纪的增生杂岩以及弧前沉积物。在这一过程中也有大量岩石随着俯冲洋壳带到地壳深部，发生强烈的变质，并形成了以浒湾石炭纪榴辉岩、秦岭武关—刘岭杂岩为代表的石炭纪变质带。

在三叠纪，古特提斯洋最终闭合，华南板块与已经拼合到欧亚板块之上的华北板块发生碰撞，拼合在一起，并形成横贯中国中部的秦岭—大别山—苏鲁碰撞造山带。华南板块北缘的地壳物质曾俯冲到华北板块之下 100 多公里。几乎与此同时，位于华南板块西南部的思茅—印度支那板块也与华南板块碰撞拼合，之间形成金沙江碰撞带的南段。三叠纪晚期，保山—中缅马苏地块拼合到华南板块之上，之间形成澜沧江碰撞带的南段。

在侏罗纪和白垩纪中国大陆发生了被称为燕山运动的地质构造运动，在此期间，由于鄂霍次克板块和伊邪那岐板块先后与欧亚板块东北部碰撞，不仅造成了包括中国东部在内的大面积地区的褶皱隆起，并且使欧亚板块逆时针旋转了 30°，使这一板块逐渐接近现在的取向。

到了新生代，印度大陆一路向北飞奔，撞上了欧亚大陆，发生强烈碰撞，印度大陆北缘地壳俯冲到青藏高原底下超过 1000km，导致喜马拉雅山脉形成和青藏高原的隆升。至此，中国大陆的拼合过程基本完成。

济南地区在大地构造单元中地处华北板块、鲁西隆起区、鲁中隆起、泰山—济南断隆、泰山凸起的北缘，是隆起地块的北侧单斜构造带。自古生代以来，济南所处的华北板块（克拉通）经历的主要构造事件包括南部秦岭洋闭合，华北与扬子克拉通碰撞拼合，北部古亚洲洋和蒙古洋先后闭合，中国大陆与西伯利亚板块碰撞；中生代中国大陆东部成为环太平洋活动大陆边缘的组成部分。

济南所处的华北地区内地层南老北新，主要由广泛发育的古生代及新生代地层组成。古生代地层由出露好且较齐全的寒武系—奥陶纪碳酸盐岩沉积地层构成；新生代地层主要为第四纪地层。济南地区位于华北克拉通中东部，经历了漫长的地质演化历史。出露最老的地质体为新太古代泰山岩群变辉长岩（斜长角闪岩）。新太古代至古元古代是地壳活动异常强烈时期，以变质变形，岩浆频繁侵入为特征。古元古代末期华北克拉通基本形成，中、新元古代是一个相对平静时期，地质作用以隆升剥蚀为主。进入古生代，华北克拉通进入一个全新时期，处于比较稳定的状态，广泛发育早古生代海相沉积及晚古生代海陆交互相沉积；至中生代华北克拉通再次活化，断裂及中基性岩浆岩发育。新生代构造活动以不均匀隆升为主（表 2.2-1）。

2.2.1　太古代

太古代，是地质发展史中最古老的时期，该时期所形成的地层称为太古宇。该时期延续时间长达 15 亿年，是地球演化史中具有明确地质记录的最初阶段。太古代是地球演化的关键时期，地球的岩石圈、水圈、大气圈和生命的形成都发生在这一重要而又漫长的时期，大约 39 亿年前，地球形成最初的永久地壳，至 35 亿年前大气圈、海水开始形成。

新太古代早期（距今 27.5 亿年左右），济南地区地幔隆起，地壳减薄，基性岩浆侵入和喷发。地幔内部能量得到消耗，岩浆活动减弱并停止，形成新太古代绿岩带（泰山岩群）（图 2.2-3）。

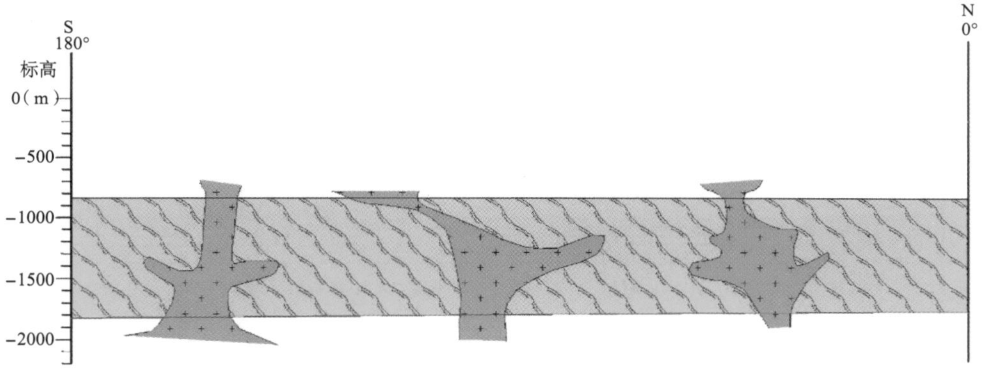

图 2.2-3　新太古代早期地层结构示意图（距今 27 亿年）

新太古代中期（距今 26.5 亿 ~ 26 亿年左右），壳幔混合岩浆大面积侵入，地壳增生（图 2.2-4）。新太古代晚期（距今 25 亿年左右），鲁西陆块形成了比较稳定的结晶基底。

新太古代早期岩浆活动形成于距今 27 亿年的中基性侵入岩；新太古代中期岩浆活动形成于距今 26 亿年的中酸性侵入岩；新太古代晚期岩浆活动形成于距今 25.5 亿 ~ 25 亿年的中基性—中酸性侵入岩，导致大规模的陆壳形成，是济南地区沉积基底。中元古代早期，有基性岩浆岩裂隙侵入，形成基性岩墙。

济南地区，新太古代早期侵入岩广泛分布于章丘西部至历城东部一带南部山区，岩性复杂。第二阶段泰山序列以条带状细粒含黑云英云闪长质片麻岩为主，其次为条带状中粒含黑云英云闪长质片麻岩。第一阶段万山庄序列零星分布于东南部山区，岩性为中细粒变辉长岩、斑状细粒变角闪辉长岩、变辉石橄榄岩（表 2.2-2）。

济南地区地质事件表 表 2.2-1

时代	年龄		阶段	旋回	变形体制	层次	沉积事件	岩浆事件	变质事件	典型岩石	测年结果	地质演化简述
新生代	距今 258 万年		差异升降阶段	喜马拉雅旋回	差异性升降断块运动	表	陆相堆积	—	—	淤泥、黏土、粉砂、砂、砾石等	—	松散堆积物沉积
	距今 2300 万年						明化镇组			泥岩、砂岩	—	接受陆相沉积
	距今 6550 万年				隆升剥蚀	表		—	—	—	—	泰山隆升，发育形成滑脱褶皱，伴随形成近东西向断裂
中生代	距今 1.99 亿年		构造活化阶段	燕山旋回	造山引发岩石圈先增厚后拆沉减薄，引发伸展作用	表		济南岩体、脉岩	热接触（交代）变质、各种蚀变	闪长岩、二长岩、辉长岩	距今 1.3 亿年（辉长岩）	早期地壳增厚后拆沉减薄产生以北西向为主的断裂构造，中基性岩浆侵入
	距今 2.52 亿年		整体抬升阶段	印支旋回	整体隆升剥蚀	表		—	—	—	—	碰撞造山、整体抬升剥蚀
古生代	距今 4.16 亿年	陆缘海稳定发展阶段	海陆交互相沉积阶段	海西旋回	拉张沉积	表	石盒子群 月门沟群	—	—	泥岩、页岩、粉砂岩、砂岩等	—	下降接受海陆交互相—陆相沉积 形成成煤期
	距今 4.7 亿年		陆表海沉积阶段	加里东旋回	整体隆升剥蚀	表		—	—	灰岩、白云岩、页岩等	—	整体抬升剥蚀
					拉张沉积	表	马家沟群					下降接受陆表海相沉积
	距今 5.41 亿年						九龙群 长清群					
元古代	距今 25 亿年		隆升剥蚀阶段	晋宁 吕梁	隆升剥蚀 韧性剪切	中浅		—	退变质，低绿片岩相变质作用	—	距今 18 亿年 ±	隆升剥蚀，古元古代末期北西向右行走滑韧性剪切活动

续表

时代	年龄	阶段	旋回	变形体制	层次	沉积事件	岩浆事件	变质事件	典型岩石	测年结果	地质演化简述
新太古代	距今26亿年	结晶基底形成阶段	五台旋回	韧性变形	中		—	退变质，高绿片岩相变质作用，深熔作用	—	距今25亿年	形成比较稳定的结晶基底，形成成熟的华北陆壳，早期侵入岩形成了一系列的透入性面理构造
	距今28亿年		阜平旋回	地幔隆起，地壳减薄	中深		上港片麻状中粒含黑云奥长花岗岩	角闪岩相变质作用，深熔作用	片麻状中粒含黑云奥长花岗岩	距今26.5亿～26亿年	壳幔混合岩浆大面积侵位，地壳增生，岩石发生韧性变形，早期变质
						泰山岩群	南官庄中细粒变辉长岩（斜长角闪岩）	—	绿泥片岩、斜长变粒岩、斜长角闪岩；中细粒变辉长岩	距今27亿年	地幔隆起，地壳减薄，幔源基性岩浆沿北西向构造薄弱带呈岩株、岩脉侵入，裂谷地带形成新太古代绿岩带泰山岩群沉积

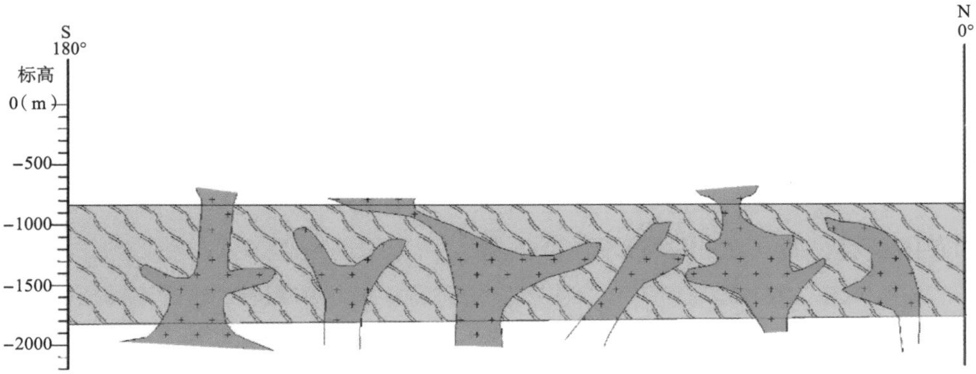

图 2.2-4　新太古代中期地层结构示意图（距今 26 亿年）

济南地区早前寒武纪侵入岩划分表　　表 2.2-2

地质年代			岩石单位					代号
代	期	阶段	原划岩套	现划序列	典型产地	岩性	同位素年龄	
中元古代					牛岚	辉绿岩脉	16.21 亿年	Chβμn
新太古代	晚期	第五阶段	红门	红门	西房庄	中粒含黑云花岗闪长岩	—	Ar3γδHx
					中天门	中粒含角闪黑云石英闪长岩	25.02 亿年	Ar3δoHz
					普照寺	细粒含角闪黑云闪长岩	24.81 亿年	Ar3δHp
		第三阶段	傲徕山	傲徕山	调军顶	细粒二长花岗岩	25.04 亿年	Ar3ηγAdj
					孙家峪	中细粒二长花岗岩	25.30 亿年	Ar3ηγAsj
					松山	中粒二长花岗岩	25.16 亿年	Ar3ηγAs
					虎山	斑状中粗粒二长花岗岩	25.08 亿年	Ar3ηγAh
					邱子峪	巨斑状细粒含黑云二长花岗岩	—	Ar3ηγAq
		第二阶段	峄山	峄山	太平顶	片麻状中细粒含黑云花岗闪长岩	—	Ar3γδYt
					窝铺	中粒黑云英云闪长岩	25.57 亿年	Ar3γδoYt
					大众桥	中粒黑云石英闪长岩	25.30 亿年	Ar3δoYd
					桃科	斑状细粒黑云角闪闪长岩	—	Ar3δYt
	中期	第二阶段	蒙山	新甫山	上港	中粒含黑云片麻状奥长花岗岩	26.23 亿年	Ar3γoXs
		第一阶段	南涝坡	黄前	麻塔	粗粒变角闪石岩	—	Ar3ψoHm
	早期	第二阶段	蒙山	泰山	望府山	条带状细粒含黑云英云闪长质片麻岩	27.11 亿年	Ar3γδoTw
		第一阶段	万山庄	万山庄	南官庄	中细粒变辉长岩（斜长角闪岩）	—	Ar3νWn
					赵家庄	斑状细粒角闪辉长岩	—	Ar3νWzj
					前麻峪	变辉石橄榄岩（蛇纹石岩、透闪石阳起片岩）	—	Ar3νWz

新太古界中期侵入岩广泛分布于章丘西部至历城东部一带南部山区，岩性较复杂。第一阶段黄前序列主要为粗粒变角闪石岩，零星分布于南部边界地带。第二阶段新甫山序列主要为中粒含黑云片麻状奥长花岗岩，大面积分布。

新太古代晚期侵入岩广泛分布于长清至历城西部一带南部山区，岩性复杂。第五阶段红门序列以中粒含黑云花岗闪长岩为主，其他岩性还有细粒花岗闪长岩、中粒含角闪黑云石英闪长岩、细粒含角闪黑云闪长岩。第三阶段傲徕山序列以中粒二长花岗岩为主，其他岩性还有细粒二长花岗岩、中细粒二长花岗岩、斑状中粗粒二长花岗岩和巨斑状细粒含黑云二长花岗岩。第二阶段峄山序列以中粒黑云英云闪长岩为主，其他岩性还有片麻状中细粒含黑云花岗闪长岩、中粒黑云石英闪长岩、斑状细粒含黑云角闪闪长岩。

在深层地球地理研究方面，通过对济南所处的华北地区（华北克拉通）不同时代基性、碱性岩浆活动携带的下地壳麻粒岩捕虏体中锆石和锆石捕虏晶的年代学和 Hf 同位素系统研究发现，济南所处的华北克拉通下地壳很可能亦形成于该时代。下地壳来源的样品中普遍存在 25 亿年前形成的锆石，这说明 25 亿年前的太古代是形成济南所在的华北克拉通古陆核的重要时期。

2.2.2 元古代

元古代——隆升剥蚀阶段。元古代济南地区一直处于隆升剥蚀状态，没有相应的侵入地质体。元古代火山活动仍相当频繁，生物界仍处于缓慢、低水平进化阶段，生物主要是叠层石以及其中分离出的生物成因有机碳和球状、丝状蓝藻，由于这些光合生物的发展，大气圈有了更多的氧气（图 2.2-5）。

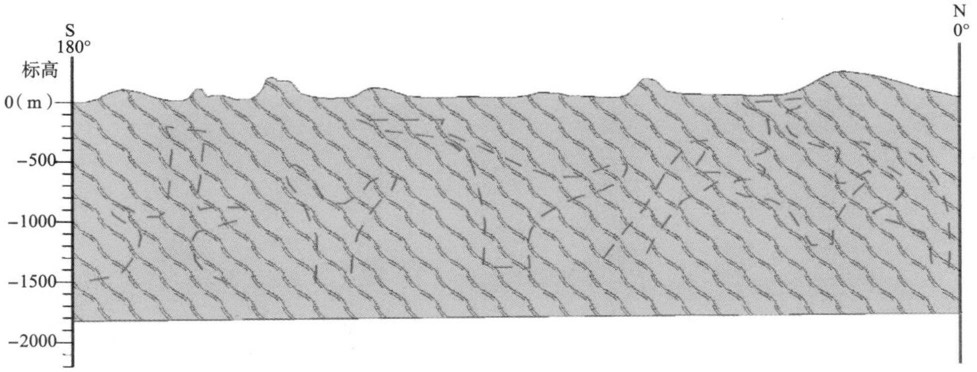

图 2.2-5 古元古代末期地层结构示意图（距今 18 亿年）

2.2.3 古生代

古生代——陆缘海稳定发展阶段。该阶段济南地区进入陆块发展阶段，加里东运动造成地壳平稳下降，自早寒武世开始一直到晚奥陶世，接受以滨海—陆表海的稳定沉积为主的海相沉积，开始出现真正的沉积盖层（图 2.2-6）。

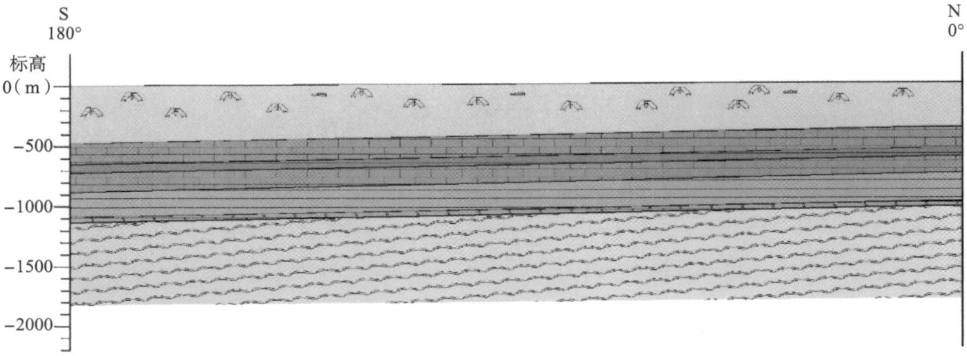

图 2.2-6　晚寒武世地层结构示意图（距今 4.8 亿年）

早寒武世，开始接受海侵；早寒武世—中寒武世，进入潮坪环境；中寒武世开始向台地边缘滩、礁相过渡；中寒武世—晚寒武世海水加深，本区变化于陆棚盆地和大陆斜坡相间带。

寒武纪气候温暖，海平面升高，淹没了大片的低洼地。这种浅海地带为新的物种诞生创造了极为有利的条件。在寒武纪开始后的短短数百万年时间里，包括现生动物的几乎所有类群祖先在内的大量多细胞生物突然出现，被称为“寒武纪生命大爆炸”。寒武纪的生物界以海生无脊椎动物和海生藻类为主。海洋无脊椎动物中最繁盛的是节肢动物，其次是腕足动物、古杯动物、棘皮动物和腹足动物。节肢动物门中的三叶虫纲最为重要。

奥陶纪早期，济南地区上隆，海水变浅；后继续上隆，由海变陆、沉积间断遭受到剥蚀（图 2.2-7）。

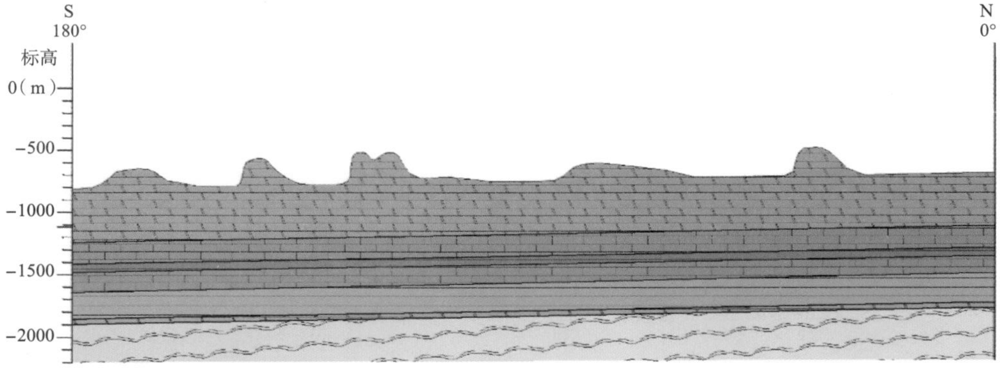

图 2.2-7　早奥陶世地层结构示意图（距今 4.7 亿年）

中奥陶世，济南地区下降接受滨浅海相碳酸盐岩沉积（图 2.2-8）。

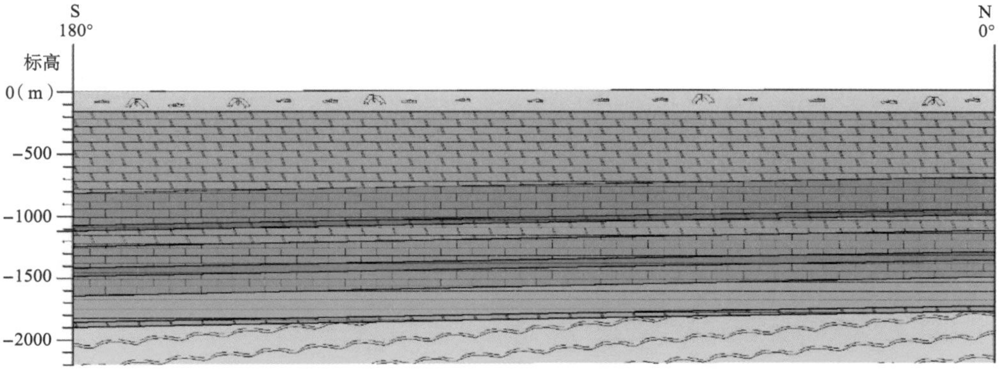

图 2.2-8 中奥陶世地层结构示意图（距今 4.5 亿年）

晚奥陶世末，受加里东运动影响，华北板块隆升，海水退去，遭受长期的剥蚀；奥陶纪气候温和，浅海广布，海生生物空前发展。以三叶虫、笔石、腕足类、软体动物中的鹦鹉螺类最常见，苔藓虫、牙形石、腔肠动物中的珊瑚、棘皮动物中的海百合、节肢动物中的介形虫和苔藓动物等也很多。节肢动物中的板足鲎类和脊椎动物中的无颌类等均已出现。低等海生植物继续发展，淡水植物据推测可能在奥陶纪也已经出现（图 2.2-9）。

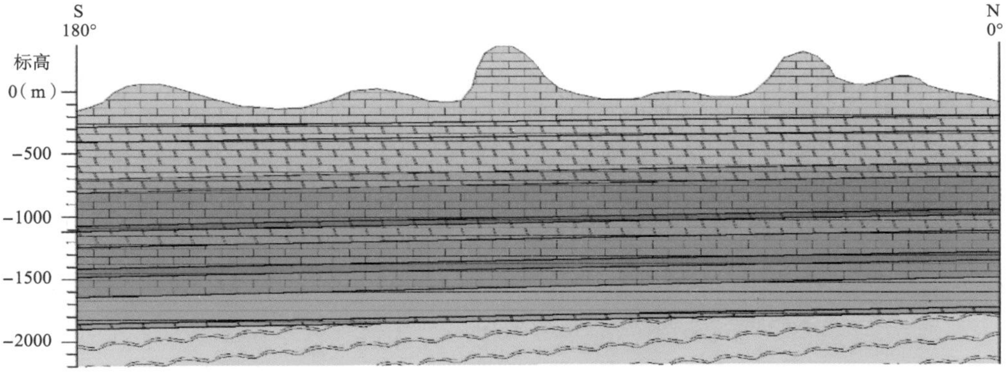

图 2.2-9 晚奥陶世地层结构示意图（距今 4.4 亿年）

晚石炭世华北板块整体下降，开始了新的沉积阶段，接受石炭系、二叠系的浅海水陆棚相—海陆交互相—陆相河湖相沉积；石炭纪的气候温暖湿润，有利于植物的生长。随着陆地面积的扩大，陆生植物从滨海地带向大陆内部延伸，并得到空前发展，形成大规模的森林和沼泽，给煤炭的形成提供了有利条件（图 2.2-10）。

石炭纪的浅海底栖动物中仍以珊瑚、腕足类为主。早石炭世晚期的浮游和游泳的动物中，出现了新兴的䗴类，菊石类仍然繁盛，三叶虫到石炭纪已经大部分绝灭，只剩下几个属种。

在石炭纪晚期，脊椎动物演化史出现了一次飞跃，从此摆脱了对水的依赖，两栖动

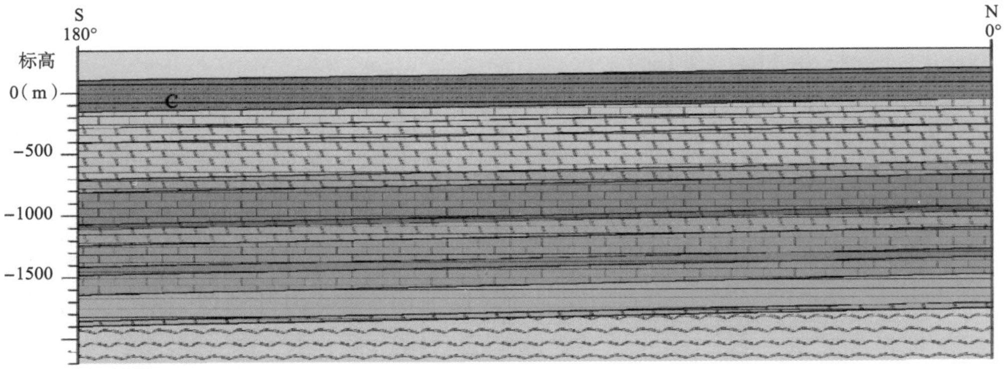

图 2.2-10　晚石炭世地层结构示意图（距今 3.1 亿年）

物占到了统治地位，主要出现了坚头类，同时繁盛的还有壳椎类。生活在陆上的昆虫，如蟑螂类和蜻蜓类，是石炭纪突然崛起的一类陆生动物。

二叠纪末，受海西运动影响，地壳再次隆升，遭受剥蚀。早二叠世的气温被认为是相当低的，其后才逐渐改变。二叠纪早期的植物以真蕨、种子蕨为主，晚期以较耐旱的裸子植物为主。动物方面腕足类继续繁盛，长身贝类占优势；软体动物也是重要部分，菊石类有明显分异；苔藓虫逐渐衰退；三叶虫趋于灭绝；昆虫开始迅速发展。爬行动物首次大量繁盛，杯龙目、盘龙目、兽孔目存在。二叠纪末发生了灭绝事件，90% ~ 95% 的海洋生物灭绝（图 2.2-11）。

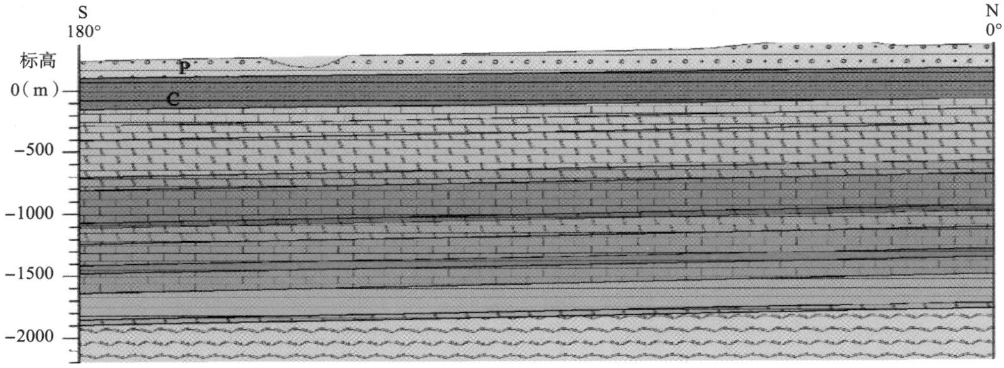

图 2.2-11　晚二叠世地层结构示意图（距今 2.6 亿年）

在深层地球地理研究方面，依据岩石圈地幔中常量元素的亏损程度即橄榄石的镁橄榄石分子（Fo）大致可以推测岩石圈地幔的形成时代。太古代岩石圈地幔橄榄岩中 Fo 高（>92），而显生宙地幔橄榄岩中 Fo 低（<91）。济南所处的华北克拉通奥陶纪金伯利岩中橄榄岩捕虏体以及金刚石中橄榄石包裹体都具有很高的 Fo，均落在了全球太古代构造域中地幔橄榄岩的组成范围内，暗示其代表的岩石圈地幔应形成于太古代。对这些金伯利岩中橄榄岩捕虏体系统的 Os 测定表明，其 Re 亏损模式年龄大多为太古代，而岩浆亏损

模式年龄皆为太古代。这表明该阶段济南所处的华北克拉通东部岩石圈存在一个古老的（太古代）、地温梯度低的、深厚的难熔岩石圈。

2.2.4　中生代

1. 晚二叠纪—三叠纪（印支构造期）——整体抬升阶段

由于扬子板块与华北板块的俯冲碰撞，华北板块抬升剥蚀，鲁西在南北向水平挤压应力作用下，发生穹状隆起。主要表现为碰撞造山、整体抬升剥蚀，缺失三叠系地层。三叠纪早期植物多为一些耐旱的类型，随着气候由半干热、干热向温湿转变，植物趋向繁茂，低丘缓坡则分布有和现代相似的常绿树，如松、苏铁等，而盛产于古生代的主要植物群几乎全部灭绝。海洋无脊椎动物类群发生了重大变化，甲壳动物群落成为海洋中的优势群落，并迅速发展，遍及全球。三叠纪时，脊椎动物得到了进一步的发展。其中，槽齿类爬行动物出现，并从它发展出最早的恐龙。三叠纪晚期，蜥臀目和鸟臀目都已有不少种类，从兽孔类爬行动物中演化出了最早的哺乳动物——似哺乳爬行动物（图 2.2-12）。

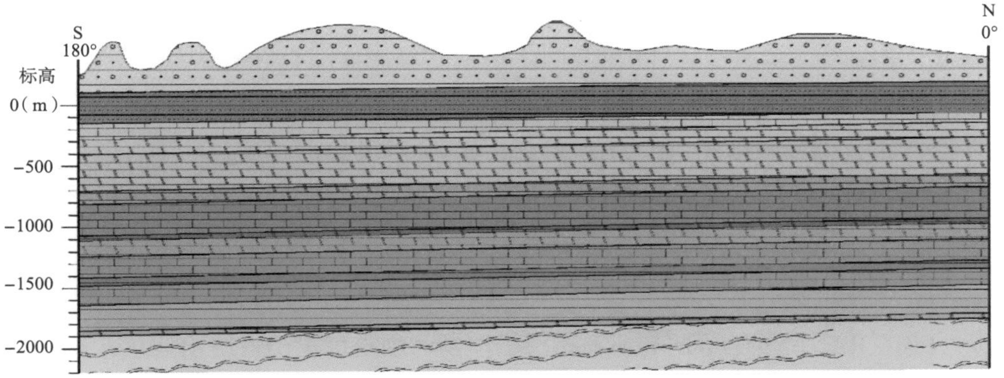

图 2.2-12　印支期岩相古地理图（距今 2.5 亿年）

2. 中生代燕山期（距今 1.99 亿～ 9500 万年）——构造活化阶段

燕山早期（晚侏罗世）（距今 1.99 亿～ 1.45 亿年），古太平洋板块向欧亚板块俯冲，该时期陆壳继续增厚。侏罗纪全球各地的气候都很温暖。植物延伸至从前不毛的地方，提供分布广泛且数量众多的恐龙（包括最大型的陆上动物）所需的食物。在它们的上空飞翔最早的可能是由小型的恐龙演化而来的小型鸟类。海洋则是由大型、会游泳的新爬行类和已具现代线条的硬骨鱼类所共享（图 2.2-13）。

燕山晚期（早白垩世）（距今 1.45 亿～ 9500 万年），伴随太平洋板块持续俯冲和沂沭断裂带的左行运动，使得中国东部出现软流圈上涌（地幔柱），玄武质岩浆沿构造薄弱带迅速上侵；玄武质母岩浆经过多期次涌动、脉动而形成济南序列侵入体（图 2.2-14）。

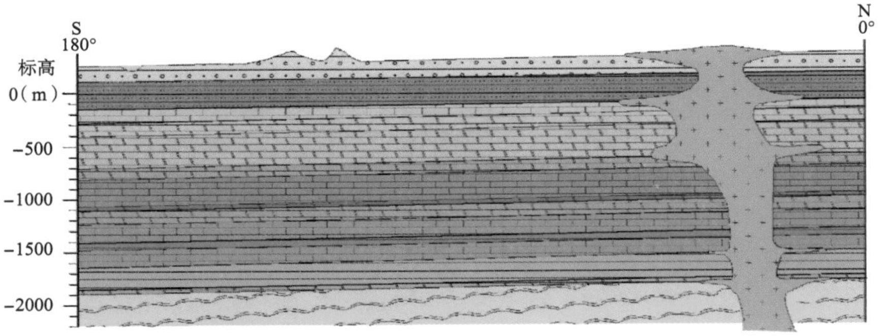

图 2.2-13　燕山期侵入岩岩相古地理图（距今 1.3 亿年）

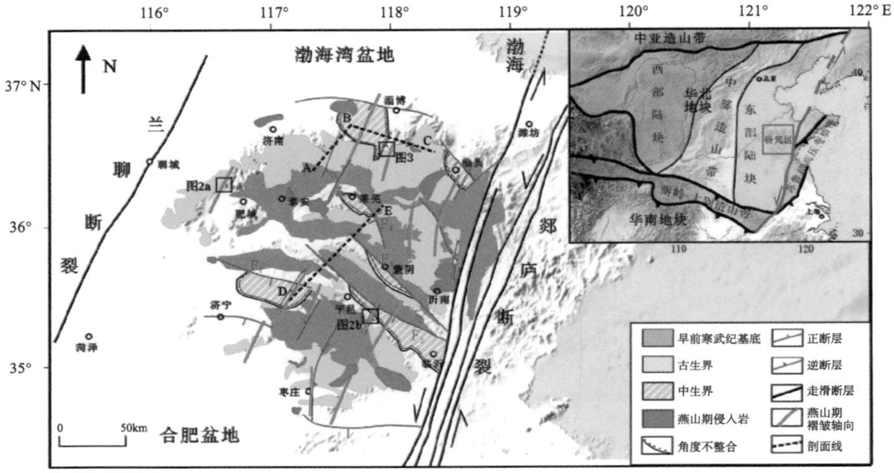

图 2.2-14　燕山期华北板块活动强烈

白垩纪末期气温开始上升，气温上升的原因是密集的火山爆发，制造大量的二氧化碳进入大气层中。白垩纪早期陆地上的裸子植物和蕨类植物仍占统治地位，被子植物开始出现于白垩纪早期，中期大量增加，到晚期在陆生植物中居统治地位。白垩纪恐龙种类达到极盛，哺乳动物还是比较少，只是陆地动物的一小部分（图 2.2-15）。

该时期的火山运动，对于泉城地理的形成起着至关重要的作用，泉城济南所处华北克拉通一直都非常稳定，这个时期又是如何形成火成岩的呢？华北克拉通最古老的地壳形成信息可追溯到距今 40 亿年左右，距今 30 亿 ~ 25 亿年是华北克拉通地壳形成的主要时代。处在相对低的温度、压力条件下，地壳结构中能够最大程度地保留长期构造演化的记录。采用接收函数综合成像方法，地质工作者完成了沿地震观测剖面的地壳精细结构成像。图 2.2-16 展示了东西走向贯通华北克拉通的利津—大同—鄂托克剖面的地壳 S 波速度结构。对比剖面穿过的东、中、西三部分的结构变化，清楚显示了华北克拉通演化留下的构造痕迹。东部渤海湾盆地下有 2 ~ 12km 厚的沉积盖层，地壳薄（—30km）、速度低，壳内的高低速互层水平延展；充分表现了地壳的伸展、减薄，大规模韧性变形等

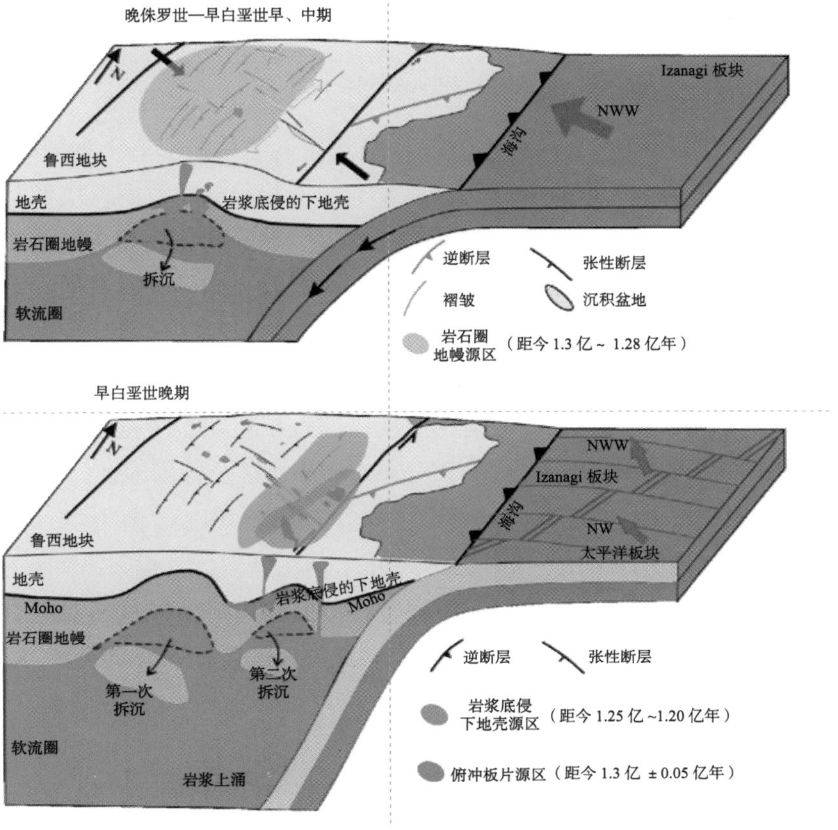

图 2.2-15　早白垩世早中晚期地质构造作用示意图

一系列被改造的构造特征。而在剖面西部，—40km 厚的平坦的分层地壳结构具有克拉通地壳的特征。在中部地区，地层起伏，壳内有倾斜的和水平展布的低速层，以及深度达 46km 的地壳根带，推测是陆块碰撞拼合构造作用的痕迹。东部和西部地壳结构存在的显著差异及相应的构造面貌，揭示了在太行山以东地区华北克拉通发生破坏。

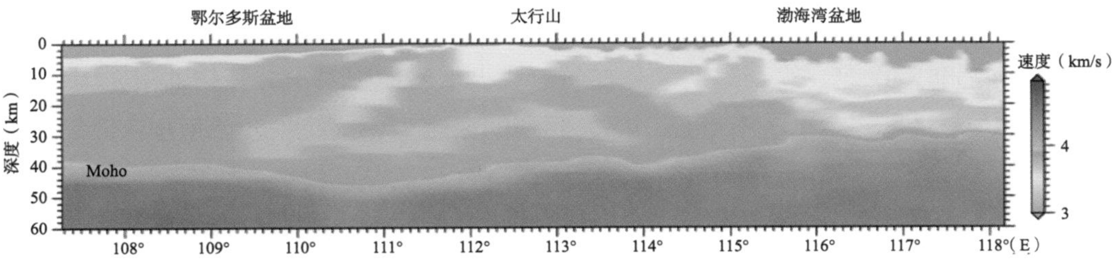

图 2.2-16　利津—大同—鄂托克剖面的地壳 S 波速度结构

冷的、难熔、亏损、古老岩石圈根的丢失是人们提出华北克拉通活化（被改造 / 破坏）的基本依据。地质学家发展了基于波动方程叠后深度偏移的接收函数成像方法；采用覆盖华北克拉通的地震观测，用 S 波和 P 波接收函数对岩石圈底界面转换波进行偏移成像，获得了华北克拉通岩石圈的厚度分布。结果表明，华北克拉通东部普遍分布着薄的岩石圈，从东南边缘郯庐断裂带的 60 ~ 70km 向西北内部逐渐增加至 90 ~ 100km。中—西部岩石圈厚度显示出强烈的横向非均匀性，即在鄂尔多斯盆地之下保留着约 200km 厚的岩石圈，在环鄂尔多斯的新生代银川—河套和汾渭裂陷区岩石圈厚度薄，且横向变化大。岩石圈厚度在华北克拉通东部与中部边界附近的显著变化，与南北重力梯度带和地形的突然改变密切相关。根据华北克拉通东部和西部岩石圈厚度以及地壳结构存在的显著差异可知，济南所处的华北克拉通在太行山以东地区发生了破坏，进而导致了济南地区岩浆岩的侵入。

济南地区中生代岩浆活动主要为燕山晚期（白垩纪早期）中基性岩体侵入，形成济南侵入岩体序列。济南序列（K_1J）大面积分布于济南市区及外围地区，侵入奥陶系灰岩。岩体大部分被第四纪覆盖，在市区仅燕翅山、华山、药山、匡山、鹊山、卧牛山、金牛山、无影山、马鞍山等孤山露出地表，章丘的茶叶山、萌山等岩体，也归入济南序列。

济南东郊的顿丘、鸡山、闫家峪等小岩体，以及济南历城区与长清区交界处的邱家庄—核桃园一带出露的斑状细粒角闪闪长岩及石英闪长玢岩属于沂南序列（K_1Y）岩体（表 2.2-3）。

济南地区中生代侵入岩划分表　　表 2.2-3

地质年代			岩石单位					代号
代	纪	世（期）	阶段	序列（岩体）	典型产地	岩性	同位素年龄	
中生代	白垩纪	早白垩世（燕山晚期）	第一阶段	济南 K_1J	马鞍山	中立辉长二长岩		$K_1\eta Jm$
					燕翅山	细粒辉长岩		$K_1\nu Jy$
					金牛山	中细粒辉长岩		$K_1\nu Jj$
					药山	中粒苏长辉长岩	1.3 亿年	$K_1\nu Jy$
					茶叶山	中细粒苏长辉长岩	1.31 亿年	$K_1\nu Jc$
					无影山	中粒含苏橄榄辉长岩		$K_1\sigma\nu Jw$
					萌山	细粒橄榄辉长岩		$K_1\sigma\nu Jm$

济南岩体大面积分布于济南市及北部，西到韩家道口、棉花张、位里庄一带，东到王舍人庄、大小坡、北滩头、傅家庄一带，北部过黄河，在桑梓店、大桥镇一带，南部接触带西起担山屯，经大杨庄、西红庙、袁柳庄、省体育中心、跳伞塔、体工大队、燕子山北麓，到宿家张马一线，四周均与奥陶系灰岩接触。东西长 30km，南北宽 15.5km，分布面积 300km^2。

济南岩体多呈岩瘤状产出，侵入体平面上呈椭圆形，主侵入体由内向外岩性有呈环状分布特点。外接触带地层产状均向外倾，总体北陡南缓，倾角较陡，局部直立，甚至发生倒转，岩体呈东南向分布，宏观上岩体北西方向厚，东南方向薄。岩体的南缘东西方向厚度变化较大，刘长山以西至小金庄一带，岩体与奥陶系灰岩接触面很陡，厚度较大。刘长山以东至王舍人庄一带岩浆岩多呈舌状顺层侵入奥陶系灰岩中，厚度较薄，尤其在断裂带如港沟断裂、东坞断裂带，侵入岩体层多层状产出。由此推断济南岩体具强力就位特征。上地幔岩浆沿构造薄弱带以热气球膨胀式上侵，进入盖层后，岩浆顺着地层间的薄弱部位，由北向南侵入，经多次涌动形成济南岩体的主体（图 2.2-17）。

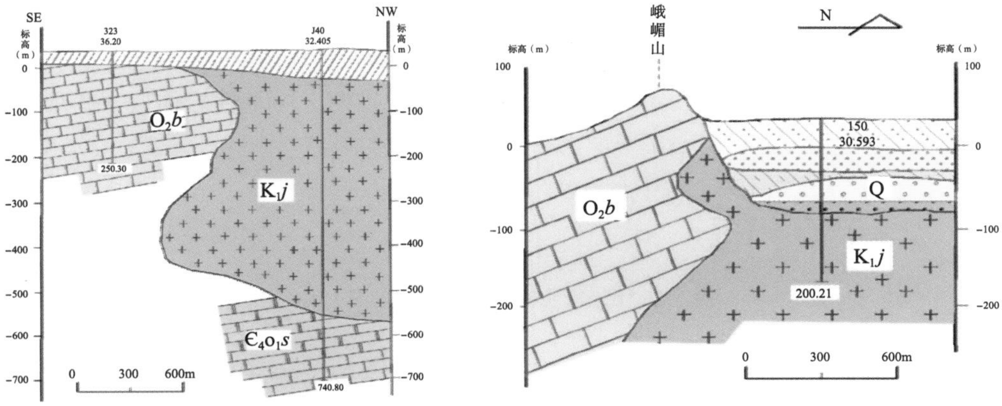

图 2.2-17　火成岩与灰岩接触带

根据济南岩体的水平分异，又可分为三个相带，即中心相、过渡相和边缘相。中心相有两处出露，东部卧牛山、驴山一带，西部无影山、匡山一带，两处出露区呈北东向分布，相距 10km。岩石类型复杂，西部无影山一带主要为中粒含苏橄榄辉长岩，东部卧牛山一带主要为中粒含橄榄苏辉长岩。过渡相分布较广，华山、标山、凤凰山、金牛山、鹊山等均为过渡相岩体出露，主要岩性为中细粒辉长岩、中粒苏长辉长岩等。边缘相分布于岩体四周的接触带附近，岩石类型复杂，有苏长辉长岩、角闪苏长辉长岩、细粒辉长岩等。

在深层地球地理研究方面，通过上述火成岩岩层入侵可以看出，中生代以来，济南所处的华北克拉通型岩石圈地幔的组成和性质发生了明显的转变。同古生代相比，济南所处的华北克拉通东部中生代岩石圈地幔主要由主量元素相对饱满、大离子亲石元素富集、高场强元素亏损、高的 Sr 同位素和低的 Nd 同位素组成的二辉橄榄岩和辉石岩组成。华北克拉通中、新生代基性和碱性岩石携带的下地壳麻粒岩捕虏体中锆石或捕虏晶锆石年代学和 Hf 同位素示踪结果揭示显生宙以来华北克拉通古老下地壳也普遍遭受过多阶段的岩浆底侵作用的强烈改造，并与华北克拉通周边发生的早古生代、晚古生代、早中生代、晚中生代和新生代的构造事件相对应。其中，华北克拉通北缘海西期的岩浆很可能来源于古亚洲洋闭合过程中俯冲洋壳的部分熔融，普遍存在的距今 1.2 亿年的岩浆底侵事件可能与同时期活动的南太平洋地幔柱甚至太平洋的俯冲有关。因此，华北克拉通古老的下地壳也存在类似于岩石圈地幔的组成改造过程。

2.2.5 新生代

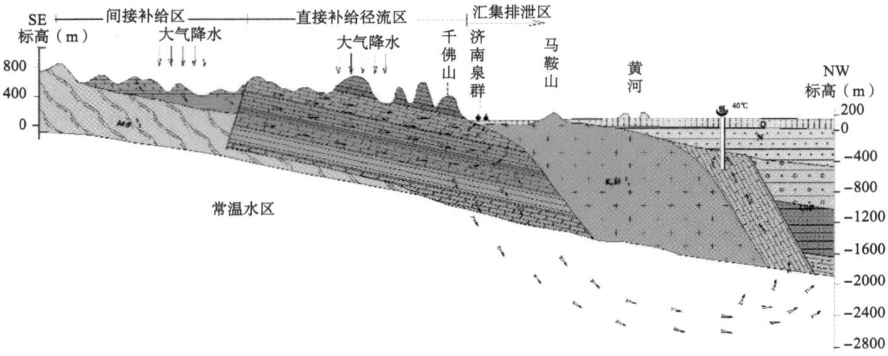

图 2.2-18　华北构造期地质演化图

从古近纪（距今 6500 万年）开始，南部的泰安地区大幅度抬升并遭受剥蚀，形成了泰山的基本轮廓。该阶段是差异升降阶段，古近纪中国气候有了明显的南北分带，南北为两个潮湿带，中部为干旱带。被子植物极度繁盛。动物界的基本特点是哺乳动物的迅速辐射演化。除了适应陆地生活的多种方式外，还出现了天空飞翔的蝙蝠类和重新适应海中生活的鲸类。海生无脊椎动物中以有孔虫类、软体动物、六射珊瑚等为主。

从新近纪（距今 550 万年）开始，受华北运动影响，基本停止了裂陷活动，盆地逐渐进入热沉降阶段，在华北坳陷区沉积了巨厚的黄骅群（图 2.2-18）。新近纪海洋和大陆的植物群和动物群与现代相当。哺乳动物和鸟类仍然是占主导地位的陆生脊椎动物，并发展出多种形式来适应不同环境。第一个原始人，出现在非洲并扩散到欧亚大陆。

晚喜马拉雅运动（距今 300 万 ~ 200 万年）使华北坳陷整体上升，结束沉积并进一步夷平。第四纪（距今 250 万年）以来以间歇性隆升为特征，中晚更新世主要沿山间凹地沉积次生黄土性质的风积、洪坡积、洪冲积堆积。从第四纪开始，全球气候出现了明显的冰期和间冰期交替的模式。第四纪生物界的面貌已很接近于现代。

在深层地球地理方面，新生代时期华北克拉通的改造和破坏主要表现为岩石圈的再富集作用，即岩石圈—软流圈的相互作用。多元同位素体系（Sr-Nd-Os-Li-Mg-Fe）的示踪研究表明，橄榄岩—熔体的相互作用具有多阶段性和熔体多来源的特点。反复和复杂的岩石—熔体相互作用不仅造成了华北克拉通东部岩石圈的大规模破坏，也造成了华北克拉通中部带和西部块体周缘岩石圈厚度不同程度的减薄和地球化学组成的高度不均一性。而且，华北克拉通岩石圈厚度和物质组成在空间上的变化，反映了周边块体俯冲 / 碰撞作用对华北克拉通演化的重要影响。

2.2.6　小结

山东省古地层主要分布于沂沭断裂带以西的广大地区，济南即位于此区西北部。从太古代至古生代，济南所处的华北克拉通逐渐形成。古生代时，鲁西地区属于华北板块陆表海盆地。纵观该区地质史，自太古代至元古代的漫长时期，地壳处于岩浆活动和构造作用阶段，中元古代之后地壳基本固化（即克拉通化），基底形成，并成为稳定的地体，长期处于隆起、剥蚀状态。在经历了中晚元古代漫长的风化剥蚀历史后，于寒武纪开始下降接受沉积，开启了古生代海相沉积地层的历史。早古生代初期沉积以浅海相为主，有较多潮坪泥砂质沉积及少量滨海砂砾岩沉积；进入早寒武世晚期，海平面逐渐升高，海水从东南方向沿沂沭海槽逐渐侵入内陆，整个华北平原被海水淹没。古老的陆地慢慢沉入海底，开始了滨海相地层沉积的历史。沧浪铺期首先沉积了李官组的滨海陆屑砂砾岩相，这在济南地区范围内并未见到；随后至龙王庙初期海侵范围稍有扩大，沉积了以薄层灰岩为主且富含三叶虫化石的地层；龙王庙晚期沉积环境以浅潮下带至潮间带的砂泥坪为主，在区域对比中济南地区的沉积盆地较鲁西南要浅。中寒武世毛庄期以细碎屑沉积为主，属潮间带砂坪，而随后的徐庄期则以钙质页岩为基本特征，为滩间盆地沉积，这个时期的沉积在济南市区往南不远的张夏—崮山地区可见。张夏期为标准的碳酸盐台地至中深缓坡沉积，也是寒武纪沉积环境、沉积相及沉积物组合的重要转折时期，其之前水体相对浑浊，沉积物种陆缘碎屑占优势，说明沉积场所离古陆较近，水体相对较浅，而之后总体处于相对较深水区沉积，以发育碳酸盐为主要特征，很少含有陆缘碎屑物质，并可见风暴沉积。至崮山期区内发生了寒武纪时期最大的一次海侵事件，总体处于中深缓坡沉积区，主要表现为钙质页岩、薄层灰岩及瘤状灰岩沉积。至长山期该区及整个鲁西以中深缓坡的风暴岩夹泥质条带灰岩为主，沉积均一；凤山期该区水体变浅，转为浅缓坡沉积。进入奥陶系，最早期的新厂期延续了晚寒武世凤山期的沉积特征，古地理环境与凤山期基本一致。而到了新厂期末，由于受到怀远运动的影响该区整体上升成陆遭受剥蚀。随后研究区随整体再次沉降接受海侵，初期在不整合面之上形成数厘米厚的砂砾岩，随后多为局限的台地潟湖并普遍含有膏溶角砾岩，再随后以开阔台地潮下带为主，形成了质纯的厚层灰岩。至古生代晚期，区域上又经历了多次的整体升降运动。中生代该区长期处于新华夏系第二隆起带上，因此一直是抬升状态，尤其是在距今 1.8 亿年的中侏罗世发生的燕山运动，济南地区沉积的石灰岩层同南部的泰山地区一起抬升成山并遭受剥蚀；在经历了长期剥蚀后，该区自北阉庄组以上的地层均剥蚀殆尽。同时在中生代时期，产生了一系列规模不大的张性断裂，期间有少量中生代基性岩脉侵入。在中元古代至早三叠世期间（近 16 亿年），华北克拉通处于典型的克拉通状态，接受浅海型地台盖层沉积。期间，由于南部古特提斯洋的俯冲影响，在晚奥陶—早石炭世期间处于隆起状态而整体缺失沉积。晚古生代期间，北部古亚洲洋向华北克拉通下俯冲，最终在二叠纪末发生了华北克拉通与蒙古地块的碰撞。中生代早期华北克拉通与南部的华南板块发生陆—陆碰撞，华南陆块向北俯冲于华北克拉通之下，使得华北克拉通南缘发生了后陆变形，形成了 NWW-SEE 向褶断带。在中—晚侏罗世之交，由于西太平洋伊佐奈歧（Izanagi）板块向东亚大陆之下的高速斜向俯冲，华北克拉通东部在区域性压扭中一方面形成了北北东走向的郯庐左行平移断裂带,另一方面还形成了一系列平行的左行平移断裂。晚侏罗世时，华北克拉通广泛缺失沉积，表明为整体的隆起状况，还有同时代的酸性侵入岩。华北克拉通内部在晚侏罗世还很少发育岩浆与伸展构造，反映该时期华北克拉通东部岩石圈的改造只发生在其南、北缘，而内部为较为平静的区域性隆起状态。早白垩世华北克拉通东部进入破坏峰期，浅部地质明显地记录了华北克拉通破坏峰期的信息；比如系列的变质核岩形成、广泛的断陷盆地出现、伸展断层活动与大规模的火山喷发及岩体侵入。新生代该区的构造活动随着喜马拉雅运动明显加剧，致使该区强烈上隆，并一直延续至今。而这种垂直运动的差异使得剥蚀、沉积在该区内同时进行，高地遭受剥蚀，而在低洼处则形成了大量第四系的山前陆相沉积，同时也形成了如今济南地区内多样的地形地貌景观（表 2.2-4）。

济南所处的华北克拉通在约 18 亿年前通过东、西部块体沿着中部造山带的陆—陆碰撞而成为统一的大陆克拉通。

山东地区新旧地层划分对比表　　表 2.2-4

<table>
<tr><th colspan="4">B.Willis & E.Blackwelder，1907 年</th><th colspan="2">谭锡畴，1924 年</th><th colspan="2">《中国区域地层表（草案）》</th><th colspan="3">山东地质厅、北京地质学院，1961 年</th><th colspan="2">山东省地质局 805 队，1963 年</th><th>山东省区域地层表编写组</th><th colspan="3">山东省区域地质志，1991 年</th><th colspan="3">山东地矿局区调队，1992 年</th><th colspan="4">山东省岩石地层，1996 年</th><th colspan="3">新地层划分</th></tr>
<tr><td colspan="4">济南、新泰</td><td colspan="2">北京、济南幅</td><td colspan="2">鲁西</td><td colspan="3">鲁西</td><td colspan="2">鲁西</td><td>鲁西</td><td colspan="3">鲁西</td><td colspan="3">鲁西</td><td colspan="4">鲁西</td><td colspan="3">济南</td></tr>
<tr><td rowspan="9">奥陶系</td><td rowspan="13">震旦</td><td rowspan="9">济南石灰岩（济南白云岩，济南层）</td><td rowspan="5">上段</td><td rowspan="9">奥陶系</td><td rowspan="9">济南石灰岩（珠角石灰岩）</td><td rowspan="9">中—下奥陶系</td><td rowspan="9">济南石灰岩</td><td rowspan="6">中奥陶统</td><td rowspan="6">马家沟组</td><td rowspan="2">三段</td><td rowspan="6">马家沟组</td><td>六段</td><td rowspan="2">中奥陶统</td><td rowspan="9">中奥陶统</td><td colspan="2">八陡组</td><td rowspan="9">中奥陶统</td><td rowspan="6">济南群</td><td>八陡组</td><td rowspan="2">中奥陶世</td><td>宝塔期</td><td rowspan="6">马家沟组</td><td>八陡组</td><td rowspan="9">奥陶系</td><td rowspan="6">马家沟群</td><td>八陡组</td></tr>
<tr><td>五段</td><td colspan="2">阁庄组</td><td>阁庄组</td><td>庙坡组</td><td>阁庄组</td><td>阁庄组</td></tr>
<tr><td rowspan="2">二段</td><td>四段</td><td rowspan="7">下奥陶统</td><td colspan="2">五阳山组</td><td>五阳山组</td><td rowspan="7">早奥陶世</td><td rowspan="2">牯牛潭期</td><td>五阳山组</td><td>五阳山组</td></tr>
<tr><td>三段</td><td colspan="2">土峪组</td><td>土峪组</td><td>土峪组</td><td>土峪组</td></tr>
<tr><td rowspan="2">一段</td><td>二段</td><td colspan="2">北庵庄组</td><td>北庵庄组</td><td rowspan="2">大湾期</td><td>北庵庄组</td><td>北庵庄组</td></tr>
<tr><td rowspan="4">下段</td><td>一段</td><td colspan="2">东黄山组</td><td>东黄山组</td><td>东黄山组</td><td>东黄山组</td></tr>
<tr><td rowspan="3">下奥陶统</td><td rowspan="3">亮甲山—冶里组</td><td>三段</td><td colspan="2">亮甲山组</td><td rowspan="3">纸坊庄组</td><td>二段</td><td rowspan="7">九龙群</td><td rowspan="4">三山子组</td><td>红花园期</td><td rowspan="4">三山子组</td><td>a 段</td><td rowspan="5">九龙群</td><td rowspan="3">三山子组</td></tr>
<tr><td>二段</td><td colspan="2" rowspan="2">冶里组</td><td rowspan="2">一段</td><td rowspan="2">两河口期</td><td rowspan="2">b 段</td></tr>
<tr><td>一段</td></tr>
<tr><td rowspan="4">寒武系</td><td rowspan="4">九龙群</td><td rowspan="4">炒米店层</td><td rowspan="4">寒武纪</td><td rowspan="4">九龙石灰岩</td><td rowspan="4">上寒武纪</td><td rowspan="4">炒米店统</td><td rowspan="4">上寒武纪</td><td colspan="2" rowspan="4">凤山组</td><td colspan="2" rowspan="4">凤山组</td><td rowspan="4">上寒武统</td><td rowspan="4">上寒武纪</td><td colspan="2" rowspan="4">凤山组</td><td rowspan="4">上寒武统</td><td rowspan="4">晚寒武世</td><td rowspan="4">凤山期</td><td>c 段</td><td rowspan="4">寒武系</td><td>炒米店组</td></tr>
<tr><td rowspan="3">炒米店组</td><td colspan="2" rowspan="3">炒米店组</td><td>张夏组</td></tr>
<tr><td rowspan="2">长清群</td><td>馒头组</td></tr>
<tr><td>朱砂洞组</td></tr>
</table>

2.3　泉城地层

济南泉域地处华北地层区鲁西及华北平原地层分区，济南市区、章丘及长清以北广大地区被新生代地层覆盖，南部基岩出露有新太古代泰山岩群，早古生代长清群、九龙群及马家沟群，晚古生代月门沟群、石盒子群及石千峰群，中生代淄博群、莱阳群及青山群。新太古代地层仅零星分布于历城与章丘交界处的南部山区，早古生代碳酸盐岩地层出露于中南部广大山区，形成风景优美的蟠龙山、大峰山、五峰山、卧虎山、金象山、千佛山、英雄山、马鞍山、笔架山、围子山、九顶山等群山及莲花洞、黄花洞、鹁鸪洞、白云洞、朝阳洞、老虎洞、龙洞等碳酸盐岩溶洞；晚古生代碎屑岩夹煤系地层主要分布于历城及章丘中北部、济阳南部及槐荫西北部地区，大部分被第四系覆盖，仅章丘的曹范、埠村、普集等地少量出露，是济南市煤矿资源的产出地层和主要产地；中生代碎屑岩及火山凝灰岩地层小范围分布于章丘东部的高官寨、刁镇、绣惠、普集等地，大部分被第四系覆盖，仅绣惠、普集东山上有出露（表 2.3-1）。

2.3.1　太古代地层

新太古代地层在济南市区内仅出露泰山岩群雁翎关组，兴隆庄幅东南部的大佛寺、西岭角等地，呈透镜状捕虏体形式赋存于新太古代片麻状中粒含黑云奥长花岗岩中。岩性为细粒—微细粒斜长角闪岩、角闪变粒岩、黑云变粒岩、云母片岩等，岩石经过多期变质变形改造，被后期侵入岩侵入，已无连续的地质剖面，但在邻区泰安等地地层出露较全（图 2.3-1）。

图 2.3-1　济南地区出露的新太古代地层

2.3.2　古生代地层

古生代地层主要为寒武—奥陶系长清群、九龙群及马家沟群，以及石炭—二叠系月门沟群、石盒子群。

济南地区多重地层划分一览表 表 2.3-1

年代地层						岩石地层			富水性特征
宇	界	系	统	阶	年龄（百万年）	群	组	段	
显生宇	新生界	第四系	全新统	—		—	黄河组、巨野组、白云湖组、沂河组、临沂组、黑土湖组	山前组	第四系一般富水性较差，单井涌水量一般小于 200m³/d
			更新统	萨拉乌苏阶	0.0117	—	平原组、大站组、羊栏河组		
				周口店阶	0.126				
				泥河湾阶	0.781				
					2.588				
		新近系	上新统	麻则沟阶	3.6	黄骅群	明化镇组		富水性差
				高庄阶	5.3				
	古生界	二叠系	乐平统	吴家坪阶	254.14	石盒子群	孝妇河组		富水性较差
			阳新统	冷坞阶	260.4		奎山组		
				孤峰阶			万山组		
				祥播阶			黑山组		
				罗甸阶		月门沟群	山西组		富水性较差
			船山统	隆林阶			太原组		—
				紫松阶					—
		石炭系	上石炭统	逍遥阶					—
				达拉阶	299.0				富水性较差
							本溪组		富水性较差
显生宇	古生界	奥陶系	上奥陶统	艾家山阶	458.4	马家沟群	八陡组	—	一般富水性强
							阎庄组		
			中奥陶统	达瑞威尔阶	467.3		五阳山组		
							土峪组		
				大坪阶			北庵庄组		
							东黄山组		
			下奥陶系	道保湾阶	470.0	九龙群	三山子组	a 段	一般富水性强
				新厂阶	477.7			b 段	
		寒武系	芙蓉统	牛车河阶	485.4		炒米店组	—	—
									—
				江山阶					一般富水性强
							崮山组		—
				排碧阶					—
			第三统	古丈阶	497.0				富水性差
				玉村阶			张夏组	上灰岩段	顶部底部岩溶发育，富水性强
								下灰岩段	
				台江阶		长青群	馒头组	上页岩段	富水性差
								下页岩段	
			第二统	都匀阶	509.0			石店段	
							朱砂洞组	丁家庄段	富水性差
太古宇	新太古界				2500	泰山岩群	—	—	富水性差

早古生代地层主要为寒武—奥陶系长清群、九龙群及马家沟群，分布于济南泉域南部的广大地区，岩性为一套厚度达1800余米的海相碳酸盐岩沉积建造，出露总面积约 $452km^2$。该套地层整体呈北西西向或者北东东向展布，与下伏新太古代基底花岗岩为角度不整合接触，被上覆的石炭—二叠系地层所覆盖或者被第四系地层覆盖，岩石中含丰富的三叶虫、头足类及牙形石化石。牙形石发育在寒武纪中期至奥陶纪，是划分寒武系与奥陶系地质界线的重要依据。

晚古生代地层为石炭—二叠纪地层，主要分布于济南泉域北部，多为隐伏地质体，基岩露头仅在虞山一带出露，根据钻孔资料，该套地层被晚期的中生带岩体侵入，呈弧带状分布于岩体边部；岩性主要为一套海陆交互相—陆相沉积建造，自上而下划分为月门沟群、石盒子群。月门沟群包括本溪组、太原组、山西组，石盒子群可进一步划分为黑山组、万山组、奎山组、孝妇河组；其中，本溪组和太原组下部为石炭纪地层；太原组上部、山西组及石盒子群为二叠纪地层。

2.3.2.1 长清群

寒武系主要呈近东西向条带状分布于区域南部，自泰山北麓由南向北下、中、上统各组沿倾向按顺序正常出露，总厚度约629m，地层主要走向西部为北30°~60°东，倾向西北。倾角4°~25°，局部倾角40°，东部走向转为北40°~60°西，倾向东北，倾角8°~26°。济南地区内仅在绕城高速南线附近出露凤山组和长山组。

长清群处于寒武系下部，兴隆片区一带，其下与早前寒武纪变质岩系呈角度不整合接触，上与九龙群为整合接触，出露总厚度约250m。长清群属陆表海碎屑岩—碳酸盐岩沉积岩系，依其岩石组合特征自下而上划分为朱砂洞组及馒头组。

长清群为一套碳酸盐岩的滨海—陆表海沉积组合，由朱砂洞组到馒头组经历了两次规模较大的海侵。第一次大规模的海侵对应于早期朱砂洞组白云岩段，海水较浅，形成了一套含膏岩系的岩沼沉积，海水进一步扩大，形成了潮坪环境沉积的馒头组，馒头组由数个潮下带—潮间带—潮上带组成的沉积旋回，由于海侵程度差异，形成了不同类型的岩石组合类型；到下页岩段后期，本次海侵程度达到最大，由氧化环境逐渐向还原环境过渡，形成了黄绿色钙质页岩，之后海水逐渐退去，在济南长清馒头山一带，局部沉积间断，第一次海侵结束。之后，海侵方向转变，海水快速淹没工作区，沉积一套馒头组上页岩段顶部的灰绿色页岩、粉砂质页岩。根据岩石组合类型及地层厚度变化等分析，长清群早期海侵方向总体为由东南向北西推进，末期为由北西向南东推进。

1. 朱砂洞组（$\epsilon_2 z$）

朱砂洞组含水层碳酸盐岩可溶组分含量高达84.6%，构成了溶蚀发育的物质基础；沿太古宇—寒武系不整合面发育的滑脱构造带，朱砂洞组底部顺层形成不同规模的层间虚脱、构造带内部则发育碎裂岩带或揉皱带。朱砂洞组为含燧石结核、条带微晶白云岩夹不等厚灰岩的碳酸盐岩沉积相组合，厚度10~30m，为含水层（图2.3-2）。

图 2.3-2　朱砂洞组地层

2. 馒头组（$\epsilon_{2\text{-}3}m$）

馒头组以紫（砖）红色页岩为主,夹云泥岩、泥云岩、白云岩、灰岩和砂岩。含三叶虫、腕足类、软舌螺及藻类等化石，以突出的紫红色、砖黄色色调明显区别于下伏和上覆以白云岩和灰岩为主的朱砂洞组和张夏组。馒头组上页岩段岩性总体以细砂岩、粉砂岩、粉砂质页岩为主，夹厚层颗粒石灰岩，底部以灰紫色色调为主，上部多夹灰黄、灰绿色钙质页岩，较下页岩段色调上由灰紫色向灰绿色过渡，灰岩夹层明显增多，下页岩段岩性以灰紫色、紫红色粉砂质页岩为主，夹厚层状颗粒灰岩（鲕状、生物屑、核形石、砂屑等）。在底部的紫红色易碎页岩中发育石盐假晶、泥裂等。地层厚度为 210～290m，灰岩局部含水，页岩不含水（图 2.3-3）。

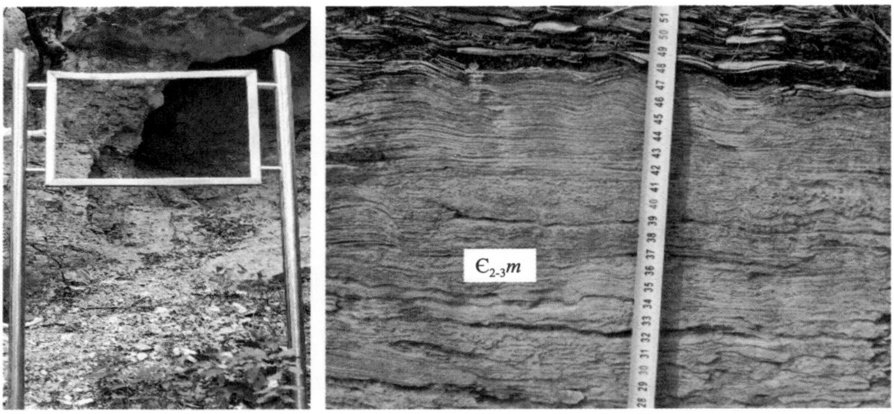

图 2.3-3　馒头组石店段发育的水平纹层理构造

2.3.2.2　九龙群

九龙群是跨系的岩石地层单位，属寒武系第三统—下奥陶统。九龙群主要由碳酸盐岩组成，与上覆马家沟群平行不整合接触（怀远间断），与下伏长清群整合接触，地层厚度约 1000m。该群在沉积环境、岩石组合、生物化石特征等方面与长清群有较大区别。依据其岩石组合特征自下而上可分为张夏组、崮山组、炒米店组及三山子组。

九龙群为一套由陆棚盆地—大陆斜坡—局限台地相沉积组合，礁滩、鲕粒滩发育。张夏组上、下部沉积环境分别为台地边缘滩、礁相沉积，水体动荡剧烈，并清洁、透光性好，有利于各种生物礁生长，形成厚—巨厚层的鲕状灰岩及藻礁灰岩。进入崮山组，海侵进一步扩大，形成了该期次海侵范围最大的陆棚盆地沉积，发育黄绿色钙质页岩的岩石组合；炒米店组为一套大陆斜坡相沉积，局部发育台地边缘礁滩，总体由数个规模较小的海侵—海退层序组成，海水较浅，水动力条件强，发育砾屑灰岩、条带状灰岩、藻礁灰岩、风暴岩等；其顶部，海水进一步变浅，白云质含量增多，多发育白云质灰岩、云斑灰岩等。三山子组沉积期海退明显加剧，由大陆斜坡转为局限台地潟湖相沉积，深潟湖相沉积 b 段的中层、中厚层微晶白云岩，在潮间—潮下带则为由白云岩—含碎屑结核白云岩的岩石组合，燧石结核、条带是由白云岩化过程中富 SiO_2 成分的沉淀作用而形成的。之后，华北地台由于受怀远运动的影响，地壳上升，遭受剥蚀。

1. 张夏组（$\epsilon_3\hat{z}$）

主要岩性为厚层鲕粒灰岩、叠层石藻礁灰岩、藻凝块灰岩及薄层灰岩等（图 2.3-4）。其与上覆崮山组整合接触；与下伏馒头组亦为整合接触。依据岩石组合特征，将张夏组自上而下划分为下灰岩段及上灰岩段两个岩性段，下灰岩段以鲕粒灰岩发育为特征，上灰岩段以藻灰岩、藻礁灰岩发育为特征，地层厚度约为 226m。张夏组以发育厚层、巨厚层鲕粒灰岩、藻灰岩为特征，明显区别于上覆和下伏的崮山组及馒头组地层，野外易于识别。据岩性组合特征，张夏组自下而上发育两个段：下灰岩段以灰色厚层鲕粒灰岩为主，夹少量藻凝块灰岩及生物屑鲕粒灰岩，下部常含有海绿石，发育缝合线及雹痕等沉积构造；上灰岩段以厚层藻灰岩夹少量鲕状灰岩、薄层生物碎屑灰岩为主，晚期出现云斑灰岩。济南地区缺失深水盆地相的盘车沟页岩层位，且基本未见页岩夹层，说明测区未经历水体较深的陆棚盆地沉积，距离陆棚盆地较远。

图 2.3-4　藻礁灰岩、鲕粒灰岩

张夏组自下而上发育以下几种基本层序。①灰色厚—巨厚层云斑藻屑灰岩—灰色厚层鲕粒灰岩组成的向上水体变深的基本层序，整体向上藻屑灰岩逐渐变薄，鲕粒灰岩逐渐变厚，为退积型准层序组。②灰色厚层藻灰岩与厚层鲕粒灰岩组成的基本层序，整体向上鲕粒灰岩逐渐变厚、水体变浅，为进积型准层序组。③灰色厚层藻丘灰岩与灰色厚层藻灰岩组成的基本层序，为加积型准层序组。④灰色厚层含生物碎屑鲕粒灰岩—灰色厚层藻灰岩组成的基本层序，整体向上藻灰岩逐渐变厚，为退积型准层序组。⑤黄褐色薄层链条状含云斑含生物碎屑细晶灰岩—厚层状含生物碎屑细晶灰岩组成的向上层厚变厚，水体变浅的基本层序，整体向上厚层灰岩逐渐变厚，为进积型准层序组。张夏组为高能鲕粒滩—中浅缓坡（礁滩）相—高能鲕粒滩（潮间带）的沉积环境，反映了水体由浅—深—浅，水动力环境由强—弱—强的沉积特征。张夏组厚度 160 ~ 230m，是济南地区的主要含水层。

2. 崮山组（$Є_{3\text{-}4}g$）

崮山组以薄层状、细碎屑沉积为主，主体岩性为链条状、疙瘩状灰岩、钙质页岩夹砾屑灰岩、鲕粒灰岩等；底以薄层状泥质条带灰岩、钙质页岩出现划界，与下伏张夏组为整合接触；顶以黄绿色页岩结束，与上覆炒米店组亦为整合接触。不同地区岩性略有差异，海侵方向总体为由东至西向。其与上覆炒米店组为整合接触，与下伏张夏组亦为整合接触，地层厚度为 65 ~ 95m，为相对隔水层（图 2.3-5）。

图 2.3-5　崮山组岩样图

3. 炒米店组（$Є_4O_1\hat{c}$）

炒米店组主要岩性为厚层砾屑灰岩、条带状灰岩、云斑灰岩、生物碎屑灰岩夹薄层状亮晶鲕粒灰岩、薄层泥晶灰岩、厚—中厚层藻礁灰岩、藻凝块灰岩及风暴岩等。其顶部白云质含量明显增高，且区域差异明显，在范庄一带，以砾屑灰岩、云斑灰岩为主；在九曲一带则以砾屑灰岩、生物碎屑灰岩、白云质灰岩及云斑灰岩为主，虫迹构造发育，顶部夹两层细晶白云岩；在九曲剖面上，发育多层藻丘灰岩与条带状灰岩组成韵律旋回层。该组中风暴岩发育，集中分布于中下部层位，且风暴岩由开始到结束，表现为层厚由薄—厚—薄的变化规律，反映了风暴事件所能影响的水体深度由浅到深再到浅的特征。炒米店组底部以黄绿色钙质页岩结束，大套砾屑灰岩、条带状灰岩出现，与下伏崮山组为整合接触；顶部以云斑灰岩、白云质灰岩结束，中细晶白云岩出现，与上覆三山子组亦为整合接触，但在部分地段，炒米店组顶部发育细晶白云岩夹层，说明炒米店组与三山子组之间的过渡关系。区域对比上，该组岩性相对稳定，但厚度变化明显，在九曲、章丘等地厚度明显较厚，可达 263m，在范庄、仲宫厚度则明显减薄，仅 172m，结合区域资料，说明该期海侵方向应为由东至西向。炒米店组厚度 170 ~ 260m，为含水层（图 2.3-6）。

图 2.3-6　炒米店组岩样

4. 三山子组（ЄO_1s）

三山子组依据岩性特征可以分为 b 段和 a 段两部分，缺失 c 段（区内相变为炒米店组上部未完全白云岩化层位），b 段岩性以中厚层细晶白云岩为主，基本不含燧质结核，底以云斑灰岩、白云质灰岩结束为界，与炒米店组为整合接触，顶以厚层含燧石结核中细晶白云岩出现与 a 段划界，b 段厚 14m 左右；a 段岩性以黄灰色中厚层、厚层含燧石结核白云岩为主，夹厚层细晶白云岩，顶以“怀远间断”为界，与上覆马家沟群东黄山组为平行不整合接触，厚度可达 108m。据岩性组合特征，三山子组沉积环境为局限台地潟湖相、潮坪环境沉积，其中 b 段属中深潟湖相沉积，a 段属潟湖相—潮间带沉积，而燧石结核及条带的形成代表水体较浅，有淡水注入，pH 值发生变化，使游离的 SiO_2 沉淀。区域对比上，岩性组合相当，但地层厚度有差异，由东至西，三山子组总厚度基本相当，c 段相变为炒米店组上部未完全白云岩化层位，而 b 段则表现为先增厚后减薄，仲宫一带最厚，a 段则为先减薄后增厚，这种变化特征可能反映了该期海侵白云岩化不同层位的结果。三山子组厚度 60 ~ 180m，是济南地区的主要含水层（图 2.3-7）。

2.3.2.3　马家沟群

马家沟群指华北地层区怀远间断之上、石炭系之下，以灰岩夹白云岩并富含头足类化石为主要特征的岩石地层单位。与下伏三山子组和上覆本溪组均呈平行不整合接触，属奥陶纪。该群于 1961 年由北京地质学院建立，1993 年据山东省地质矿产局地层清理领导小组意见，降格为组；2014 年，《山东省地质系列图件编制和综合研究》及《山东省地层侵入岩构造单元划分方案》重新将其升级为群。马家沟群岩性以白云岩与灰岩相间为特征，主要岩性为灰—深灰色厚层微晶灰岩、灰色厚层云斑微晶灰岩、灰色中厚层泥晶灰岩、

图 2.3-7 三山子组岩样

含燧石结核灰岩，灰—深灰色厚层泥—细晶灰岩、黄灰色薄—中厚层微晶白云岩、角砾状白云岩、泥晶白云岩等，发育鸟眼构造、泥裂构造、石盐和硬石膏假晶等沉积构造；依据岩性组合特征划分为东黄山组、北庵庄组、土峪组、五阳山组、阁庄组和八陡组 6 个组级单位，其中阁庄组及八陡组济南地区地表未见出露。马家沟群总厚度 760 ~ 850m，是济南地区的主要含水层。

马家沟群是沉积在“怀远间断”夷平面之上的一套稳定的碳酸盐岩沉积组合，受地壳平稳的升降影响，经历 3 次海退海进交替影响，从而在碳酸盐台地上形成灰岩与白云岩的反复叠置的沉积旋回，其沉积环境为开阔台地—局限台地、潟湖反复更替。总体来说马家沟群沉积时期地势相对平坦，古地形起伏不大，以开阔台地相沉积为主，各组之间均呈整合接触关系，各组地层分布较稳定。东黄山组、土峪组、阁庄组中薄层白云岩多发育膏溶现象，且东黄山组底部发育底砾岩，而北庵庄组、五阳山组、八陡组厚—巨厚层灰岩地层中则富含头足类化石。

1. 东黄山组（O_2d）

东黄山组主要分布于兴隆片区橛子山—黑龙峪—香炉石顶、马鞍山—北大山—老虎涧一带，另外在历城区南部刘智远村东也有出露。东黄山组仅发育一种基本层序：由灰黄色薄层微晶白云岩—灰黄色中厚层膏溶角砾白云岩组成的向上层厚变厚的基本层序。剖面上，下部层位表现为向上薄层微晶白云岩逐渐变厚的退积型准层序组；上部层位则为薄层微晶白云岩逐渐变薄的进积型准层序组。东黄山组沉积环境属于局限台地潟湖相沉积，深潟湖相沉积以微晶白云岩为主，浅潟湖相则以角砾状白云岩为主，该组水体总体表现为由浅—深—浅的变化特征。

东黄山组岩性以灰黄色细晶白云岩、中厚层角砾状白云岩为主，局部地段上部层位夹厚度不等的灰岩、白云质灰岩。其底以“怀远间断”为界，与下伏三山子组为平行不整合接触，在接触界面不同程度地发育厚 1 ~ 3cm 的底砾岩，砾大小不一，呈棱角状—次棱角状，砾的成分为白云岩和燧石；顶以细晶白云岩基本结束，大套灰岩出现为标志，与上覆北庵庄组为整合接触。该组地层厚度较薄，且厚度变化不大，一般在 10 ~ 30m（图 2.3-8、图 2.3-9）。

图 2.3-8　东黄山组岩样

图 2.3-9　东黄山组岩层剖面

2. 北庵庄组（O_2b）

北庵庄组主要分布于兴隆片区中部和北部八里洼—大汉峪—蟠龙一带，红山—凤凰山—老虎涧—腊山—青龙山及历城区东南部马山坡—刘智远村—殷陈等地。北庵庄组主要发育三种基本层序类型：①由深灰色厚层微晶灰岩—黄灰色中厚层细晶白云岩组成的向上水体变浅的基本层序，总体上微晶灰岩逐渐变厚，细晶白云岩逐渐变薄，为退积型准层序组；②由灰色厚层云斑白云质灰岩—黄灰色厚层细晶白云岩组成的基本层序，总体上云斑白云质灰岩逐渐变薄，细晶白云岩逐渐变厚，为进积型准层序组；③由灰色厚层微晶灰岩—灰色厚层云斑含白云质灰岩组成的向上水体变浅的基本层序，总体上微晶灰岩逐渐变薄，云斑含白云质灰岩逐渐变厚，为进积型准层序组。北庵庄组沉积环境以开阔台地潮下带—潮间带沉积为主，剖面上见由潮下带—潮间带沉积类型组成的地层重复，反映了水体由深—浅—深—浅的变化规律，厚度 150 ~ 220m（图 2.3-10）。

3. 土峪组（O_2t）

土峪组兴隆片区幅玉岭山、草山岭及历城区格山一带零星出露。土峪组自下而上发育两种基本层序类型：①由灰黄、灰红色厚层角砾状白云岩—灰红色厚层细晶白云岩组成

图 2.3-10　北庵庄组岩层剖面

的韵律型基本层序，两者近等比例增加，为一加积型准层序组；②由灰黄、灰红色厚层角砾状白云岩—灰红色厚层细晶白云岩组成的向上水体变深的基本层序，总体向上角砾白云岩逐渐变薄，细晶白云岩逐渐变厚，为退积型准层序组。土峪组沉积环境为局限台地潟湖相沉积，早期沉积湖水较浅，发育有鸟眼、泥裂、石盐和硬石膏假晶等暴露标志；沉积晚期，湖水逐渐变深，细晶白云岩变厚，总体反映了水体由浅到深的沉积变化。

4. 五阳山组（O_2w）

五阳山组主要在兴隆村幅玉岭山、草山岭及历城区格山、围子山、鲍山一带出露。五阳山组自下而上主要发育四种基本层序类型：①由灰色厚层含云斑白云质灰岩（单层厚80cm）—灰色厚层云斑白云质灰岩（单层厚100cm）组成的基本层序，向上云斑含量逐渐增多，水体逐渐变浅，为进积型准层序组；②由黄灰色厚层含燧石结核白云岩—灰色厚层云斑状含燧石结核白云质灰岩组成的韵律型基本层序，两者呈近等比例增厚，为加积型准层序组；③由灰色厚层云斑状白云质灰岩—灰色厚层生物碎屑灰岩组成的向上水体变深的基本层序，总体向上白云质灰岩逐渐变薄，生物碎屑灰岩逐渐变厚，为退积型准层序组；④由灰色厚层微晶灰岩—黄灰色厚层细晶白云岩组成的向上水体变浅的基本层序，总体向上微晶灰岩逐渐变薄，细晶白云岩逐渐增厚，顶部为角砾状白云岩，为进积型准层序组（图 2.3-11）。

图 2.3-11　五阳山组岩样

5. 阁庄组（O_2g）

阁庄组主要分布于齐河县及历城区，岩性以灰质微晶白云岩为主，夹白云质灰岩、泥灰岩等，底部为角砾状白云岩。其底与五阳山组、顶与八陡组均为整合接触，厚度为119.87m。

6. 八陡组（$O_{2\text{-}3}b$）

八陡组主要分布于齐河县及历城区，八陡组发育有由灰色厚层微晶灰岩—深灰色豹皮状含白云质灰岩组成的基本层序。剖面上，前半段表现为微晶灰岩逐渐减薄，豹皮状含白云质灰岩逐渐增厚，向上水体变浅的进积型准层序组，后半段则为微晶、砂屑灰岩逐渐变厚，豹皮状含白云质灰岩逐渐变薄的退积型准层序组。

2.3.2.4　月门沟群

月门沟群为一套海陆交互相—陆相含煤岩系，隐伏于济南市区北部，与下伏奥陶纪马家沟群平行不整合接触，与上覆石盒子群整合接触。该群自下而上划分为本溪组、太原组和山西组，岩性以铝、铁质泥岩、粉砂岩、细砂岩及煤层为主，发育煤层是该群的重要特征。

月门沟群是自奥陶纪末期地壳抬升后，经过漫长的风化剥蚀，形成铁铝质风化壳，至晚石炭世接受海相沉积，海侵方向主要自东北向西南推进。本溪组以陆表海的滨海浅水陆棚砂泥沉积为主；太原组沉积时水体动荡频繁，以海陆交互相的陆表海砂泥坪及泥炭沼泽相为主，并沉积 4 ~ 5 层灰岩，还含有多层可开采煤层，为济南地区内主要含煤层位；山西组沉积时海水逐渐退出，以泥炭沼泽及三角洲相为主，煤层逐渐减少。

1. 本溪组（C_2b）

本溪组隐伏于济南北部，该组岩性为一套紫色、杂色铁铝质泥岩、铝土岩及粉、细砂岩组合。其与下伏奥陶纪马家沟组平行不整合接触；顶部与太原组灰岩呈整合接触，厚度 11 ~ 55m。本组以相当于风化壳沉积的铁铝质泥岩为特征。本溪组个别钻孔见到细砂岩，常发育黄铁矿结核，厚度较薄，在 3.3 ~ 7.16m，属陆表海浅水陆棚沉积环境。

2. 太原组（C_2P_1t）

太原组岩性为灰黑、灰色的砂岩、泥岩、页岩夹数层灰岩，其顶、底分别以稳定的灰岩出现与结束作为划分和识别标志，与下伏本溪组和上覆山西组均呈整合接触，厚度 70 ~ 101m。太原组为一套海陆交互相沉积地层，其岩性以泥岩、页岩、粉砂岩、细砂岩夹煤层、碳质页岩等为主，其顶、底以灰岩结束及出现为界，与上覆山西组、下伏本溪组均为整合接触。从钻孔资料分析，太原组总体上表现为向上，碎屑颗粒逐渐变细，底部以泥岩、粉砂质泥岩为主，向上以砂岩、细砂岩、粉砂岩为主，反映了由早期浅海相沉积到晚期滨海、临海沉积特征；另外，各地区岩性亦有差别，齐河一带发育 5 层石灰岩及 3 层煤层，出露厚度达 101.38m，鸭旺庄仅见 2 层石灰岩及 1 层煤层，碳质页岩发育，且发育较多的中生代侵入岩夹层，地层厚度为 70.00m。

3. 山西组（$P_{1-2}\hat{s}$）

山西组为一套三角洲相—泥炭沼泽相沉积，其岩性为灰—灰黑色泥岩、粉砂岩、细砂岩，夹可采煤层。其底以太原组灰岩结束为界，顶以河流相砂岩、砂砾岩出现为界，与太原组、黑山组均为整合接触。从钻孔资料分析，山西组总体表现为向上碎屑粒度逐渐变粗，下部以泥岩、泥质粉砂岩为主夹煤层，上部以粉砂岩、细砂岩为主，表现为由深湖、沼泽相—三角洲相逐渐演化特征。各地岩性略有差异，齐河一带，中下部发育煤层、黏土层，上部发育含砾粗砂岩；鸭旺庄一带，可采煤层不发育，碳质页岩发育，多见中生代侵入体。

2.3.2.5 石盒子群

石盒子群为整合于月门沟群山西组之上，平行不整合于三叠系石千峰群之下的一套河湖相沉积岩。自下而上分别为黑山组、万山组、奎山组、孝妇河组，分别对应以河流相—湖相，两者交替出现的两个地层旋回。石盒子群是一套陆相沉积地层，以河湖相沉积为主，以河流相的砂岩、含粒粗砂岩出现为界，与下伏山西组为整合接触；顶部由于不同时期的沉积间断，与上覆第四系地层或者新近系地层均为不整合接触。岩性上为砂岩（含砾砂岩）—泥岩（粉砂质泥岩）—砂岩—页岩（黏土岩），有粗—细—粗—细的沉积演化规律。

1. 黑山组（P_2h）

黑山组主要岩性为灰白色含砾粗砂岩、中粒砂岩、细砂岩夹泥岩、粉砂岩等，钻孔厚度为 45 ~ 55m，其底与山西组、顶与万山组均为整合接触。

2. 万山组（P_2w）

万山组以湖相沉积为主，岩性为灰黑色页岩、杂色泥岩夹中粒砂岩、细砂岩。

3. 奎山组（P_2k）

奎山组是石盒子群的第二个以河流相沉积为特征的地层单位，在河流相不同微相环境下，基本层序不同，在河流滞留沉积单元表现为灰白色厚层含砾粗砂岩—中粒石英砂岩—泥质粉砂岩组成的向上粒度变细的基本层序，沉积界面不平整，局部发育底冲刷构造；在点砂坝或者河漫滩相，粒度明显偏细，发育中细粒石英砂岩—泥质粉砂岩组成的向上变细的基本层序。奎山组以粗碎屑岩沉积为主，主要岩性为含砾粗砂岩、中粒石英砂岩、石英长石砂岩夹泥质粉砂岩、粉砂岩等，发育褐铁矿化团块；其以厚层砂岩为标志与上覆孝妇河组、下伏万山组均为整合接触，在虞山地质剖面上粒度明显较粗，发育河道相沉积，而在鸭旺庄钻孔中，以中细粒长石石英砂岩为主，为河漫滩相沉积。

4. 孝妇河组（P_3x）

孝妇河组主要发育灰色、紫红色页岩—灰白色中粒长石石英砂岩的向上粒度变粗的基本层序，以滨浅湖相沉积为主。呈现由早期氧化环境到晚期还原环境，水体逐渐变深的沉积变化特征。区域上该组厚度为 10 ~ 131m。

2.3.3 新生代地层

济南市新生代地层分布在广大中北部平原地区、山前地带、山间盆地及河流两侧。齐河—广饶断裂以北，华北坳陷区自下而上依次分布古近纪济阳群、新近纪黄骅群及第四纪地层，厚度最大可达 3000 余米。齐广断裂以南缺失古近纪地层。市区大致在小清河以北、长清区在玉符河、南大沙河、北大沙河下游地带，自下而上依次分布新近纪黄骅群和第四纪平原组、黑土湖组及黄河组地层，总厚度 150 ~ 300m 不等；以南地区新近系仅零星分布巴漏河组，上覆第四系以大站组及羊栏河组为主，沂河组及临沂组条带状分布于河谷地带，总厚度数米至上百米不等（表 2.3-2）。

济南市新生界地层划分表　　　　表 2.3-2

年代地质			岩石地层			
界	系	统	群	组		代号
新生界	第四系	全新统	黄河组	白云湖组	沂河组	Qhh*h*，Qh*b*，Qh*y*
					临沂组	Qh*l*
				黑土湖组		Qh*h*
		更新统	平原组		大站组	Qp*p*，Qp*d*
					羊栏河组	Qp*p*，Qp*y*
	新近系	上新统	黄骅群	明化镇组	巴漏河组	N_2m，N_2b
		中新统		馆陶组		N_1g
	古近系	渐新统	济阳群	东营组		E_3d
		始新统		沙河街组		$E_{2\text{-}3}\hat{s}$
		古新统		孔店组		$E_{1\text{-}2}k$

古近纪—新近纪地层主要分布于济南市中北部地区，被第四系覆盖，仅章丘市圣井镇东的西巴漏河两岸，新近纪上新世巴漏河组有少量出露。齐河—广饶断裂以北，华北坳陷区自下而上分布古近纪济阳群和新近系黄骅群；齐河—广饶断裂以南缺失古近系，基岩基底之上覆盖新近系黄骅群（据地热钻孔资料），山前河谷地带则为巴漏河组。

2.3.3.1 济阳群

济阳群分布于齐河—广饶断裂以北地区，隐伏于新近系之下。自下而上可划分为孔店组、沙河街组和东营组。

1. 孔店组（$E_{1\text{-}2}k$）

上部为紫红色砂、泥岩及棕红色砂、泥岩。向下颗粒变粗，灰黄色砾石增多，块状砂砾岩发育。中下部见有淡灰色致密块状安山岩、凝灰质砂岩、泥岩及玄武岩等火山岩。层底埋深在 3100m，未揭穿底板，厚度大于 681m。

2. 沙河街组（$E_{2-3}\hat{s}$）

本组分三段。沙一段上部为灰、灰绿色砂泥岩，下部为灰黄色灰质岩、生物灰岩、鲕粒状灰岩、油页岩，并夹数层玄武岩。沙二段的岩性中上部为棕红色、紫红色砂岩、泥岩夹薄层灰色、灰绿色泥岩；下部为浅灰色砂岩、泥岩互层夹少量绿色、红色泥岩及薄层生物灰岩、油页岩，并夹玄武岩。沙三段岩性上部为灰色、浅灰色厚层泥岩及薄层粉砂岩、生物灰岩、泥灰岩；下部为灰色砂岩、泥岩。层底埋深 1900 ~ 2300m，层厚 360 ~ 420m。

3. 东营组（E_3d）

上部为棕红、灰白色含砾砂岩夹灰绿色泥岩；中部为紫红、灰绿色泥岩与灰白色细砂岩互层；下部为浅灰色细砂岩、粉砂岩与灰绿、紫红色泥岩互层。层底埋深 1629 ~ 2019m，层厚 360 ~ 450m。

2.3.3.2　黄骅群

黄骅群主要分布于小清河以北地区，隐伏于第四系之下。总体可以分为上下两套岩层，下部粒度偏粗，色调较杂，为馆陶组；上部粒度偏细，为明化镇组，山前地带为巴漏河组。

1. 馆陶组（N_1g）

上部以灰白、浅灰色细—中砂岩及棕红色夹灰绿色泥岩为主，呈交互层状。下部以灰白色含砾粗砂岩及砂砾岩为主，夹棕红色泥岩、含砾砂岩，分选性较差，磨圆度中等，胶结性较差。底部为砂砾岩、砾状砂岩，砾石粒径 1 ~ 10mm，呈次棱角—次圆状，以石英、黑色燧石为主。华北坳陷区与东营组呈不整合接触，层底埋深 1350 ~ 1650m，厚度 350 ~ 475m。在垂向上具有上细下粗的正旋回沉积特征，其底部为砂砾岩，分布稳定；在水平分布上，其底板埋深从南向北呈明显的变浅趋势。

2. 明化镇组（N_2m）

明化镇组由下向上可划分为两个岩性段，岩性以土黄—棕红色泥岩、砂质泥岩及灰白色砂岩为主。下段粒度较细，颜色深；上段粒度较粗，颜色浅，并含铁锰质、灰质结核。其下与馆陶组整合接触，上被第四系覆盖，厚度 600 ~ 1000m。明化镇组以湖相沉积为主，下部岩石粒度较细，颜色深，并含有石膏，厚度 291m，为浅湖环境；上部含有炭屑、铁锰质、灰质结核，厚 380m，为半深湖环境。

3. 巴漏河组（N_2b）

巴漏河组主要分布于章丘市巴漏河两岸，岩性为淡水结晶灰岩、泥岩及砂砾岩，厚度变化较大，在章丘市明水镇北厚度 31.1m；在章丘市枣园镇大站水库，巴漏河东岸厚度 13m，底部为灰黄色砾石，中部为含砾石灰岩，上部为白色块状结晶灰岩；沿巴漏河向北至北泉村东南厚度大于 6m；钓鱼台村北厚度大于 10m；垓庄村北采石厂厚度约 17m。在该组上部的灰岩中产介形虫、轮藻、爬行类及哺乳类化石，沉积环境属山前盆地河湖相。

2.3.3.3 第四纪地层

济南市第四系广泛分布在山前倾斜平原、黄河冲积平原及小清河、玉符河、南大沙河、北大沙河、锦绣江、巴漏河等河流的河谷地带，山间盆地和山麓斜坡上也有小面积堆积。出露的地层有全新世黄河组、沂河组、白云湖组、临沂组和黑土湖组，更新世大站组。黄河组地层主要分布于小清河以北及黄河沿岸地区，形成黄河冲积平原；沂河组分布于章丘市青扬河河谷地带；白云湖组主要分布于白云湖、大明湖及天桥区大桥镇司家庄一带大寺河低洼河谷地带；临沂组分布于小清河、玉符河、南大沙河、北大沙河河谷地带；黑土湖组分布于绣江河源头的百脉泉湿地及鹊山水库北的鹊山龙湖湿地；大站组分布于广大山前地带，形成山前倾斜平原。山间盆地及河谷冲洪积平原第四系厚度一般不超过 100m。济南市中心城区自经十路以北为第四系覆盖区，厚薄不均，但总体规律为自南往北、自东往西厚度增加。南部第四系厚度仅数米，市区最大厚度不超过 50m，北部和西部黄河以南达百米以上，黄河北 180 ~ 250m。

1. 平原组（Qp*p*）

平原组在地表未见出露，从钻孔资料分析在黄河冲积平原区有分布。平原组厚 196m。由下向上划分为 3 个岩性段（形成年代从下至上，相当于早、中、晚更新世），一段厚 60m，岩性主要为棕黄—浅棕色、灰绿色砂质黏土、黏土互层；二段厚 56m，岩性主要为棕黄—褐黄色砂质黏土及黏质砂土互层夹粉砂层；三段厚 80m，岩性为锈黄色黏质砂土、砂质黏土夹粉砂、细砂。平原组其下与明化镇组呈侵蚀不整合接触，上与黑土湖组整合接触，南部与大站组及羊栏河组呈相变关系。

2. 羊栏河组（Qp*y*）

羊栏河组为山东最老的黄土堆积（形成时代：中更新世），岩性以深红—棕红色黏土、砂质黏土为主，夹砂砾层，一般厚度为 10m 左右，最大厚度达 28.5m。其上与大站组呈冲刷平行不整合接触，其下是灰岩风化层（图 2.3-12）。

图 2.3-12 羊栏河组岩样图（1）

图 2.3-12　羊栏河组岩样图（2）

3. 大站组（Qp*d*）

大站组广泛分布于沟谷、山间盆地及山前斜坡、台地，常构成二级阶地上部（形成时代：晚更新世）。该组为黄土堆积，岩性主要为土黄色黏土质粉砂土，常含有铁锰质结核，底部常发育有似层状或透镜状砂砾层，厚度一般为 10 ～ 30m，最大厚度达 39m。创名地点在章丘市枣园大站水库一带。

4. 黑土湖组（Qh*h*）

黑土湖组为湖沼相沉积（形成时代：全新世），岩性为灰、灰褐—黑灰色粉砂质黏土、黏土，局部夹粉砂层，含铁锰质结核，局部含有陶器碎片及螺类化石。其上与临沂组、黄河组等平行不整合接触；下与大站组、平原组呈连续沉积。上部岩性为灰黑色粉质黏土；中部岩性为灰黑—灰黄色粉土；下部岩性为深灰—灰黑色粉质黏土，厚度为 5 ～ 10m。该组测年数据较多，最大年龄为 1.18 万年，最小年龄为 0.32 万年。济南市唐王镇赵新庄村北砖瓦厂采热释光年龄样，年龄值 7380 年（据 1:25 万淄博幅区域地质调查报告，2005 年），均属中—早全新世。

5. 临沂组（Qh*l*）

临沂组分布于济南西部至长清一带的玉符河、南大沙河、北大沙河两侧，为现代Ⅰ级阶地及高河漫滩（形成时代：全新统），岩性为灰黄色粉砂土及含砾粗砂，与下伏黑土湖组为侵蚀接触或整合接触，厚度一般小于 10m。

6. 沂河组（Qh*y*）

沂河组为现代河流沉积物（形成时代：全新世）。岩性为灰黄色含砾粗砂堆积物，构成河床及低河漫滩，厚度小于 10m，具交错层理。总体上该组岩性较复杂，各种粒级、成分皆有，一般为砂级以上粗碎屑堆积，多局限于丘陵地区河床内。济南市仅青杨河、西巴漏河上游地段有分布。

7. 白云湖组（Qh*b*）

白云湖组为现代（形成时代:全新世）湖泊相沉积的黑色、黑褐色粉砂土及砂质黏土，富含有机质及淡水贝壳，厚度小于 5m。该组主要见于平原区现代湖泊及山前大型水库和洼地。由湖边至湖中心，粒度逐渐变细，分选性好；在垂向上，砂质黏土和粉砂土交替出现。

8. 黄河组（Qhh*h*）

黄河组为现代黄河冲积物（形成时代：全新世）。主要分布于黄河河床及河漫滩，岩性为灰黄—黄色粉砂土、粉砂质黏土，其下伏地层多样，大致在小清河以北地层，以黑土湖组或平原组为主，局部与白云湖组相穿插；在小清河以南地区，以黑土湖组和大站组为主，局部与白云湖组相穿插，厚度为 3 ~ 20m。

济南市主城区为山前平原及小清河、玉符河冲洪积平原，自经十路以北为第四系覆盖区，厚薄不均，但总体规律为自南往北、自东往西厚度增加。市区一般小于 30m，大于 30m 区域主要分布在兴济河以西，小清河以北地区。在市区中心地带（泉群附近一带），南起经十路，北到明湖北路，西起大纬二路，东到山大路围成的区域内，厚度一般小于 20m，且受地形坡向控制，由东南向西北逐渐变厚。趵突泉与银座索菲特大酒店附近，第四系厚度为 8 ~ 10m。腊山一带第四系厚度为 0 ~ 40m；党家一带第四系厚度为 10 ~ 50m；燕山一带第四系厚度为 5 ~ 30m；王舍人一带第四系厚度为 40 ~ 70m；贤文一带第四系厚度为 20 ~ 30m。

济南市东部城区主要为山间盆地和巨野河河谷冲洪积平原，松散层厚度自东南向西北逐渐增厚。郭店一带第四系厚度为 40 ~ 50m；孙村一带第四系厚度为 20 ~ 30m；彩石一带第四系厚度为 20 ~ 30m。

济南市西部城区主要为大沙河冲洪积平原，松散层厚度自西南向东北逐渐增厚。崮山大学城一带第四系厚度为 10 ~ 20m；文昌片区长清城区一带第四系厚度为 60 ~ 70m，最厚可达上百米；平安片区一带第四系厚度为 50 ~ 60m。

黄河以北平原区第四系厚度由南向北逐渐增厚，一般厚度为 180 ~ 250m。

2.4 泉城地质构造

济南地区南依泰山凸起，北临齐河广饶大断裂，大地构造上处于华北板块的华北坳陷区之济阳坳陷（Ⅰa）和鲁西隆起区之鲁中隆起（Ⅱa）的衔接地带。以齐河—广饶大断裂为界，北部属于济阳坳陷，南部属于鲁中隆起。济南市大部分地区属于鲁中隆起，其四级构造单元属于泰山—济南断隆（Ⅱa1）和鲁山—邹平断隆（Ⅱa2），五级构造单元黄河以北属齐河潜凸起（Ⅱa15），黄河以南分别属于泰山凸起（Ⅱa16）和博山凸起（Ⅱa22），章丘东北部属于邹平—周村凹陷（Ⅱa21）。齐河—广饶大断裂以北的济阳地区属于济阳坳陷，四级构造单元属于惠民潜断陷（Ⅰa4），五级构造单元分别属于临邑潜凹陷（Ⅰa41）和惠民潜凹陷（Ⅰa42）。

鲁中隆起地质构造总体上是一个以新太古代泰山岩群为基底，以古生代地层为主体的北倾单斜构造。单斜构造单元中发育多组断裂构造，将其分割成相对独立的单斜断块。济南地区地壳在中生代燕山期晚期活动强烈，形成了以北北西为主，以北北东和近东西向为辅的三组断裂，同时大范围的中基性岩浆岩侵入，形成多个杂岩体。新生代喜山运动初期，本区属隆起阶段，造成地层倾斜并缺失古近纪地层。喜山运动后期，本区北部较南部沉降快，因而在各单斜断块北部及南部的低洼处，接受了厚度不等的第四纪沉积。

济阳坳陷受构造运动差异性和分异作用的影响，在前古近纪基底构造之上发育一系列的坳断与隆断，形成了数十个相间排列的潜凸与潜凹。潜凸与潜凹构成了济阳坳陷基底构造框架的总体轮廓，控制着坳陷内新生代地层的发育。自中生代末期，特别是新生代喜马拉雅运动以来，地壳运动以沉降为主，在太古界—古近系基底之上，接受了巨厚新近纪—第四纪松散沉积物。由于各地所处构造部位的不同，沉降幅度和厚度具有明显的差异，凸起区沉积厚度较小，凹陷区沉积厚度较大。

齐河—广饶断裂是Ⅱ级构造单元华北坳陷区与鲁西隆起区的分界断裂。断裂带两侧的古生代和中生代地层的物质组分和沉积特点比较相似，并且北部地层厚度略小于南部，断裂带两侧均缺失晚白垩世和古新世地层，反映该断裂在古新世中期之前可能不存在。自古新世晚期至中新世早期，断裂带开始明显活动，始新世强烈活动，北部下降接受沉积，沉积较厚的包括沙河街组、孔店组、东营组在内的古近系地层和新近纪馆陶组地层；南部抬升遭受剥蚀，并伴随强烈的火山活动。中新世末至上新世初期，这种差异性升降相对减弱，于上新世在断层两侧同时接受了明化镇组沉积，但北侧地层明显增厚。进入第四纪，济阳坳陷仍在持续下沉，沿断裂第四系沉积厚度有较大的梯度变化。

对济南地区断裂构造的认识主要是中生代燕山期强烈活动形成走向北北西、北北东和近东西的三组主要断裂构造。其中，北北西向断裂规模较大，自东向西有文祖断裂、东坞断裂、千佛山断裂、马山断裂等，断层东盘向北推移。

2.4.1 岩层整合关系

地层间的接触关系是构造运动和地质发展历史的记录，基本上可分为整合接触和不整合接触关系。不整合接触关系尤其角度不整合接触关系是研究地质发展历史、鉴定地壳运动和确定构造变形时期的重要依据。济南地区存在四个不整合界面，即寒武系底部的不整合界面、怀远运动沉积间断面、石炭系底部的不整合界面及新近系底部的不整合界面。

2.4.1.1 寒武系底部的不整合界面

寒武系底部的不整合界面为研究区内重要的构造分划界面之一，总体上走向北东，倾向北西，倾角较缓。界面之下为早前寒武纪结晶基底，构造线以北西—北北西向为主，变形面理比较陡，并多发育高岭土化古风化壳；界面之上为沉积盖层，为寒武纪碳酸盐岩沉积，地层产状比较平缓，沉积相变明显，底部碳酸盐岩具有明显的溶蚀孔洞，表明古地形凹凸不平。该界面为海侵面，加里东运动造成地壳平稳下降，海侵由东南往西北漫进，寒武纪地层呈上超式侵入，寒武系与前寒武纪变质基底呈角度不整合沉积接触，标志着该区地壳进入稳定的陆块发展阶段。该界面由原来风化剥蚀形成的不整合面(风化壳)已普遍被改造成构造滑脱面。由于构造滑动导致滑脱面之上的寒武系底部的朱砂洞组往往缺失某些层位。济南地区滑脱面之上出露朱砂洞组含燧石条带白云岩夹薄层细晶白云岩，与区域对比，中间缺失了朱砂洞组薄层泥质白云质灰岩、黄色页岩、含砾砂岩和底砾岩等几个层位（李理等，2007），该界面局部有碎裂岩化现象。由于在研究区该不整合界面出露面积较小，因此寒武系底部具体的变形特征并不明显。

2.4.1.2　怀远运动沉积间断面

寒武系上统—奥陶系下统三山子组与奥陶系上统马家沟群东黄山组之间的平行不整合界面，由怀远运动引起。在马家沟群底部，发育稳定的底砾岩。界面下、上地层呈平行不整合接触，反映怀远运动期间，地壳以总体抬升为主。

该不整合界面后期被改造为构造滑脱面，研究区其上覆地层马家沟群北庵庄组普遍发育轴向近东西向的褶皱构造。

2.4.1.3　石炭系底部的不整合界面

石炭系上统月门沟群本溪组与奥陶系上统马家沟群八陡组之间的区域性平行不整合界面。在晚奥陶世，受加里东运动影响，华北陆壳平稳抬升，遭受长期风化剥蚀，直至晚石炭世方再次下降接受沉积。不整合界面之下发育古风化壳及古喀斯特地貌。由于受其南部济南岩体的阻挡以及同沉积生长断层的发育，该不整合界面并未表现出滑脱界面的特征。

2.4.1.4　新近系底部的不整合界面

研究区内新近系地层地表未见出露，新近系底部的不整合界面也未见出露。根据深部钻孔资料，依据岩石组合特征仅能划分出明化镇组一个岩石地层单位，揭露第四系地层，该组在研究区西北部冲积平原中普遍发育，均为隐伏地质体。根据钻孔资料，明化镇组岩性为一套黄褐色砾岩、杂色黏土夹少量的细砂岩，该组角度不整合于古生代地层之上，不同地区略有差异，在鸭旺口一带，其底为二叠系孝妇河组，在大辛庄则为奥陶系马家沟群八陡组。该角度不整合界面之上发育古风化壳，由灰岩、砂岩、砂砾石及黏土混层组成。该不整合界面的存在，证明济南地区在印支期、燕山期以及喜山期构造旋回，经历了长时间的抬升剥蚀，以及强烈的掀斜运动，使不整合界面之下的地层存在较大的差别。

2.4.2 褶皱

研究区内沉积盖层较稳定，多属于平缓的单斜构造，主要是向北北西、北北东向缓倾，见图 2.4-1。

图 2.4-1 褶皱图

局部发育轴向近东西—北东东向的宽缓褶皱，岩层受到扭曲而产生裂隙，褶皱的波峰和波谷部位最多，多呈楔形，如在水面以下，这类裂隙是地下水的重要通道。

褶皱成因类型按规模大小主要有四种：①滑脱褶皱：喜马拉雅运动使鲁西陆块隆起接受风化剥蚀，济阳坳陷下陷沉积，掀斜断块南升北降，马家沟群北庵庄组岩性特殊，系层厚重力大，且其底部有东黄山组这一薄层不稳定岩性层以及其下部的怀远沉积间断面作为重力滑脱面，由南向北滑脱（南高北低，褶皱轴面多南东倾），从而形成一系列滑脱褶皱。②穹隆构造：中生代岩体上侵强力就位造成，发育于接近中生代岩体部位，属横弯褶皱；产于岩体外接触带地层中的各种褶曲形式，则主要是岩体侵入活动所产生的侧压作用而形成的，这些褶曲轴线往往随接触带的走向变化而变化。③一些断裂构造引起的牵引褶皱或次生构造，尤以长清群馒头组内部表现明显。④柔流褶皱：主要受中生代岩体侵入过程中使围岩发生热接触变质作用大理岩化，并发生塑性变质变形而形成。

济南地区褶皱发育比较密集的有三处：金牛山—母猪岭褶皱群；兴隆山—老虎洞山褶皱群；玉皇山、鸡山—寨山后褶皱群。①金牛山—母猪岭褶皱群：位于长清区东南部金牛山—母猪岭一带的狭长低丘之上，总体宽约 4km，基本等距分布，轴面北倾，走向北东 75°左右。其特点为：两翼不对称，背斜北翼倾角缓，一般 10° 左右，背斜南翼较陡，倾角一般为 30°左右，并伴随有平行轴向的高角度压性断层，局部有挤压紧密的直立岩带及代表早期东西向构造的配套节理组。②兴隆山—老虎洞山褶皱群：位于兴隆村西南兴隆山、老虎洞山一带，褶皱群轴向近东西，两翼不对称，背斜北翼倾角缓 20° ~ 25° ，背斜南翼稍陡，倾角一般为 35° ~ 40°，轴面北倾，褶皱间距约 500 ~ 700m，近于平行展布。③玉皇山、鸡山—寨山后褶皱群：位于大龙堂镇北部一带，由 11 个小型褶皱组成，其中背斜褶皱 6 个，向斜褶皱 5 个。褶皱轴多数近东西向，仅有一个轴为北东向，两翼地层倾角较缓，一般为 5° ~ 20°，个别的褶皱两翼较陡，达 30° ~ 47°。两翼岩性为厚层纯灰岩及白云质灰岩，相邻背斜和向斜轴间距约 200 ~ 500m。

2.4.3　脆性断裂构造

目前，对济南地区断裂构造的认识主要是中生代燕山期强烈活动形成走向北北西、北北东和近东西的三组主要断裂构造。北北西走向的断裂主要有：马山断裂、平安店断裂、石马断裂、千佛山断裂、文化桥断裂、东坞断裂、黄旗山断裂、文祖断裂、甘泉断裂等。北北东走向的断裂主要有：孝里铺断裂、炒米店断裂、港沟断裂、鸭旺口断裂、明水断裂等。近东西走向的断裂主要为齐河—广饶大断裂，是济阳坳陷区与鲁中隆起区的分界断裂。

2.4.3.1　北北西向断裂构造

1. 马山断裂

马山断裂是一条被第四系覆盖的隐伏断裂，据物探和钻探资料，该断裂是正断层，主干断裂总体走向北北西，摆动位于北西 10° ~ 15°，倾向西偏南，断距 250 ~ 300m。断层东盘地层相对北推，是断层西盘的新地层与断层东盘的相对较老的地层接触。马山断裂自南向北切割了前震旦系、寒武系、奥陶系及石炭二迭系地层。断裂南起马山镇的季家村西，经大崔庄、苾庄、岗辛、胡同店，穿过孙村、新周庄，金牛山西侧、长清西关西、老屯西，于前兴隆村汇合孝里铺断裂后，在后兴隆村一带过黄河至禹城南被齐河—广饶断裂切断，全长 65km。分析为一条在早期东西向构造体系的张性结构面上发展的西系压性断层。该断层自苾村以南为隔水断裂，苾村至新周庄南为相对隔水断层，新周庄至老屯具弱透水性，老屯以北大致可分为两段。

1）南段：季家庄—岗辛

该段断裂基本上沿南沙河河谷分布。南沙河上游两侧地层裸露，东侧地层为太古界泰山群变质岩系，至大河东村以北才有连续分布的近东西向出露的古生界中、上寒武系地层；而西侧从马山到鹰咀子山、虎头山，连续分布古生界中、上寒武系地层。从区域寒武系地层南北相对错开约 6km 分析推测，在河谷中一定有规模较大的断裂存在。岗辛东部卧牛寨南坡出露张夏组鲕状灰岩，而岗辛庄西 150m 处的 147 号机井，井深 84m，第四系厚 40m，下伏地层为奥陶系下部三山子组白云岩（图 2.4-2）。从地层层位分析，垂直断距大于 250m。同时，在大小崔庄以西、鹰咀子山的山脚下，张夏组灰岩和馒头组页岩受到强力挤压，形成规模较大的直立岩带和大型挤压透镜体带。

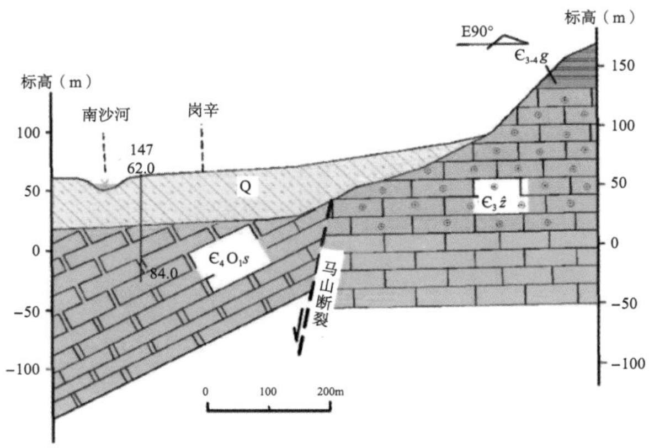

图 2.4-2　马山断裂岗辛段地质剖面图

2）北段：岗辛—兴隆村

自岗辛村向北，断裂进入山前倾斜平原区，据物探和钻孔资料确定该断裂西盘下降，东盘上升，为一条高角正断层，垂直断距约 250 ~ 310m，自南向北有增大的趋势。

（1）孙村剖面

孙村附近，马山断裂西侧钻孔揭露第四系和新近系地层为 95.33m，95.33 ~ 145.27m 为奥陶系马家沟群阁庄组白云质泥质灰岩，145.27 ~ 353.87m 为马家沟群五阳山组灰岩；马山断裂东侧钻孔揭露第四系和新近系地层为 71.78m，71.78 ~ 103m 为马家沟群土峪组白云质泥质灰岩，103 ~ 300.3m 为马家沟群北庵庄组角砾状灰岩。断层垂直断距 300m 左右（图 2.4-3）。

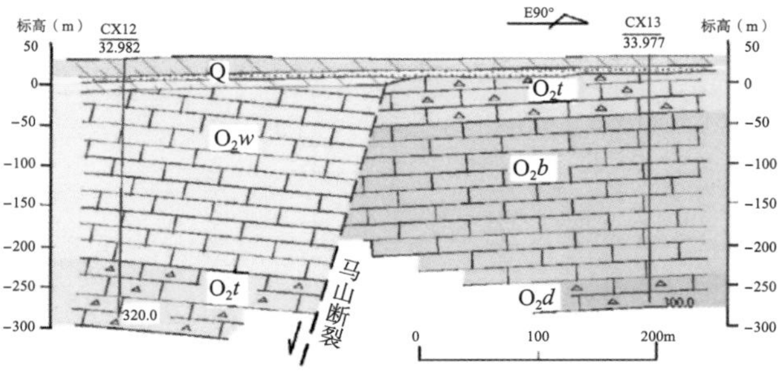

图 2.4-3　马山断裂孙村段地质剖面图

（2）金牛山西剖面

断裂从金牛山西山脚下穿越，长孝水源地勘探布置的 CX12 号勘探孔位于马山断裂西侧，CX13 号勘探孔位于断裂东侧，两孔相距 447m。CX12 号孔揭露第四系松散层 39.44m，39.44 ~ 285.86m 为奥陶系马家沟群五阳山组灰岩及豹皮灰岩，

285.86 ~ 320.00m 为马家沟群土峪组角砾泥质灰岩未揭穿；CX13 号孔揭露第四系松散层 17.99m，17.99 ~ 46.32m 为马家沟群土峪组角砾状灰岩，46.32 ~ 254.91m 为马家沟群北庵庄组豹皮灰岩，254.91 ~ 300m 为马家沟群东黄山组角砾状泥质灰岩。推测断层垂直断距 290m 左右（图 2.4-4）。

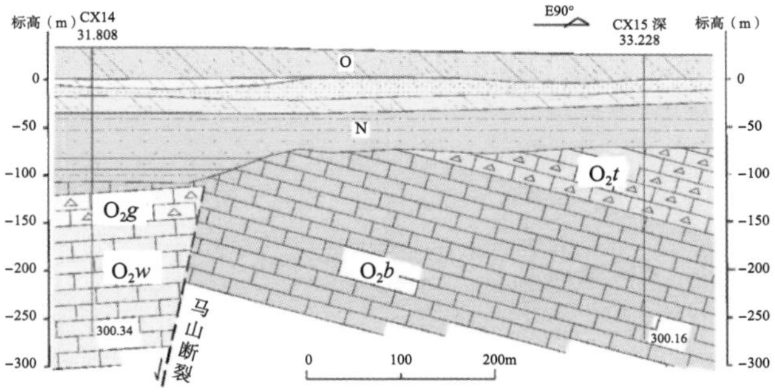

图 2.4-4 马山断裂金牛山段地质剖面图

（3）长清西关剖面

西关西附近，长孝水源地勘探孔 CX14、CX15 号孔分别位于马山断裂西、东两侧，两孔相距 585m。CX14 号孔揭露第四系和新近系地层 142.85m，148.85 ~ 156.41m 为奥陶系马家沟群阁庄组泥质白云质灰岩，156.41 ~ 300.34m 为马家沟群五阳山组灰岩；CX15 号孔揭露第四系和新近系地层 92.32m，93.32 ~ 140.89m 为马家沟群土峪组泥质灰岩，140.89 ~ 300.16m 为马家沟群北庵庄组角砾状灰岩。推测断层两盘垂直断距 300m 左右（图 2.4-5）。

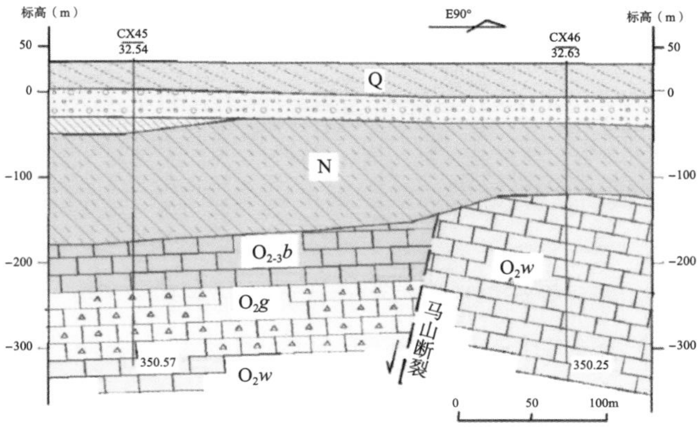

图 2.4-5 马山断裂长清西关段地质剖面图

（4）老屯剖面

老屯附近，长孝水源地勘探孔 CX46、CX45 号孔分别位于马山断裂西、东两侧，两孔相距 300m。CX46 号孔揭露第四系和新近系地层 213.37m，213.37 ~ 257.22m 为奥陶系马家沟群八陡组灰岩，257.22 ~ 337.98m 为马家沟群阁庄组泥质灰岩，337.98 ~ 350.57m 为马家沟群五阳山组灰岩；CX45 号孔揭露第四系和新近系地层 153.41m，153.41 ~ 350.25m 为马家沟群五阳山组灰岩。断层两盘垂直断距 310m 左右（图 2.4-6）。

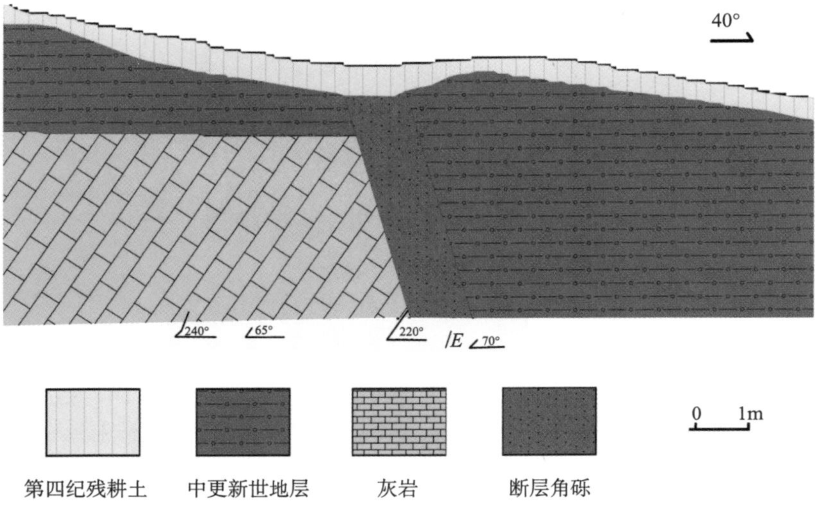

图 2.4-6　马山断裂老屯段地质剖面图

马山断裂在长清孙村以南地段，由于新老地层接触，造成地层阻水性；孙村以北段，断层两侧地层均为奥陶系灰岩，岩溶发育，不具备阻水地层。根据断层两侧含水层富水性、抽水资料及地下水等水位线图也证实，该段断层两侧水力联系密切，具有透水性。马山断裂在虎头山东可见其剖面，断裂发育在厚层灰岩中，明显断错中更新世地层。中更新地层为钙质胶结的含砾砂土层，呈灰白色，胶结程度较高，断裂在地形地貌上无显示。分析认为该断裂为中更新世活动断裂，晚更新世以来没有发生错断地表的构造活动。

2. 平安店断裂

平安店断裂全被第四系覆盖，根据物探和钻探资料分析，该断裂南起魏庄西，经齐庄、南女、平安店西、大于、老李庄以后向黄河延伸。断裂总体走向北西，断层面倾向南西，倾角大于 60°，延伸长度约 25km。

1）魏庄剖面

断裂从魏庄与北沙河之间穿过。东盘的魏庄西侧有一勘探孔 J47 号孔，孔深 250.29m。第四系松散层厚度 100m，之下揭露寒武系炒米店组竹叶状灰岩，揭露标高

为 −25m；而断裂西盘北沙河西地表出露奥陶系马家沟组角砾状灰岩，其下部炒米店组竹叶状灰岩出露标高约 −90m。断裂东盘上升地层相对老，西盘下降地层相对新，断距约 65m（图 2.4-7）。

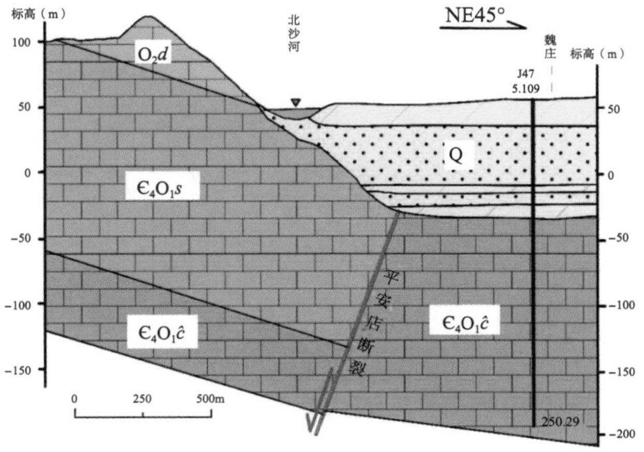

图 2.4-7　平安店断裂魏庄段地质剖面图

2）齐庄剖面

断裂从齐庄村中穿过。据收集的 424、423 号勘探孔资料，424 号孔位于断裂西盘，423 号孔位于断裂东盘。两孔相距 1800m。424 号孔揭露第四系地层 78.60m，78.60 ~ 132.54m 为奥陶系马家沟群东黄山组角砾状灰岩，132.54 ~ 256.37m 为奥陶—寒武系三山子组白云岩和奥陶—寒武系炒米店组竹叶状灰岩；423 号孔揭露第四系地层 75.35m，75.35 ~ 260.21m 为三山子组白云岩和炒米店组竹叶状灰岩。推测断层两盘垂直断距 60m 左右（图 2.4-8）。

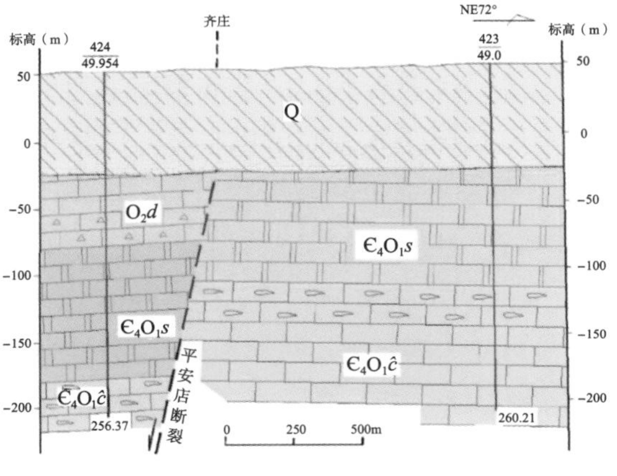

图 2.4-8　平安店断裂齐庄段地质剖面图

3）平安店西剖面

断裂从平安店西侧经过。据附近的 367、368 号勘探孔资料，367 号孔位于断裂西盘，368 号孔位于断裂东盘。两孔相距 1800m。367 号孔揭露第四系地层 78.60m，78.60 ～ 132.54m 为奥陶系马家沟群东黄山组角砾状灰岩，132.54 ～ 256.37m 为奥陶—寒武系三山子组白云质灰岩（图 2.4-9）。

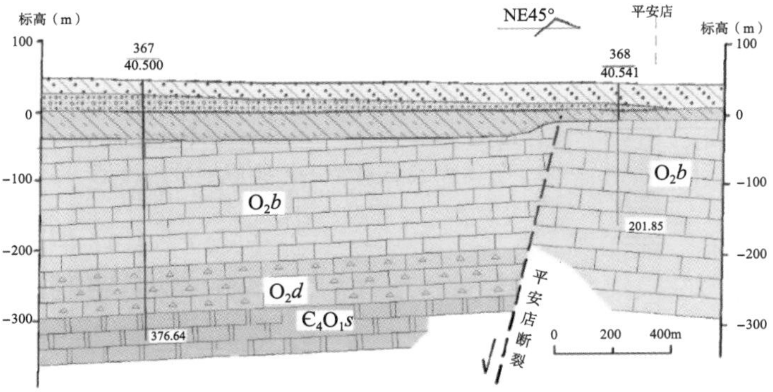

图 2.4-9　平安店断裂平安店段地质剖面图

平安店断裂全段未有新活动迹象，上覆地层也未有错动现象，推断为新近稳定断裂。据地震史料，平安店断裂曾诱发地震 4 次，最高震级 4.5 级，震中位置在长清平安店附近，位于断裂下盘，其活动程度较千佛山和马山断裂弱。

3. 石马断裂

石马断裂全被第四系覆盖，根据物探和钻探资料分析，该断裂南起潘村西南部，经小范、石马、新五村、潘庄之后穿过黄河向北西方向延伸。断裂总体走向北西 10° ~ 30°，断层面倾向北东，倾角大于 60°，延伸长度约 28km。

在石马村一带，断裂从石马和杜庙之间穿过，靠近石马村。断裂西盘的石马村北有一勘探孔 370 号孔，孔深 303.74m。第四系松散层厚度 75.04m，之下揭露奥陶系马家沟群北庵庄组灰岩至终孔；断裂东盘的杜庙村东北有一勘探孔 355 号孔，孔深 300.17m。第四系与新近系松散层厚度 180.03m，之下揭露马家沟群北庵庄组灰岩和东黄山组泥质灰岩至终孔。断裂东盘下降地层相对新，西盘上升地层相对较老，断距约 300m（图 2.4-10）。

4. 千佛山断裂

千佛山断裂呈北北西向斜穿区域中部，断裂南起变质岩分布区的金牛山，经七峪商家庄、孤山、小佛寺、天井峪、丁子寨、兴隆水库东，穿越千佛山西垭口经南郊宾馆东北角进入济南市区被第四系覆盖，出露部分长约 25km。据物探资料，千佛山断裂经普利门、长途汽车总站东，然后转向近南北，经洛口向北延伸至黄河北。据省地震局资料，千佛

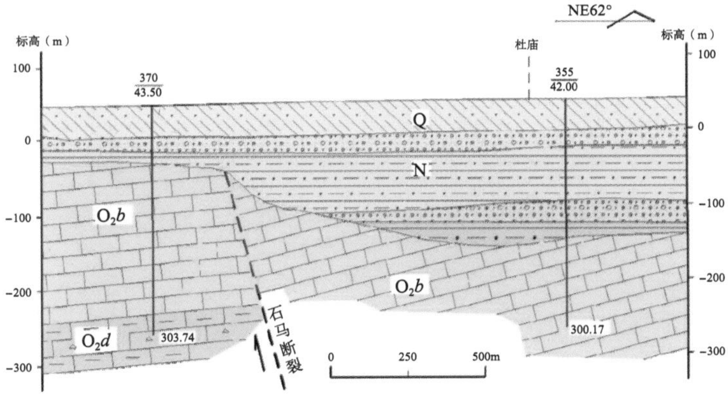

图 2.4-10　石马断裂石马营—杜庙段地质剖面图

山断裂与桑梓店断裂在黄河北相交相连，总长度约 60km。

千佛山断裂呈北西（320°）及北北西（340° ~ 350°）交替曲折延展。其北西向段均由 2 ~ 3 条近平行的断层组成，具有早期张扭性后期压性特征。其北北西向段则均为单支，早期显张性后期为压性，南端尾部则分为近于平行的三支，三支间距分别为 2km 左右。

千佛山断裂主体倾向南西，仅个别分支东倾，在同一地点西盘地层较新，断距中间大，两端小，最大断距可达 450m 左右，断面倾角陡，一般为 70° ~ 80°，两盘地层呈东西向条带展布，是一条大型正断层。但是千佛山断裂带中除有张性角砾岩及表示上盘下落的垂直擦痕外，普遍可见由角砾岩组成的构造透镜体，它们的长轴方向一般为 310° ~ 330°，在透镜体附近或断层带边部发育有压性片理。断层带及附近地层中具有清晰的北西系配套节理组。据上述分析，千佛山断裂是在早期东西向构造体系张面和扭性面基础上发展的北西体系压性断层。按地质特征自南而北大致可分为三段描述。

1）南段：金牛山—小佛寺东段

基本为单支延伸，但南首为三支平行展布，其中主断裂左右的两断裂规模较小，长度 3 ~ 4km，主断裂东侧为新太古界侵入岩和寒武系第二统、第三统地层；西侧为寒武系第二统、第三统地层。主断裂总体走向为 330° ~ 345°，倾角 65° ~ 76°，断距 45 ~ 300m。断裂带中有张性角砾岩、断层泥、挤压片理及透镜体，反映出先张后压的特征。在历城区仲宫镇黄崖村西北，孤山主峰北侧见断裂出露（图 2.4-11），花岗片麻岩与寒武系张夏组灰岩接触，断层走向北西 10°，倾向南西，倾角 75°，发育厚约 2m 的断层角砾岩和断层泥带，断层泥呈绿色、灰黄色、紫红色，断层泥较松散，断层面较平整，断层面上发育水平擦痕，显示断裂左旋走滑运动。

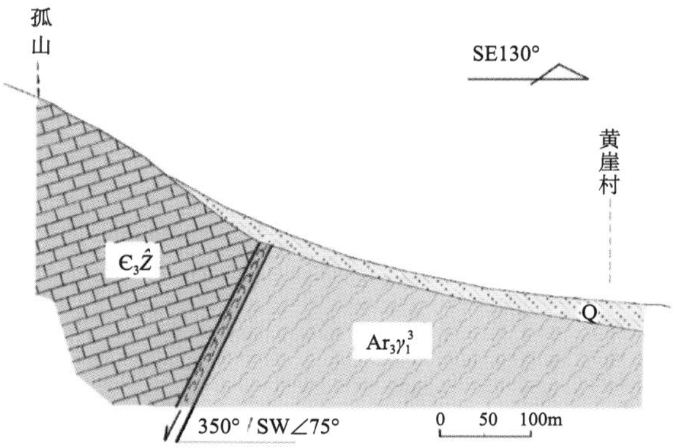

图 2.4-11　黄崖村西北千佛山断裂剖面

2）中段：大佛寺西—千佛山西垭口

过大佛寺后分成三支，成树枝状向北西展布。断层总体走向为 320°，倾向南西，倾角 70° ~ 80°，断距以东侧第二条较大，其他均较小，以上三支断层过北井之后，又合为单支，向北北西展布。该断裂在大佛寺—北井村一带，东盘为九龙群张夏组灰岩，西盘九龙群三山子组以白云岩为主。北井村—扳倒井西，断层东侧为九龙群炒米店组灰岩及竹叶状灰岩；西侧为马家沟群北庵庄组灰岩。

该断裂在兴隆村东 350.4m 高地东坡向北又分为四支，这四支断裂呈近平行等距状分布，断距 40 ~ 100m 不等，由南向北断距减小，东起第二条断层为主断层，在千佛山西垭口处断层走向北西 40°，倾向南西，倾角 80°，断距约 70m。断层带宽约 16m，断面呈舒缓波状，断裂带内见有张性角砾岩，并可见逆冲擦痕。

在扳倒井村西见断裂出露，断裂发育在寒武—奥陶系灰岩地层中，走向北西 15°，断层面呈舒缓波状，倾向南西，倾角 75°，断裂破碎带宽 10 余米。断层面呈舒缓波状，为正断性质。断裂西盘地层为马家沟群灰岩，断裂东盘地层为九龙群炒米店组竹叶状和角砾状泥质灰岩与泥质页岩互层。沿断裂向西北有一采石场，断层面出露十分清晰，产状为 260° ∠ 80°，断层面发育白色方解石脉和类似海底珊瑚的方解石细芽，断层面上发育水平擦痕，显示断裂左旋走滑运动。

在千佛山南侧山口，山东教育电视台南见到断层出露，破碎带宽达数十米，其中发育许多小断层面，这些小断层面呈舒缓波状，为正断性质。断层面上的擦痕显示断裂以垂直运动为主，兼有左旋走滑运动。破碎带中灰岩具有重结晶和动力变质作用，断层物质胶结密实。破碎带中发育北东 30°，倾向南西，倾角 70° ~ 80° 的次级小断层。在地形地貌上呈低洼谷地。

3）北段：千佛山西垭口以北—黄河

该段被第四系覆盖，总体走向北西 10° ~ 30°，断裂面倾向南西。省体育中心与省广播电视厅之间，千佛山断裂错断济南岩体的辉长岩和下伏的九龙群三山子组白云岩和炒米店组灰岩，断距约 70m（图 2.4-12）。在山东省工会与普利门水厂之间断距 100m 左右。断裂在垂直方向上，不仅三山子组地层产生位移，而且侵入岩体也被错断，呈现出西厚东薄现象。在平面上岩体于南郊宾馆北开始被错断，致使断裂东侧辉长岩与灰岩的接触界线较断裂西侧向北推移约 1500m，普利门以北至洛口据物探布格重力异常图分析，断裂已切穿辉长岩体（图 2.4-13）。

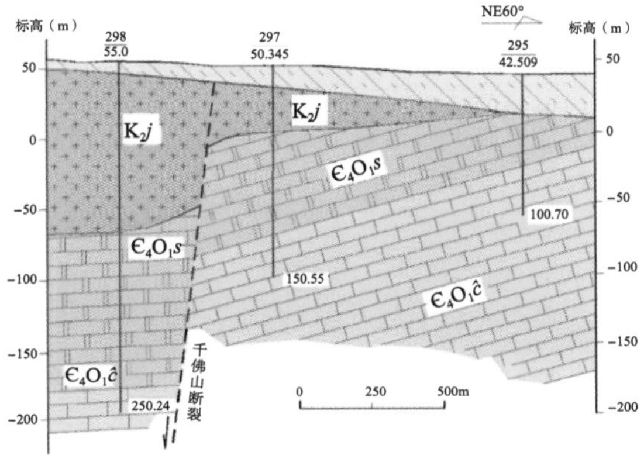

图 2.4-12 千佛山断裂体育中心一带地质剖面图

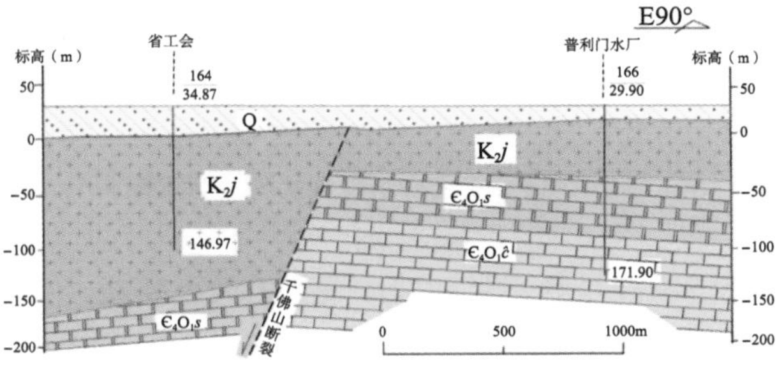

图 2.4-13 千佛山断裂普利门一带地质剖面图

千佛山断裂的运动性质以张性正断为主，兼有左旋走滑运动；从断裂的结构面关系分析，断裂经历了多期活动；从断裂带物质固化胶结程度、地形地貌特征及断裂与第四系的关系和样品测定年代分析，断裂在晚更新世以来没有发生错断地表的活动，不具备发生中强地震的活动构造条件。山东教育电视台南侧 1000m 一工程场地基础开挖揭示断层带上覆 2m 厚的砾石层未被断层错断，具有关测试资料，上更新世棕黄色黏土地层和上更新世黄绿色黏土地层的年代分别距今为 20067 ± 283 年和 26218 ± 496 年。断层破碎带采样样品构造分析表明方解石已胶结成岩。在该断层通过处微地貌未显示断裂有新活动迹象。

5. 文化桥断裂

在千佛山断裂东约 3.5km 处，有一与其近于平行的规模较小的断层。因该断层通过文化桥，故称其为文化桥断层。

文化桥断层走向北西 10°~ 32°，倾向北东，倾角 80°，断距 100m，水平断距 1200m，正断层。断层南起羊头峪庄，经体工大队西侧至中心医院文化桥附近向北延伸，经鹊山西侧，达坡村西，西孙耿。已知长约 3km，推测全长约 21km。据钻探资料，西盘九龙群三山子组和炒米店组地层抬升，东盘下落；东盘为侵入岩体，在平面上东盘又向南推移。由于千佛山断层与文化桥断层的存在，使济南老城区内九龙群三山子组地层相对抬高，形成地垒，平面位置上两断层间灰岩向北突出至城区泉城路南（图 2.4-14）。

断层两侧的第四纪地层厚度无明显变化，可推断文化桥断裂是第四纪不活动断裂。

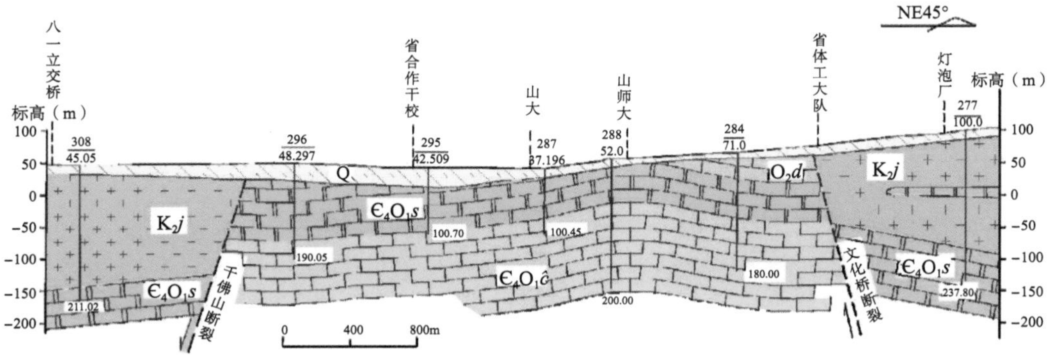

图 2.4-14　文化桥断裂地质剖面示意图

千佛山断裂和文化桥断裂是跨突泉区域最重要的两个断裂，关于两个断裂的透水性轨道交通集团结合工程建设作了相应研究。千佛山断裂以西地段潜水水位埋深 2m 左右，水位标高 46 ~ 47m，下伏基岩为辉长岩；千佛山断裂处未见潜水分布，岩溶水初见水位标高约 5m（含水层顶板），稳定水位标高为 32m，断裂带处渗透系数为 69.54m/d；千佛山断裂至文化桥断裂直接未见潜水分布，岩溶水初见水位标高约 5 ~ 15m，稳定水位标高为 32 ~ 50m，含水层渗透系数为 0.62 ~ 1.61m/d；文化桥断裂处未见潜水分布，岩溶水埋深约 60m，稳定水位标高约 33m，渗透系数为 62m/d；文化桥断裂以东未见潜水分布。千佛山断裂 50m 以浅岩性为第四系及辉长岩，透水性较弱，下部为灰岩，透水性较强，渗透系数为 69.54m/d，文化桥断裂 80m 以浅岩性为第四系及辉长岩，透水性较弱，下部为灰岩，透水性较强，渗透系数为 62m/d（图 2.4-15）。

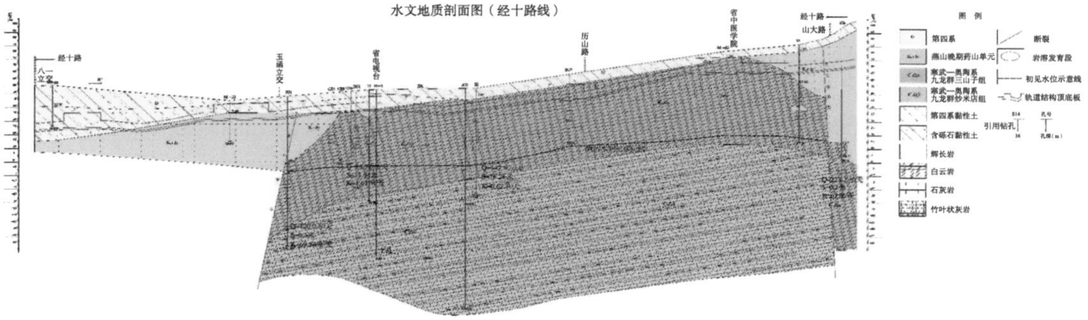

图 2.4-15　经十路段千佛山断裂、文化桥断裂透水性

6. 东坞断裂

东坞断裂是区内东部西北向的区域性大断裂，南起下阁老，经西营、黄路泉峪、黄寨到鸡山寨，穿越港沟西山（370.7m 高地），被港沟断裂截切后北沿进入第四系覆盖区，在覆盖区其经刘志远村、义和庄、张马屯东、大水坡延伸过黄河。其南段在变质基底内，总体上是继承早前寒武纪北西向构造发育而来，在其两侧发育受控的片麻理及包体带，局部的长英质脉体与其展布方向相同；其中段均错切寒武—奥陶纪地层，其北段为第四系覆盖；总体走向北北西，倾向南西，推测总体长约 30km。

在两河北坡该断裂主断面产状 30° ∠ 70°，右行张扭，断面沿走向波状延伸，断裂带内发育构造角砾岩，砾成分为灰岩，棱角状—次棱角状，钙质胶结；断面上发育擦痕，沿走向追索可见大构造透镜体，断距不大。断层两盘岩性均为北庵庄组厚层灰岩，略显破碎，局部发育拖褶构造，在断裂 F2 处顺断裂有闪长玢岩脉侵入。该断裂最少经过 2 期继承性构造活动，早期为强烈的张性活动，后期为右行张扭性运动。

在东坞断裂义和庄附近实施了 P5-1、P5-2、P5-3 三段物探，解译结果如下：

P5-1 剖面位于高新区凤凰路北段、徐家庄社区北门东西路北侧绿化带内，东西方向，长约 150m。高密度反演剖面图（实测视电阻率拟断面图、计算视电阻率拟断面图、反演视电阻率断面图）显示：电阻率反演剖面 0+070m 里程位置附近存在电阻率等值线同向扭曲，推断为岩石破碎、断层发育区。F1 位于 0+070m 里程处，倾向西，倾角约 60°（图 2.4-16）。

P5-2 位于高新区凤凰路北段路东、徐家庄社区北的耕地内，东西方向，长约 600m。高密度反演剖面图（实测视电阻率拟断面图、计算视电阻率拟断面图、反演视电阻率断面图）显示：电阻率反演剖面 0+600m 里程位置附近存在电阻率等值线同向扭曲，推断为岩石破碎、断层发育区。F2 位于 0+595m 里程处，倾向西，倾角约 60°（图 2.4-17）。

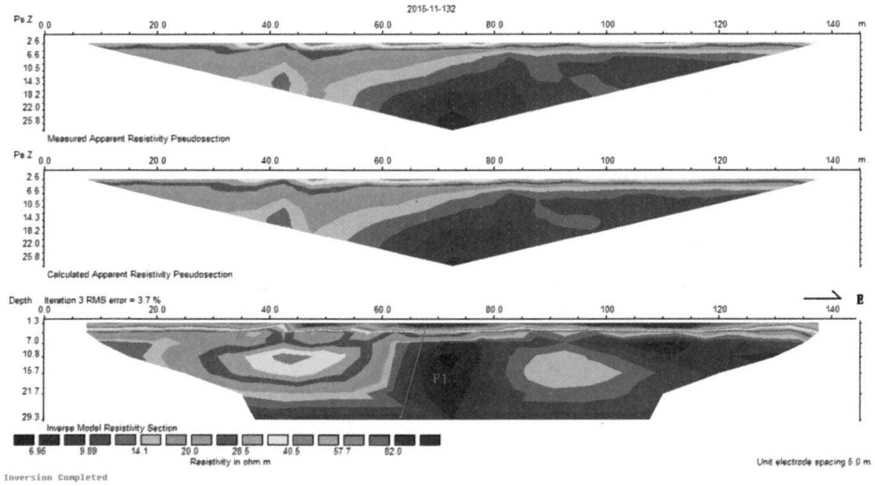

图 2.4-16　P5-1 线高密度综合剖面图

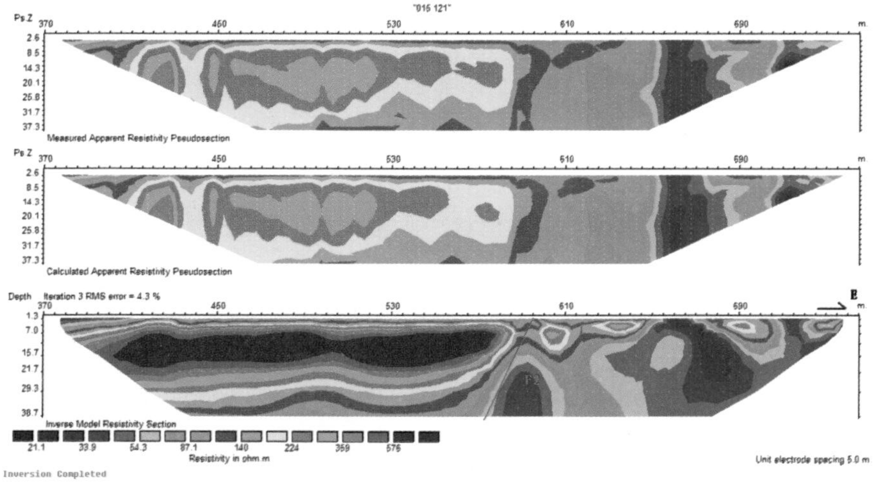

图 2.4-17　P5-2 线高密度综合剖面图

剖面 P5-3 位于 P5-2 的东部，东西向长约 300m。高密度反演剖面图（实测视电阻率拟断面图、计算视电阻率拟断面图、反演视电阻率断面图）显示：电阻率反演剖面 0+740m ~ 0+790m 里程位置附近存在电阻率等值线低阻区，推断为岩石破碎、断层发育区。F3 位于 0+785m 里程处，倾向西，倾角约 60°（图 2.4-18）。

根据资料，东坞断裂在义和庄西南，西盘地层为马家沟群北庵庄组，东盘地层为马家沟群东黄山组至九龙群系炒米店组。断层面倾向南西，断距 300m 左右。东坞断裂从南到北可分为三段描述，其各段的特征如下。

1）南段：下阁老—黄路泉峪

该段自下阁老至黄路泉峪呈单支南北向波状布展。近南首断距减小，倾角变缓，断

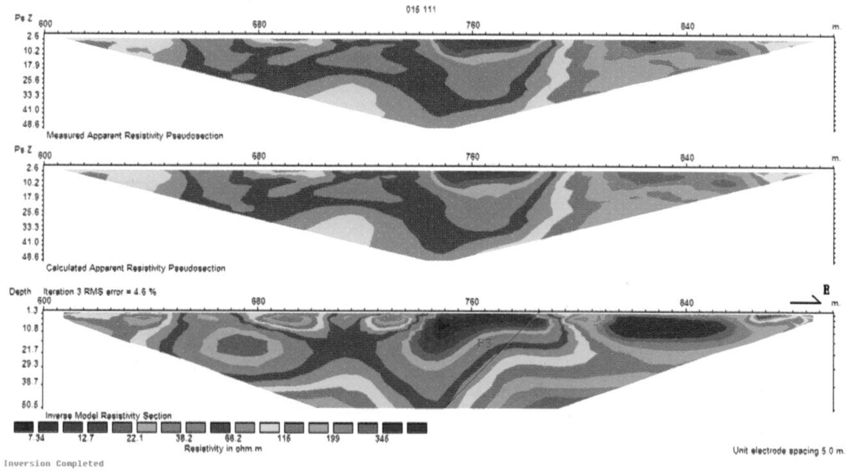

图 2.4-18　P5-3 线高密度综合剖面图

层走向北西 5° 至近南北，倾角 45° ~ 60°，断距 180 ~ 250m。西盘为九龙群张夏组，东盘为晚太古界侵入岩系。断裂带宽 1 ~ 2m，有角砾岩充填。

2）中段：黄路泉峪—鸡山寨

该段过黄路泉峪呈三支，在十八盘又合为单支，北西向波状延展至鸡山寨。断层走向北西 18° ~ 45°，倾向南西，倾角 60° ~ 75°，断距 80 ~ 200m。两盘地层皆为九龙群三山子组，相对地西盘地层新，东盘地层老。断层面上可见垂直擦痕。断层带中普遍可见构造角砾岩，有平行断层的构造透镜体，还可见方解石脉及石英脉发育。

3）北段：鸡山寨—刘志远村—大水坡村西—黄河

在港沟西 370.7m 高地处，断层走向北 320° ~ 350°，倾向南西，倾角 70° ~ 80°，断距 50 ~ 140m。在刘志远村南窑厂附近，断层走向北北西，倾向南西西，倾角约 65°，断距约 280m。西盘岩性为马家沟群北庵庄组至九龙群炒米店组，东盘岩性为炒米店组至张夏组（图 2.4-19）。

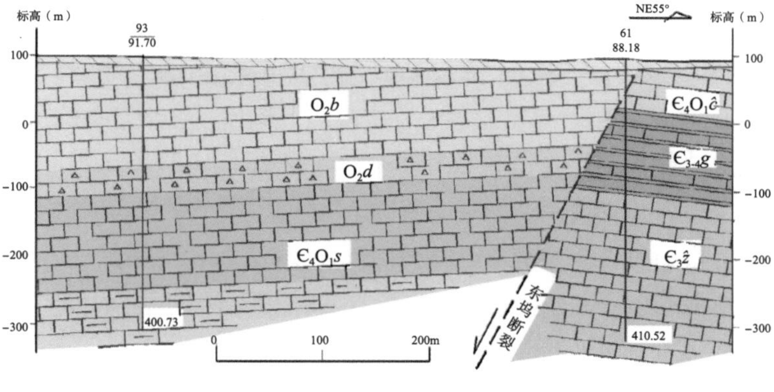

图 2.4-19　东坞断裂刘志远村南段地质剖面图

据钻孔资料，东坞断裂在义和庄西南（图 2.4-20），西盘地层为马家沟群北庵庄组，东盘地层为马家沟群东黄山组至九龙群系炒米店组。断层面倾向南西，断距 300m 左右。在小张马庄附近，据钻孔资料，断层西盘为马家沟群八陡组和阁庄组，有辉长岩体穿插；东盘为马家沟群土峪组和北庵庄组。断面倾向南西，推测断距约 250m（图 2.4-21）。

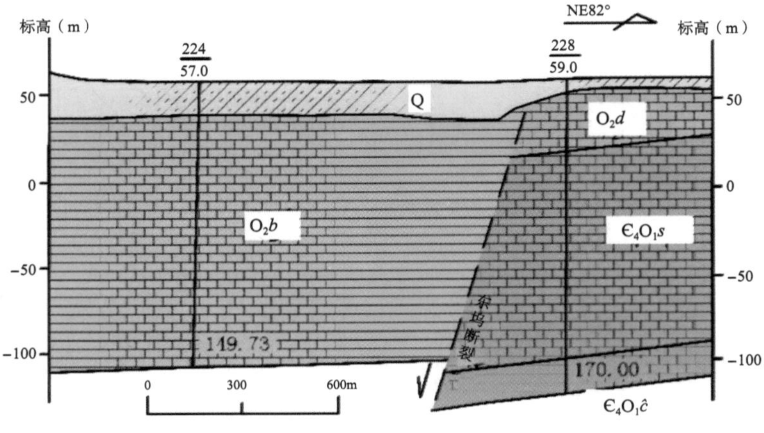

图 2.4-20　东坞断裂义和庄段地质剖面图

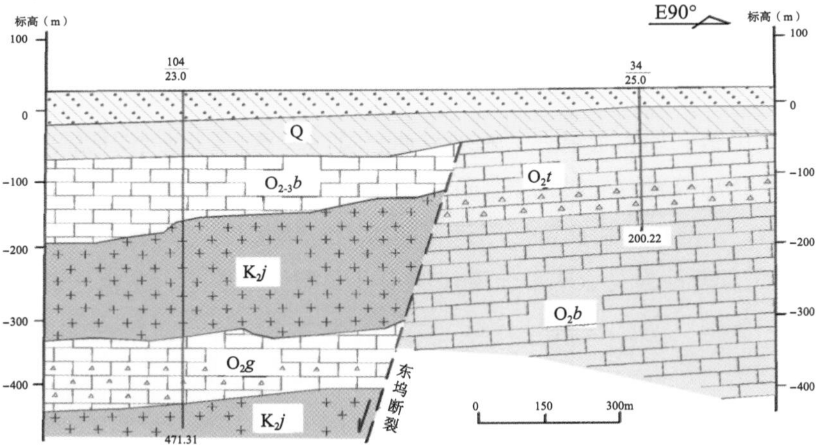

图 2.4-21　东坞断裂小张马庄地质剖面图

东坞断裂是一条整体阻水，局部（炼油厂北、砌块厂）弱透水的断裂，构成济南泉域的东部边界。该断裂在地磁场中有十分明显的反应（图 2.4-22），反映了该断裂的存在及活动期。在济南市历下区姚家镇东坞断裂进行的浅层人工地震勘探，其反射能时间剖面图资料显示：反射量强、横向连续性好的基岩反射波构成了反射时间剖面的主体，由时间剖面图可以清楚地看到基岩面的起伏图形态。从剖面的属性看，地层在第四系的底部有反应，但没有继续向第四系地层中延伸，应是第四纪早期活动断裂，第四纪晚期以来没有发生错断第四纪晚期地层的活动。据地震史料，1437 年曾发生 5 级地震一次，以后的 560 年再无地震发生，其复活性弱。

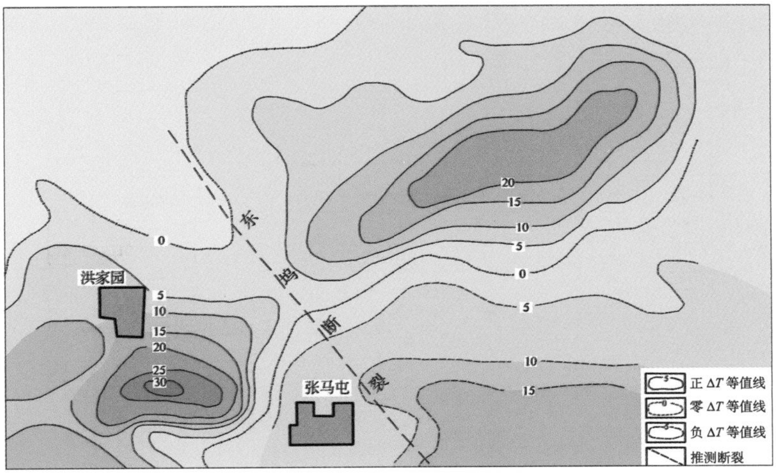

图 2.4-22　东坞断裂隐伏段地磁场特征

7. 黄旗山断裂

黄旗山断裂由三条近南北走向的断裂组成，均为正断层。主断裂南起和尚帽山东侧山坡，经南曹范村、青旗山、黄旗山西侧，在南罗村西折向北西至龙山镇东，全长 21km。断裂倾向东，倾角 80° 以上，在南曹范村以北隐伏于第四系之下，断层东盘地层较新，西盘较老。青旗山和黄旗山位于主断裂东侧，出露石炭系碎屑岩，断裂西侧第四系之下，钻孔揭露基岩为奥陶系马家沟群八陡组灰岩（图 2.4-23）。

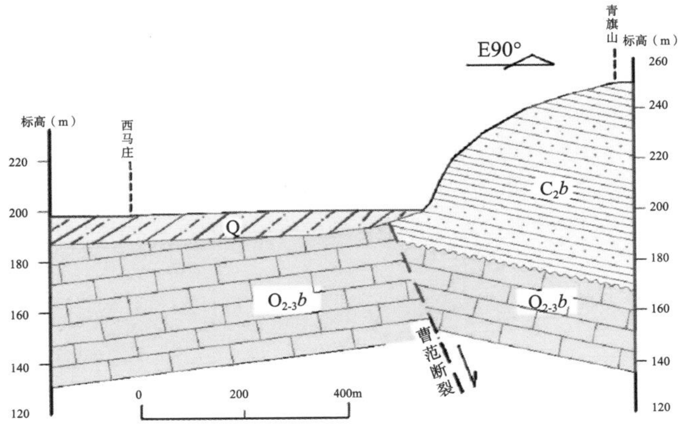

图 2.4-23　曹范断裂西马庄—青旗山段地质剖面图

断裂东支全被第四系覆盖，南起南曹范村南，呈北北东向延伸至大义田庄东，倾向西或西偏北，倾角大，近乎直立。全长 15.5km，断层东盘地层较老，西盘较新。在北曹范村附近断裂东侧地层出露奥陶系马家沟群五阳山组至八陡组角砾状灰岩，断裂西侧据白泉泉域供水勘探孔 DJ10 孔揭露，第四系厚度 10.80m，10.80 ~ 115.76m 为石炭系砂页岩夹薄层灰岩，115.76 ~ 248.37m 为奥陶系马家沟群八陡组灰岩至终孔，推测断距 500m 左右（图 2.4-24）。

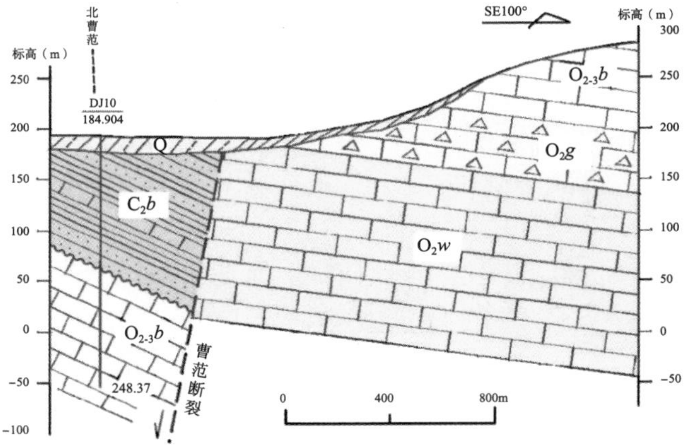

图 2.4-24　曹范断裂东支北曹范北段地质剖面图

断裂西支全被第四系覆盖，南起吕家庄村南，向北西延伸至龙山镇附近，倾向东或东偏北。全长约 12km，断层西盘地层较老，东盘较新。鸡山张家庄位于断裂的东盘，第四系之下基岩为石炭系砂页岩，鸡山位于断裂西盘，出露地层为奥陶系马家沟群八陡组段灰岩。在黄土崖村东附近，据李福矿区勘探资料，断裂西侧奥灰顶板埋深约 450m，断裂东侧奥灰顶板埋深约 700m，两侧奥灰顶板埋深相差 250m（图 2.4-25）。

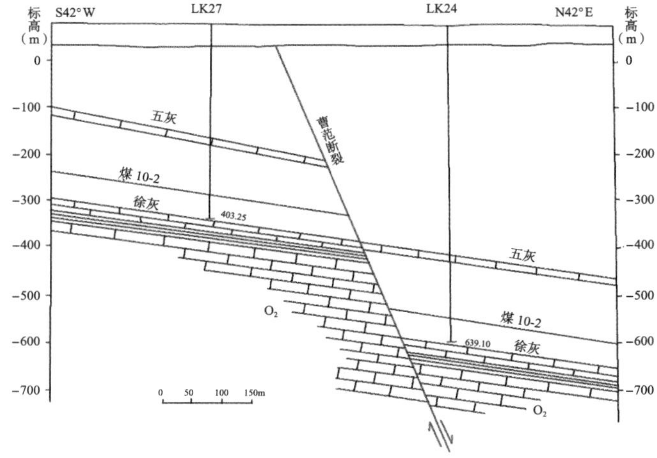

图 2.4-25　曹范断裂西支北李福煤矿段地质剖面图

8. 文祖断裂

断裂南起莱芜市上游镇变质岩系，向北经鲁地村、西田广、文祖、山周庄，切割全部古生代地层，在西琅沟以北隐伏于第四系之下，推测其北端交于广齐断裂。文祖断裂出露段长 22km，全长约 130km。文祖断裂在鲁地村以南分为两支，总体走向北北西，部分段走向近南北，局部段走向北偏东，断层面总体倾向西，倾角 70°～80°，西盘地层年代较新，东盘年代较老，断距中间大，可达 800m 左右，两端小，约 70 ～ 80m，断层面可见上盘上冲及斜落的擦痕，说明文祖断裂具有多期活动特点，对地层分布和发育及宏观地形地貌均具有控制作用。

根据断裂的走向，断裂带的特征及其力学性质的差异，该断裂自南而北大致可分为三段，各段的地质特征分述如下。

1）南段（东下游—西田广）

断裂走向北偏西，倾向西，倾角 62°～80°，西盘为奥陶系地层，东盘为寒武系地层，断距 700 ～ 750m，断裂带宽 3 ～ 5m，局部段近 10m。鲁地村以南分为两支，西支断距 70m 左右，断裂带宽 3 ～ 50m，倾向西偏北；东支断距 200m 左右，断裂带宽 3 ～ 10m，倾向东偏北。

2）中段（西田广—文祖）

断裂走向近南北或北北西向单支展布，走向 345°～355°，倾向 255°～265°，倾角 57°～77°。断裂西盘地层为石炭系碎屑岩至奥陶系五阳山组灰岩，东盘为奥陶系五阳山组灰岩至寒武系崮山组页岩夹泥质灰岩，断距约 200 ～ 750m，断裂带宽约 3 ～ 15m。断裂带中有角砾岩组成的构造透镜体，断层泥成片理状（图 2.4-26）。

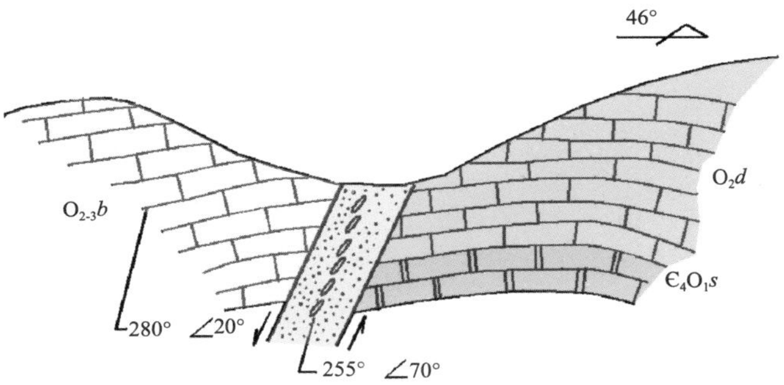

图 2.4-26　文祖断裂三德范附近地质剖面示意图

3）北段（文祖以北）

断裂走向 320°～340°，倾向 230°～250°，倾角 56°～80°，断距 70 ～ 100m。断裂西盘地层为二叠系、石炭系碎屑岩，东盘地层为石炭系碎屑岩至奥陶系八陡组灰岩。断裂带宽约 1 ～ 8m，由南向北变窄，局部见光滑断面，有垂直擦痕及晚期与水平夹角 28°左右的斜落擦痕，断面有角砾岩贴面，断裂带中有平行排列的呈棱角状的角砾岩，见平行断面片理状断层泥，断裂带局部段有辉长岩脉充填。

在文祖镇北冲沟沟底基岩中见断裂出露（图 2.4-27），剖面露头产出在这一区域第三级侵蚀—堆积地貌单元，剖面下部地层为古生代地层。基岩上部第四纪覆盖层厚 2 ～ 3m，为中更新世中期洪冲积棕红色黄土、砂砾石层。断层带显示为两条近平行发育的断裂组成，主断裂位于构造带的东侧，致使二叠系砂岩与奥陶系灰岩接触，次级断裂发育在距主断裂西约 70m 的二叠系砂岩中。文祖镇以北，文祖断裂西侧为埠村向斜，其轴向与文祖断裂大致平行。埠村一带是向斜轴部，两翼地层相对产出，埠村往北，两翼地层逐渐趋于平缓，向斜逐渐倾没。至枣园北的辛旺村—史家庄一带，不仅向斜消失，文祖断裂两侧地层也趋于一致，断距不足 50m（图 2.4-28）。

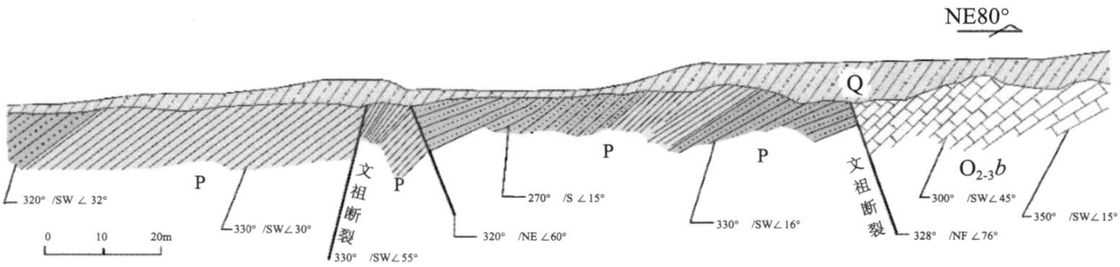

图 2.4-27 文祖断裂文祖镇北冲沟沟底剖面示意图

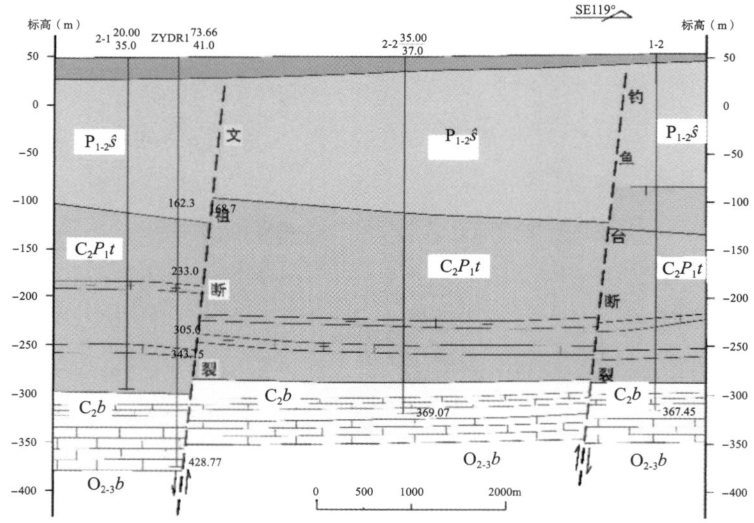

图 2.4-28 文祖断裂章丘枣园桃花山一带地质剖面图

根据断裂破碎带胶结程度及其后期风化特点、断层上覆洪冲积地层形成时代、地层发育特征，以及断裂地貌表现，分析认为文祖断裂在中更新世早、中期以来没有活动，为早更新世活动断裂。

9. 甘泉断裂

北起章丘市文祖镇马家峪以北，向南经甘泉庄—东张庄—北栾宫—东富荣，东栾宫南进入莱芜地界。该断裂走向 330° ~ 350°，倾向南西西，倾角 75° ~ 80°，在其两侧还伴生有一系列与其平行的次级小断裂（图 2.4-29）。卷入断裂的地层主要为古生界，断裂带宏观地貌特征极为显著，表现为断裂两盘岩层产状的极不协调。组成该断裂系的每条断裂带宽约 50 ~ 200m 不等，带内岩石强烈破碎，发育有构造角砾岩、高岭土化断层泥、硅化蚀变带、劈理化带等，局部发育有褐铁矿化石英脉（常形成垄状隆起）。该断裂早期曾发生过强烈的张性构造活动和东西向的压性构造运动，同时兼具左行扭动。由于断裂的左行扭动，致使断裂带所夹持的下古生界长四边形断块发生逆时针向旋转，从而形成一些零散分布的北西西向及北西向小褶皱。

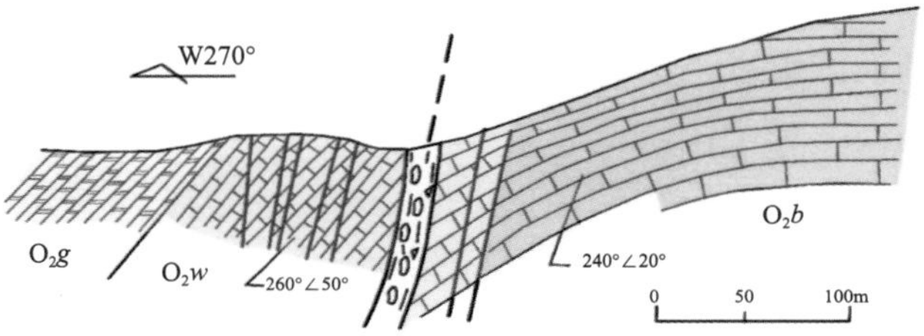

图 2.4-29　白泉庄—五色崖断裂素描图（章丘横沟东）

2.4.3.2　北北东向断裂构造

1. 孝里铺断裂

据物探资料，孝里铺断裂由三条断裂组成，其主干断裂呈北北东向贯穿孝里铺—长清一带。断裂南起平阴的凤凰山以南，经毛家铺、兴隆镇、龙泉官村、三义村、孝里铺，再向北过曹楼、大觉寺、东仓、前隆，并于前隆汇入马山断裂。孝里铺断裂于三义以南局部出露，三义以北隐伏于第四系之下，全长 40 多公里。

断裂总体走向为北北东向，毛家铺以南走向北西，以北略向东偏转，走向变化于北东 10°~ 25° 之间。断层面西倾，倾角 60°~ 70°，西盘地层较新，断距由南往北逐渐增加，在南部凤凰山一带断距 80m 左右，龙泉官一带 140m，三义以北的原东障一带 250m，曹楼约 300m，在老屯西一带据煤田勘探资料，断距约 250m。其地质特征分段叙述如下。

1）南段：凤凰山—北泉段

凤凰山—201 高地段，断裂走向近南北，倾向西，倾角 52°~ 65°。201 高地向北至北泉段，走向向东偏转，走向变化于北东 10°~ 25° 之间，倾向北西，倾角 65°~ 85°。

（1）凤凰山剖面

走向近南北，断层面倾向西，倾角 52°。上盘为九龙群崮山组底部黄绿色页岩夹薄层泥质灰岩和张夏组顶部鲕状灰岩，下盘为九龙群张夏组中上部豹皮灰岩，断距 80m 左右。上盘岩层褶曲明显，褶曲走向北北东，两翼不对称，东翼倾角 20°，西翼倾角 4°～ 6°；下盘褶曲不明显（图 2.4-30）。

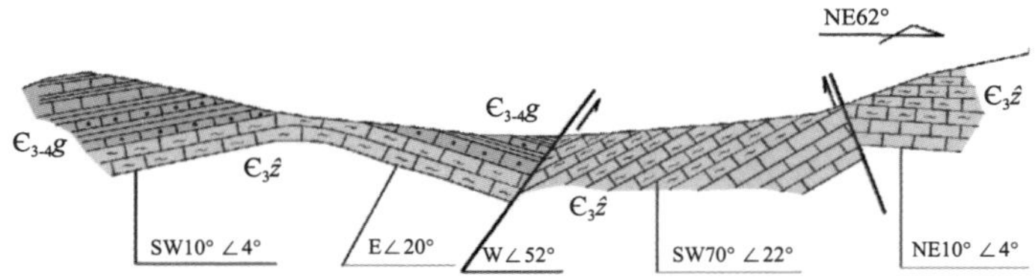

图 2.4-30 孝里铺断裂凤凰山实测剖面图

（2）201 高地剖面

该处断裂走向北北东，断层面倾向西北，倾角 60° 。上盘为崮山组薄层泥质条带灰岩，下盘为张夏组中上部豹皮灰岩，断距 100m 左右，断裂带宽度 1 ～ 2m，内有定向排列的角砾岩，并被后期活动所切割。上盘（西盘）有一系列小褶皱。

（3）龙泉官北剖面

该处断裂走向北东 30°，断层面倾向西北，倾角 85° 。上盘为三山子组细晶白云岩，下盘为炒米店组涡卷状迭层石灰岩，断距 140m 左右（图 2.4-31），断裂带内有构造角砾岩和挤压透镜体。断层两盘均发育轴向近北东 40° 的小型褶皱。

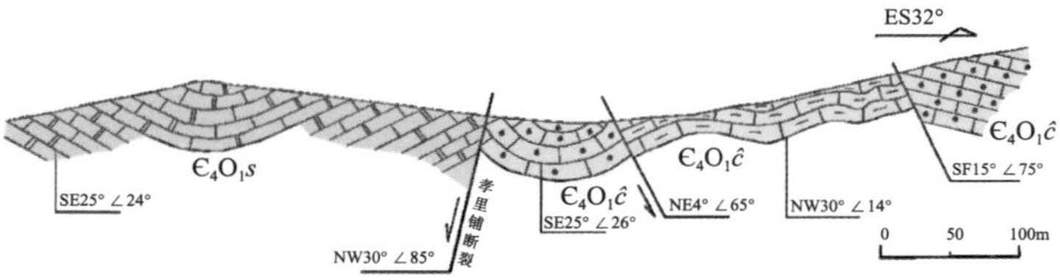

图 2.4-31 孝里铺断裂北泉实测剖面图

2）北段：北泉—前隆段

孝里铺断裂向北过穿越龙泉北的垭口后隐伏于第四系之下，断裂位置与断距根据物探和钻探资料推测。

（1）障村剖面

断裂从东障村中部穿越，长孝水源地勘探布置的 CX37、CX17 号勘探孔分别位于孝里铺断裂东、西两侧，两孔相距 600m（图 2.4-32）。

CX17 号孔揭露第四系松散层 24.93m，24.93 ～ 178.06m 为奥陶系马家沟群北庵庄组豹皮灰岩，178.06 ～ 300.40m 为马家沟群东黄山组角砾灰岩，未揭穿，此段内 241.64 ～ 268.88m 有辉长岩体穿插；CX37 号孔揭露第四系松散层 14.48m，

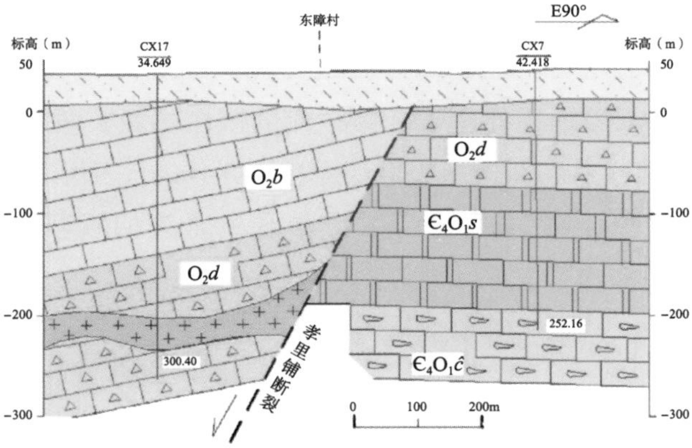

图 2.4-32　孝里铺断裂东障段地质剖面图

14.48 ~ 46.14m 为马家沟群东黄山组角砾状灰岩，46.14 ~ 247.31m 为九龙群三山子组角砾状白云质灰岩和白云岩，247.31 ~ 252.16m 为九龙群炒米店组竹叶状灰岩。推测断层垂直断距 250m 左右。

（2）曹楼剖面

断裂从曹楼村西部穿越，长孝水源地勘探布置的 CX25、CX38 号勘探孔位于孝里铺断裂西侧，CK1 号勘探孔位于断裂东侧，三孔相距 1000m，其中 CX25 与 CK1 相距 1000m（图 2.4-33）。CX25、CX38 号孔揭露第四系厚度分别为 33.18 和 52.08m，下伏地层为奥陶系马家沟群五阳山组豹皮灰岩、白云质灰岩和灰岩，分别至 300.26m 和 300.42m 终孔未揭穿；CK1 号孔揭露第四系厚度 29.67m，29.67 ~ 236.67m 为马家沟群北庵庄组灰岩及豹皮灰岩，236.67 ~ 302.35m 为马家沟群东黄山组泥质灰岩和泥质白云岩。CX25、CX38 号地层没有错断，断裂从 CX25 与 CK1 之间穿越，推测断层垂直断距 300m 左右。

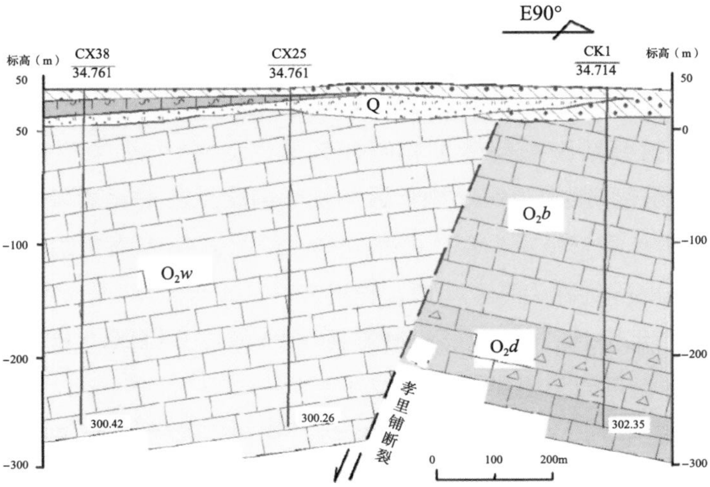

图 2.4-33　孝里铺断裂曹楼段地质剖面图

（3）石官庄—国庄剖面

断裂从两村中间穿越，长孝水源地勘探布置的 CX48 号勘探孔位于孝里铺断裂西侧的石官庄村东，CX40 号勘探孔位于断裂东侧的国庄村西，两孔相距 1750m（图 2.4-34）。CX48 号孔揭露第四系和新近系松散层厚度 224.10m，下伏地层为奥陶系马家沟群八陡组灰岩，至 331.75m 终孔未揭穿；CX40 号孔揭露第四系新近系松散层 195.40m，195.40 ~ 274.38m 为马家沟群五阳山组灰岩及豹皮灰岩，274.38 ~ 294.21m 为马家沟群土峪组角砾状泥质灰岩，294.21 ~ 300.34m 为辉长岩侵入段。推测断层垂直断距 300m 左右。

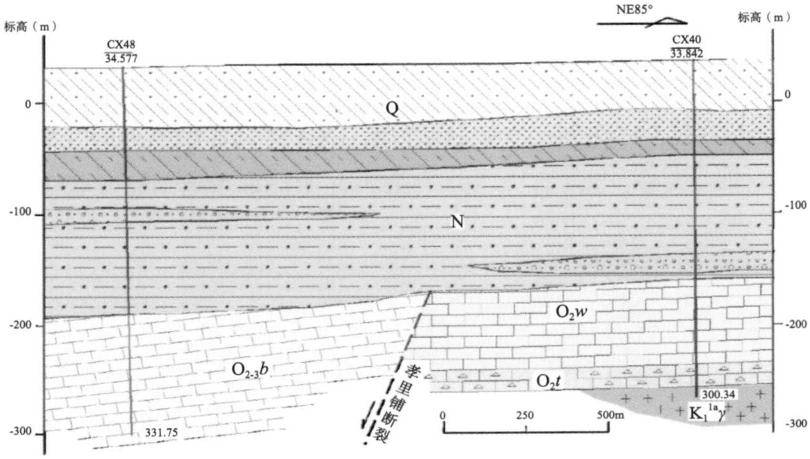

图 2.4-34　孝里铺断裂国庄段地质剖面图

（4）燕王庄铺—大房庄剖面

原山东省煤炭工业局 122 队在燕王庄铺—大房庄北共施工四个煤炭勘探孔，从西往东分别为 42 号、45 号、46 号、47 号孔。

42 号孔揭露第四系和新近系松散层厚度 204.19m，下伏基岩为石炭—二叠系太原组砂页岩及煤系地层，318.94m 未揭穿；45 号孔揭露第四系和新近系松散层厚度 218.98m，下伏基岩为石炭—二叠系太原组砂页岩及煤系地层，273.35m 未揭穿；46 号孔揭露第四系和新近系松散层厚度 218.26m，218.26 ~ 228.04m 为石炭系本溪组黏土层及砂岩，228.04 ~ 273.35m 为奥陶系马家沟群八陡组灰岩；47 号孔揭露第四系和新近系松散层厚度 220.00m，至 230.85m 终孔为马家沟群八陡组灰岩。

45 和 46 号孔之间石炭系煤系地层与奥陶系灰岩接触，说明孝里铺断裂在燕王铺以西切断了煤系地层，西盘下降，地层较新。

原山东省煤炭工业局 122 队在老屯西黄河沿岸施工 2 个煤炭勘探孔，2 号勘探孔位于孝里铺断裂西侧，7 号勘探孔位于断裂东侧，两孔相距 1750m（图 2.4-35）。2 号孔揭露第四系、新近系厚度 260.51m，260.51 ~ 318.79m 为二叠系山西组砂页岩，

318.79 ~ 353.00m 为太原组砂页岩，未揭穿；7 号孔揭露第四系和新近系厚度 233.84m，下伏地层为奥陶系马家沟群八陡组灰岩，至 247.68m 终孔未揭穿。西盘下降，地层较新。推测断层垂直断距 250m 左右。

孝里铺断裂北段隐伏于第四系之下，根据钻探资料对比断层两侧岩性，均为奥陶系灰岩，不具备阻水地层。根据断层两侧含水层富水性、抽水资料及地下水等水位线图也证实，该段断层两侧水力联系密切。

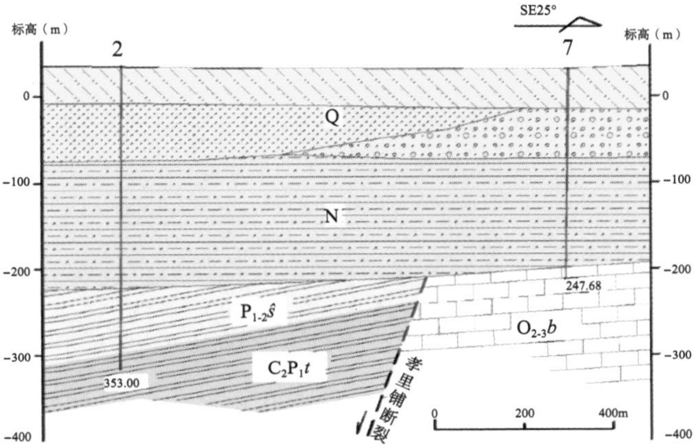

图 2.4-35 孝里铺断裂老屯段地质剖面图

孝里铺断裂地震活动较弱，据地震史料，600 年来仅地震 1 次，震级为 2.7 级，属有感地震。孝里铺断裂未发现新构造运动迹象，第四纪以来未发生构造活动。

2. 炒米店断裂

炒米店断裂由一组北北东向展布的地堑式断裂束所组成，又称炒米店地堑。北部被第四系覆盖，总体走向近南北，倾向东南，倾角 50° ~ 85°，断距 50 ~ 80m，断裂带宽 3 ~ 13m，全长约 42km。上盘下降，为高角度正断层。

炒米店断裂分布于区域的西部，是一组北北东向展布的地堑式断裂束，故又称炒米店地堑。断裂南起五峰山千佛洞西的石窝村，经骆驼咀、小崮山、范庄、炒米店向潘村方向延伸。地堑南部收敛变窄，北部宽约 1.5km。在范庄，它由西侧 3 条东倾的阶梯式正断层和东侧 5 条断层（其中 3 条西倾）所组成。西侧断层组出露长约 9km，东侧仅见于范家庄和炒米店附近，长约 2km。地堑在地形上为近南北向沟谷。

组成炒米店地堑的诸条断裂，基本上都是正断层，各单支断裂的断距一般仅 50 ~ 60m，断裂带见张性角砾岩及垂直的指示上盘下落的擦痕，显然属早期东西向的横张。但断裂复合晚期新华夏的压面，使断面舒缓波状，局部出现直立岩带及片理化构造透镜体。

炒米店地堑西侧 3 支主要断层，走向 10° 左右，局部为 25°，倾角 100° 左右，局部 115°，倾角 50° ~ 85°，断距 50 ~ 80m，断裂带宽 3 ~ 13m，断裂带中均可见张性角砾岩、断层擦痕、构造透镜体，断层带两侧可见有新华夏系的节理组。

东侧五条断层规模较小，走向 5° ~ 10°，倾向 2 条东、3 条西，断距 20 ~ 50m，破碎带宽 1m 左右。炒米店地堑过炒米店隐伏于第四系之下，经潘庄、郑庄向峨眉山方向延伸。炒米店断裂由南而北大致可分为两段，各段特征分述如下。

1）南段：石窝村—炒米店

南段西侧由三条东倾的阶梯断层和东侧的五条断层（其中两条西倾）所组成。地堑西侧断裂可见段长约 9km，东侧仅见于范家庄和炒米店附近，出露长约 2km，该段地堑在地形上形成近南北向的沟谷，其地堑在范家庄附近的地质结构见图 2.4-36。

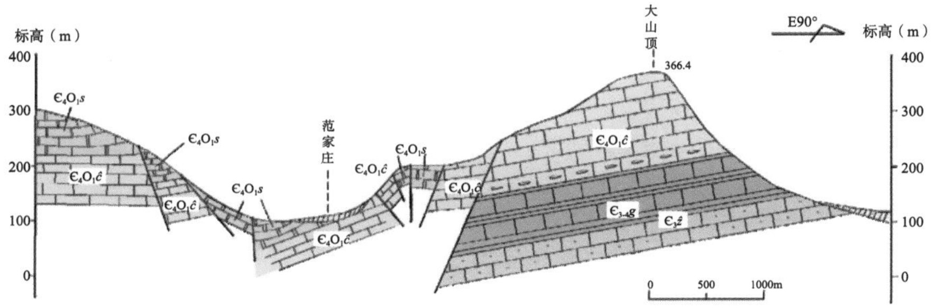

图 2.4-36　炒米店断裂范家庄一带地质剖面图

2）北段：炒米店—周王庄

北段全部被第四系覆盖。在北部炒米店断裂分成三支。各分支自东向西分别为：开山—担山屯断裂、炒米店—仁里庄断裂、范庄—古城断裂。这三条断裂总体走向北北东向，局部近南北向。开山—担山屯断裂西倾；另两条断面东倾，从而构成炒米店北隐伏地堑（图 2.4-37）。

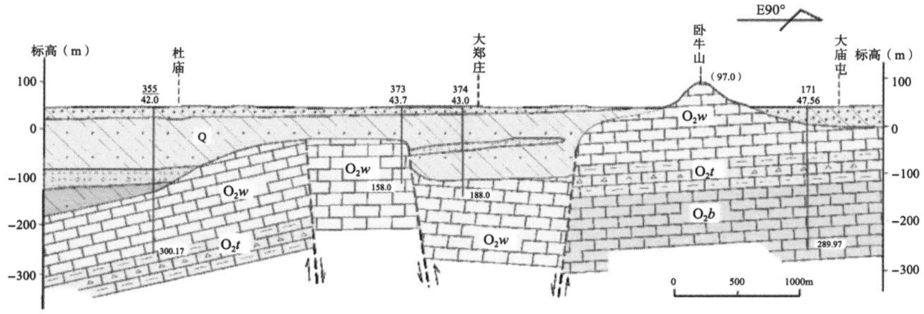

图 2.4-37　炒米店地堑北部地质剖面图

3. 港沟断裂

港沟断裂带是横贯区域中东部的大断裂带，它由数条不同规模的近南北向的断层和北北东向的断层所组成。南部为四条密集而平行分布的近南北向断层，北部则由“X”状分布的南北向和北东向的两条断层组成，其中近南北向的断层均为高角度正断层，张性特征明显而后期显压性及压扭性。北东向断裂则压性特征明显，部分为逆断层。

港沟断裂带是在早期东西向构造的张面及扭面基础上发展的新华夏系压性断裂束。港沟断裂带中的主断裂，长约 28km，南起区域南部变质岩岩体中的黄崖，呈北东 35° 延伸过北坡，在潘家场北转向近南北向，再向北过郭家庄分两支，一支仍按近南北向往大汉峪方向延伸，另一支按北北东向经西梧向港沟镇潘家庄、程家庄方向延伸。向北北东方向延伸的断裂过棉花山后被第四系覆盖，覆盖段长约 10km。

根据断裂的走向，断裂带的特征及其力学性质的差异，该断裂自南而北大致可分为三段，各段的地质特征分述如下。

1）南段：团瓢村—潘家场

断层在地面上分三支呈北东向波状展布，主断层在北坡西北，走向 35°，倾向北西，倾角 70°；在寒武系地层中，断距约 15m，断层带宽 2 ~ 4m，断裂带中见角砾岩及构造透镜体。

2）中段：潘家场—黑龙峪西

该段断裂自潘家场至黑龙峪西分为四支，呈近平行等距状分布，走向近南北，最东边的一条与最西边的一条相距约 1000 ~ 1300m。主断裂（西起第二条）在猪耳顶东北，走向正北，倾向东，倾角 76°，东盘地层为马家沟群北庵庄组，西盘地层为九龙群三山子组，断距约 100m。在郑家窝铺东，走向北东 10°，倾向南东，倾角 74°，东盘地层为东黄山组，西盘地层为东黄山组—三山子组，断距较小，约 30m，该段平均断裂带宽 3 ~ 10m，断裂带中有张性角砾岩组成的构造透镜体。主断裂在青铜山东与西侧断裂交错，故该处断距增大（图 2.4-38）。

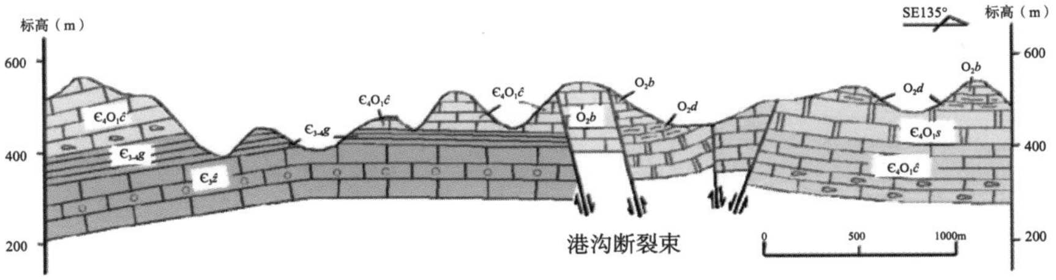

图 2.4-38 港沟断裂侯家庄段地质剖面示意图

3）北段：黑龙峪西—程家庄

港沟断裂带过黑龙峪后，由原来的四支变为两支：一支仍按近南北向布展，经太平庄向大汉峪延伸，称为“黑龙峪西—大汉峪断裂”；另一支按北东方向展布，自黑龙峪经郭家庄西隐伏于第四系之下，过西坞经过约 3.5km 的隐伏再度于港沟西南 370.7m 高地及港沟西北之棉花山出现，过棉花山后又呈两支相距 500 ~ 2000m 的高角度张性断裂隐伏于第四系之下。

港沟断裂的两个分支在区域北部（棉花山—郭店）构成地堑，称为港沟地堑。对港沟断裂隐伏段的重力异常图（图 2.4-39）进行分析，发现在断裂北段低负重力异常较宽大，在其中形成一定走向的低负重力异常闭合圈，其中两侧重力梯度较陡的部位，可推测有断裂存在。

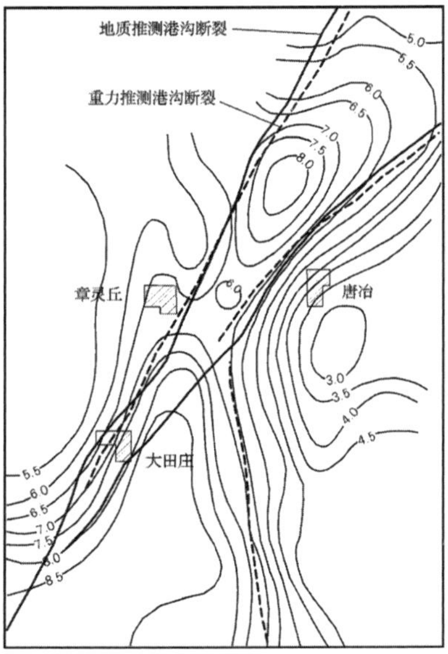

图 2.4-39　港沟断裂隐伏段重力异常特征

地质上构成“地堑”构造，重力异常图上显示了港沟断裂的存在。据钻孔揭露，两条断裂近乎平行展布，推测走向北东 25° ~ 35°。东侧断裂倾向北西西，西侧断裂倾向南东东，倾角近直角，断距大于 400m。地堑两侧地层为马家沟群五阳山组灰岩，地堑部分地层上部为石炭系砂页岩夹灰岩，下部为马家沟群八陡组灰岩。地堑部分及两侧均有岩体侵入（图 2.4-40）。

4. 孙村断裂

孙村断裂由两条北东向断裂组成，主断裂南起东彩石，以 30° ~ 40° 走向向北穿过小龙堂、李家寨，再转向正北方向延伸至卢家寨村东，全长 10.75km，倾向北西，为正断层。主断裂东侧分支，南起庄科西北，以 20° ~ 25° 走向延伸至西卢村，全长 5km，倾向北西，为正断层。孙村断裂两条分支断裂之间地层较新，为石炭—二叠系地层，两侧地层较老，为奥陶系地层，因此，孙村断裂构成孙村地堑。孙村断裂未发现新构造运动迹象。据地震史料，1971 年 6 月 6 日曾发生 2.4 级地震一次，震中位于彩石附近，震级较弱。

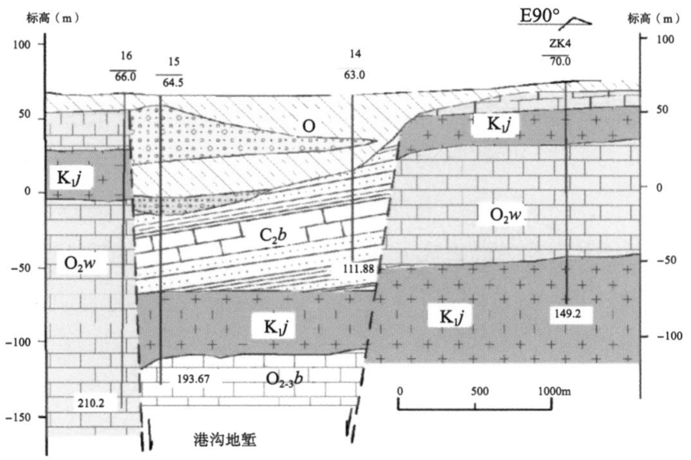

图 2.4-40 港沟断裂彭家庄—合二庄段地质剖面图

5. 明水断裂（绣水断裂）

明水断裂为区域性断层，全长约 70km，研究区内南起双山西侧，过章丘市区后沿绣江河向北延展，倾向南西，倾角 75° 左右，由几条断裂组成断裂带，最宽可达 230m，具明显的阶梯式或地堑式特征，西盘相对向南西方向移动，显示左旋扭动性质。在明水地区由明水、绣水、砚池山等数条相互平行交织的断层组成断裂构造带。在明水地区沿断裂带有泉水涌出。绣水断裂位于明水断裂以东 500m 左右，与之同向倾斜构成地垒，绣水断裂倾向东北，倾角 80° 左右，东降西升，落差 80 ~ 150m，南大北小，长约 10km。断层性质为先张后压。

2.4.3.3 东西向断裂构造

济南地区东西向断裂主要有齐河—广饶大断裂。该断裂位于黄河北，是Ⅱ级构造单元华北坳陷与鲁西地块的分界断裂。断裂西与聊城—兰考断裂相接，大体从茌平县的博平北向东经齐河县城、济阳北至广饶南，向东延伸东接广南断裂与沂沭断裂带汇合。断裂东西延长约 300km，宽 5 ~ 10km，走向 65° ~ 80°，倾向北北西，倾角 60° ~ 80°，主要由 2 ~ 3 条相互平行的断裂构成阶梯状断裂组合。断裂带位于鲁中断隆与济阳断坳两航磁正异常区接合间的负异常区，总体处于负异常南部，异常值一般 −50 ~ −100nT；重力异常显示为一条 −30mGal 的连续负异常带，异常中心位于断裂带上。断裂两侧新生代地层分布和厚度差异较大，总断距 1200 ~ 2000m，为南盘上升、北盘下降的正断层。沿断裂有中生代、新生代间歇性中、基性喷出岩和小规模的中、基性侵入岩，说明该断裂是一条深大断裂。自西向东，禹城、济阳、青城、广饶各段的人工地震剖面都显示出该断裂的存在。

在济南市境内，齐河—广饶断裂自西往东依次被北东向及北西向的数条断裂所错断。在西部的大郝城以南，齐河—广饶断裂被北东向的断裂错断，往南推移约 500m；在朱家坊东北，又被北东向的断裂错断，往东北平移 500m；至西八里庄以南，再被北西向的断裂错断，往西北推移约 1200m；由此，齐河—广饶断裂在济南境内呈四个不连续的区段存在，在西八里庄以西，三个区段总体呈近东西走向，倾向北。在大郝城一带，断距约 1300m；在西八里东一带，断距约 1900m；至章丘临济村附近，断距达 2300m；表明自西向东断距逐渐加大。

断裂带两侧的古生代和中生代地层的物质组分和沉积特点比较相似，并且北部地层厚度略小于南部，断裂带两侧均缺失晚白垩世和古新世地层，反映该断裂在古新世中期之前可能不存在或活动不明显。自古新世晚期，断裂带开始明显活动，始新世强烈活动，北部下降接受沉积，南部抬升遭受剥蚀，并伴随强烈的火山活动。沙河街组中的玄武岩 ^{40}Ar-^{39}Ar 快中子活化法年龄值为（35.4 ± 0.38）百万年和（48.4 ± 1.2）百万年（操应长等，1999）。中新世末至上新世初期，这种差异性升降相对减弱，于上新世在断层两侧同时接受了明化镇组沉积，但北侧地层明显增厚。进入第四纪，济阳坳陷仍在持续下沉，沿断裂第四系沉积厚度有较大的梯度变化。沿断裂带地震活动比较弱，仅在济阳附近与北西西向断裂交汇处发生过 2.5 级及 4.5 级地震。

研究区主要脆性断裂情况总结可见表 2.4-1 所示。

研究区主要脆性断裂一览表　　表 2.4-1

总体走向	断裂名称	编号	规模（区内）		产状			地质特征	主要活动性质
			长(km)	宽（m）	走向	倾向	倾角		
北西—北北西向断裂+	崮山断裂	F1	14		330°	—	—	隐伏断裂，遥感影像线性特征明显，重磁显示负异常带，控制水系发育	张扭性
	石马断裂	F2	18	2	335°	NE	65°	切割寒武奥陶系地层，北段隐伏断裂	张性
	大寨山—周王断裂	F3	33	0.5	320°	SW	65°	切割寒武奥陶系地层，北段隐伏断裂	张性
	吴家—腊山断裂	F4	38	1 ~ 2	335°	NE	80°	切割寒武奥陶系地层，北段隐伏断裂	张性
	千佛山断裂	F5	40	5 ~ 10	320° ~ 350°	SW	58° ~ 76°	南段基岩区由多条平行断裂组成，构成地垒、地堑，切割变质基底、寒武奥陶系地层，发育牵引褶皱，发育碎裂岩、构造角砾岩、构造透镜体，碳酸盐化、帘石化、褐铁矿化蚀变，充填脉岩，断面发育擦痕、阶步；中段、北段为隐伏断裂，中段切割济南岩体，遥感影像线性特征明显，重磁梯度带	左行张扭性

续表

总体走向	断裂名称		编号	规模（区内）		产状			地质特征	主要活动性质
				长（km）	宽（m）	走向	倾向	倾角		
北西—北北西向断裂+	东梧断裂	十八盘断裂	F6	15.5	3 ～ 20	330° ～ 340°	SW	68° ～ 88°	由向北收敛的断裂束组成，构成地堑，切割变质基底、寒武奥陶系地层，发育牵引褶皱，发育构造角砾岩、碎裂岩，断面平直，局部呈波状，发育擦痕、阶步等，闪长玢岩脉充填，遥感影像线性特征明显，重磁梯度带	左行张扭性
	东梧断裂	刘智远断裂	F6	8	—	340° ～ 345°	SW	55°	南部切割寒武奥陶系地层，北部隐伏断裂，切割济南岩体，遥感影像线性特征明显，重磁梯度带	左行张扭性
	黑山顶—有兰峪断裂		F7	15	1 ～ 2	322°	SW	80°	切割寒武奥陶系地层，发育构造角砾岩，脉岩充填，遥感影像线性特征明显	张性
	文化桥断裂		F8	16	—	350°	260°	> 60°	隐伏断裂，叠加地震剖面明显	张性
	齐河断裂		F9	12	—	310°	SW	—	隐伏断裂	张性
	桑梓店断裂		F10	12	—	327°	SW	—	隐伏断裂，遥感影像线性特征明显	张性
	南车断裂		F11	6	—	325°	NE	—	隐伏断裂	张性
	解家村断裂		F12	6.5	—	338°	NE	—	隐伏断裂	张性
	吴家铺断裂		F13	6	—	315°	NE	—	隐伏断裂，重磁梯度带	张性
北北东向断裂	刘家峪—傅家庄断裂		F14	9.5	10	15°	SEE	85°	切割寒武奥陶系地层，发育构造角砾岩，遥感影响线性特征明显	张性
	港沟断裂	大田庄断裂	F15	30	4 ～ 9	24°	SEE	70° ～ 80°	南段切割变质基底、寒武奥陶系地层，发育牵引褶皱，发育碎裂岩、构造角砾岩、劈理，充填脉岩，北段为隐伏断裂，遥感影像线性特征明显，低负重力异常带	张性
	港沟断裂	唐冶断裂	F15	16	—	35°	NWW	—	隐伏断裂，低负重力异常带，与大田庄断裂构成地堑	张性
	伙路断裂		F16	6.5	2 ～ 3	40°	NW	62°	切割寒武奥陶系地层，发育构造角砾岩，断面呈锯齿状，遥感影像线性特征明显	张性

续表

总体走向	断裂名称	编号	规模（区内）		产状			地质特征	主要活动性质
			长(km)	宽（m）	走向	倾向	倾角		
北东东向断裂	焦斌屯—后河断裂	F17	17	—	24°	NW	—	隐伏断裂	张性
	天兴庄断裂	F18	8	—	29°	—	—	隐伏断裂，控制水系发育	张性
	卧牛山断裂	F19	12	—	26°	NW	—	隐伏断裂，重力低值带，负剩余异常带，控制水系发育	张性
	鸭旺口断裂	F20	7	—	22°	NW	—	隐伏断裂，ρs 等值线密度通向弯曲，地热异常	张性
	团山—陡沟断裂	F21	15	1.5	62°	NNW	80°	切割寒武奥陶系地层，发育构造角砾岩，遥感影像线性特征明显	张性
	曹大峪—橛山断裂	F22	16.5	1	62°	SSE	80°	切割寒武奥陶系地层，遥感影像线性特征明显	张性
	饿狼山断裂	F23	12	2	64°	SSW	78°	切割寒武奥陶系地层，发育构造角砾岩，断面呈锯齿状，遥感影像线性特征明显	张性
	北武寨山断裂	F24	10	3 ~ 4	68°	NNW	65° ~ 75°	切割寒武奥陶系地层，发育碎裂岩、构造角砾岩，褐铁矿化，断面呈锯齿状，遥感影像线性特征明显	张性
	搬倒井断裂	F25	12	2 ~ 5	73°	NNW	70°	切割寒武奥陶系地层，发育构造角砾岩，断面呈锯齿状，遥感影像线性特征明显	张性
	兴隆断裂	F26	20	2 ~ 10	67°	NNW	60° ~ 75°	切割寒武奥陶系地层，发育构造角砾岩，断面呈波状，遥感影像线性特征明显	张性
	小石崮沟—大涧沟断裂	F27	9.5	—	45°	SE	—	切割寒武奥陶系地层，第四系覆盖严重，遥感影像线性特征明显	张性
	左耳—蟠龙断裂	F28	27	2 ~ 30	65°	SSE	70° ~ 82°	由多个断面组成，切割寒武奥陶系地层，发育构造角砾岩，断面呈锯齿状，发育擦痕，遥感影像线性特征明显	（右行）张性
	纸房断裂	F29	13	—	60°	NNW	—	隐伏断裂，重磁梯度带，有汞异常	张性

续表

总体走向	断裂名称	编号	规模（区内）		产状			地质特征	主要活动性质
			长(km)	宽（m）	走向	倾向	倾角		
南北向断裂	炒米店断裂	F32	18	1 ~ 5	SN	85°	50° ~ 85°	由一组断裂组成的地堑，切割寒武奥陶系地层，发育构造角砾岩，控制第四系地貌，电磁测深等值线陡立密集	张性
	小佛寺断裂	F33	3	0.5	8°	W	54°	切割变质基底、寒武奥陶系地层	张性
	黑龙峪断裂	F34	10	0.5 ~ 10	0°	W	60° ~ 75°	由多条近平行的断裂组成地堑，切割变质基底、寒武奥陶系地层，发育构造角砾岩，硅化，断面粗糙，遥感影像线性特征明显，地貌上表现为近南北向沟谷	张性
	西营—龙湾断裂	F35	15	2 ~ 10	1°	W	68° ~ 77°	切割变质基底、寒武奥陶系地层、脉岩，发育牵引褶皱，发育构造角砾岩，断面发育擦痕，控制第四系地貌，遥感影像线性特征明显	张性
	鹊山断裂	F36	0.5	5	SN	E	58°	切割中生代岩体，发育劈理及构造透镜体，充填脉岩，断面呈波状，控制地貌发育	张扭性
东西向断裂	老虎洞断裂	F30	3	3	82°	S	80°	切割奥陶系地层，发育劈理化带、构造角砾岩，断面呈波状	压性
	鸡冠山断裂	F31	3.5	2 ~ 3	81°	N	75°	切割寒武奥陶系地层，发育构造角砾岩	张性

2.5 泉水成因

泉水是济南的特色和灵魂。保持泉水持续喷涌是济南人民共同的责任和义务，爱泉、敬泉、保泉已经成为全社会共同的认识和行动。为了保护泉水，科学合理进行轨道交通工程的建设，科学合理地保泉，首先应当了解泉水的成因。

山东省、济南市历来重视泉城的水文地质研究，积累了大量的水文地质资料，多年来，经过数代地质工作者的辛勤努力，形成了大量的水工环地质资料及相关研究成果。

多年研究资料表明，济南市的泉水主要来源于寒武系张夏组灰岩含水层以及寒武系九龙群炒米店组、三山子组及奥陶系马家沟群灰岩含水层，前者主要分布于南部山区，后者多分布于济南市市区内，现以四大泉群和白泉泉群为例，简要说明泉水成因。

2.5.1 四大泉群

济南市区四大泉群诸泉的成因及补给来源，现简单叙述如下。

1. 岩层倾向与地势倾斜的一致性是济南泉水形成的地质地貌基础

济南地区位于泰山背斜北翼的济南单斜构造区，岩层倾向总体向北，其地层岩性分布自南向北依次为：新太古界泰山岩群花岗片麻岩、巨厚的寒武—奥陶系石灰岩、局部分布石炭—二叠系砂页岩，直至济南北部的岩浆岩体。向北倾斜的单斜构造与南高北低地势的一致性为四大泉群诸泉的形成奠定了地质地貌基础。

2. 岩溶裂隙发育的巨厚石灰岩层为四大泉群诸泉之源，为岩溶地下水的补给、储存、运移提供了良好的场所和通道

济南南部山区发育厚度达 1000 余米的寒武—奥陶系石灰岩，裂隙、岩溶发育。在补给区的地表，溶沟、溶槽、落水洞以及岩溶裂隙的发育，为地下水接受大气降水入渗和地表水渗漏补给，形成岩溶地下水创造了条件；在地下，溶洞、溶孔、溶隙及裂隙的发育为岩溶地下水的储存运移提供了空间与通道。已形成的岩溶地下水顺地势和岩层倾向自南向北流动，汇集于济南山前地下。

3. 庞大的岩浆岩体阻隔是四大泉群诸泉形成的关键

济南岩浆岩体呈东西向椭圆形展布，西起位里庄，东到王舍人镇，南至段店镇—姚家镇，北到桑梓店—孔家村，总面积约 330km^2，构成济南单斜构造岩溶地下水的天然屏障。四大泉群出露的老城区位于千佛山断裂和文化桥断裂之间，受两条断裂作用，区内形成地垒，致使灰岩和辉长岩体接触带北移，其灰岩受抬升，灰岩顶板埋深变小。来自南部补给区的岩溶地下水径流至老城区附近，遇到岩浆岩体阻隔，在地势低洼部位通过浅部石灰岩岩溶裂隙涌出地表，形成济南四大泉群诸泉（图 2.5-1）。

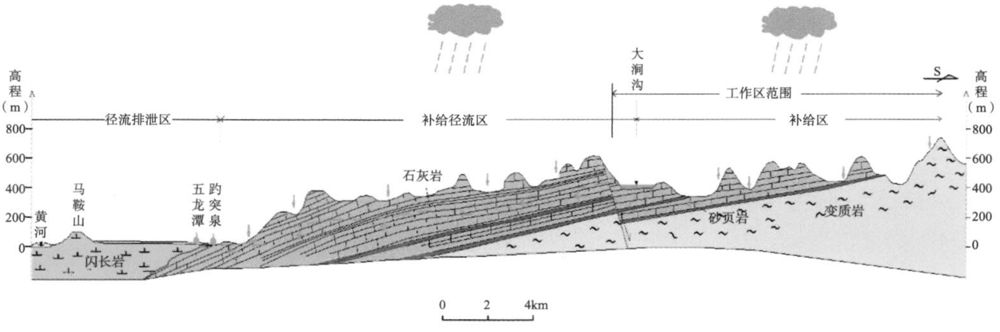

图 2.5-1 趵突泉成因示意图

2.5.2 白泉泉群

白泉是由来自济南东南部补给区的岩溶水径流至纸房村附近，遇到西侧济南岩体和北侧石炭二叠系的阻隔，在南北高差的压力下，使部分岩溶水在地形低洼部位通过第四系松散层上涌而形成，白泉泉群形成示意图见图 2.5-2。其成因机理有以下几点。

1. 岩层倾向与地势倾斜的一致性是白泉泉群泉水形成的地质地貌基础

向北倾斜的单斜构造与南高北低地势的一致性，为泉水的形成奠定了地质地貌基础。在补给区，大气降水和地表水下渗，补给岩溶地下水，顺岩层倾向由南向北径流，当径流至奥陶系灰岩与石炭系接触带时，岩溶水流向转为北西，沿接触带向白泉方向径流。岩溶水在由南向北径流过程中，水力坡度随地形坡度由陡渐缓，到北部，因石炭、二叠系砂页岩地层、岩浆岩体的阻挡作用，水位更趋平缓。

2. 岩溶裂隙发育的巨厚石灰岩层为白泉泉水之源，为岩溶地下水的补给、储存、运移提供了良好场所和通道。

济南南部山区发育厚度达 1000 余米的寒武—奥陶系石灰岩，裂隙、岩溶发育。在地表，溶沟、溶槽、落水洞以及岩溶裂隙的发育，为接受大气降水入渗和地表水渗漏补给，形成岩溶地下水创造了条件；在地下，溶洞、溶孔、溶隙及裂隙的发育为岩溶地下水的储存运移提供了空间与通道。岩溶地下水顺地势和岩层倾向自南向北径流，汇集于山前地下。由于地形条件差异，北部山前岩溶水具有承压性质，形成承压汇集排泄区。

3. 白泉泉水形成的关键是石炭、二叠系阻隔与白泉泉群周边断裂分布

来自东南部补给区的岩溶水径流至白泉附近，遇到断裂和石炭、二叠系砂页岩的阻挡，抬高了水头，产生“壅水”现象，形成承压自流区。上覆第四系为砂质黏土、砂质黏土夹砾和砾石类黏质砂土等组成，局部地段具弱透水作用，在下伏岩溶水高水头的作用下，岩溶水通过第四系出露地表成泉。又因第四系透水性相对岩溶含水层要差，第四系呈水平层状发育，所以泉的出露没有集中的喷涌现象，而是面状渗出，岩溶地下水上涌在地形低洼处溢出地表成泉。

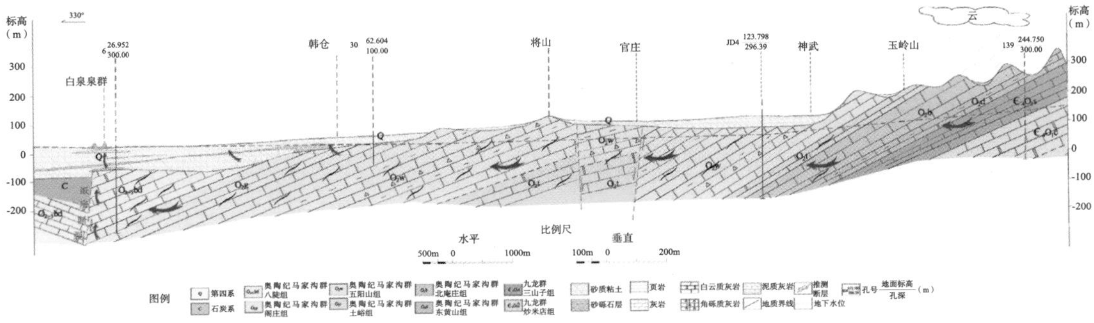

图 2.5-2 白泉成因剖面示意图

第 3 章

泉域地下水系统

济南位于鲁中山地和华北平原的交接地带，根据地形地貌条件，可划分为两个一级水文地质分区，即平原区（I）、山丘区（II）。根据含水岩组类型、地下水的赋存及径流条件，将一级区进一步划分为黄河冲积平原松散岩类水文地质区（I1）、山前冲积—洪积平原松散岩类水文地质区（I2）、中低山丘陵碳酸盐岩类为主水文地质区（II1）、中低山侵入岩变质岩类水文地质区（II2）四个二级区。碳酸盐岩类为主水文地质区又可分为百脉泉域、白泉泉域、济南泉域、长孝共四个水文地质单元，每个水文地质单元均有完整的补给、径流及排泄系统。其中的济南泉域的边界划分历年来一直存在争议。

3.1 存争议的泉域边界

山东省、济南市多个单位，尤其是山东省地矿工程勘察院于 1982 ~ 1990 年，对划分济南泉域进行了调查、勘探、试验和研究工作，划定了济南泉域的边界。然而，受限于当时的工作和技术程度，未能完全准确地落实济南泉域的边界划分。

传统观点济南泉域岩溶水子系统西边界为马山断裂；东边界为东坞断裂；泉域南边界为晚太古代侵入岩形成的地表分水岭，实际就是北沙河、玉符河分水岭；泉域北边界长时间以来均以奥陶系灰岩顶板在岩体中的埋深 −350 ~ −400m 为界。东郊大致在工业北路一线，市区大致在大明湖一线，西郊在大杨庄、峨眉山、油牌赵、位里庄一线，主要考虑了侵入岩岩体的作用，但岩体侵入深度各处不一，且东西两侧都留有灰岩条带。因此，岩体并非一堵墙一样完全挡住了岩溶水向北部的径流，现多将灰岩（黄河北）埋深 400m 作为岩溶水系统的北部边界，整个济南岩体包含在济南泉域内（图 3.1-1）。

传统观点，济南泉域总面积 1776km^2，其中南部山区晚太古代侵入岩分布面积 413km^2，寒武系分布面积 682km^2，岩体南部奥陶系灰岩裸露和隐伏区面积 518km^2，黄河北及黄河西北灰岩隐伏区面积 41km^2，黄河北及侵入岩体西灰岩覆盖区面积 55km^2，中生代侵入岩体分布区面积 244km^2（灰岩顶板大于 400m），上部为辉长岩体，下部为奥陶系灰岩（灰岩顶板小于 400m），分布面积 67km^2。东坞断裂以东属于白泉岩溶水子系统，马山断裂以西属于长孝岩溶水子系统。

不同的意见主要在济南泉域的东、西边界划分上，认为市区西南的南北向刘长山—郎茂山一带为泉域的西边界；泉域东边界主要是以埠村向斜为界，如图 3.1-2 所示。

不同的观点认为，千佛山断裂至玉符河冲积扇之间，奥陶纪灰岩地层分布连续，未见区域性大断裂、构造，岩溶含水层在空间上连续展布，不存在隔水的地质条件。另外，西郊水源地开采与市区地下水之间的水力联系，通过抽水试验及停水试验也有所反映，早在 1988 年 5 月 17 日，普利门饮虎池两水厂进行停抽水试验，停止抽水 4h，停抽水量 $11.52 \times 10^4 m^3/d$，市区及西郊的腊山、大杨一带水位大面积上升（图 3.1-3）。

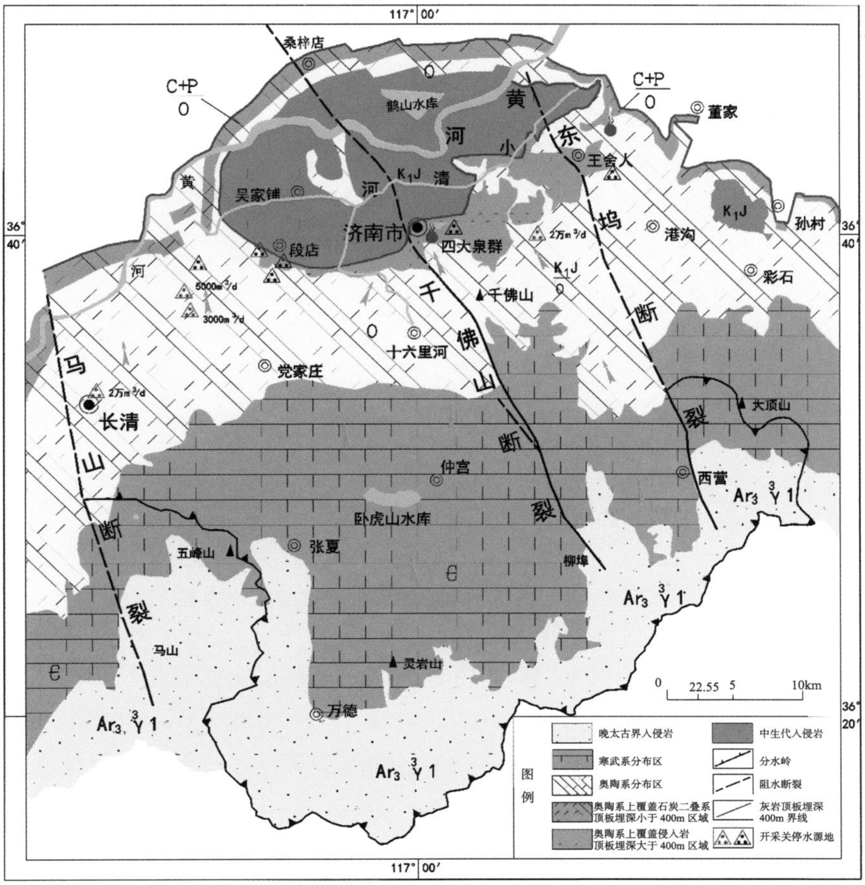

图 3.1-1　争议中的泉域边界

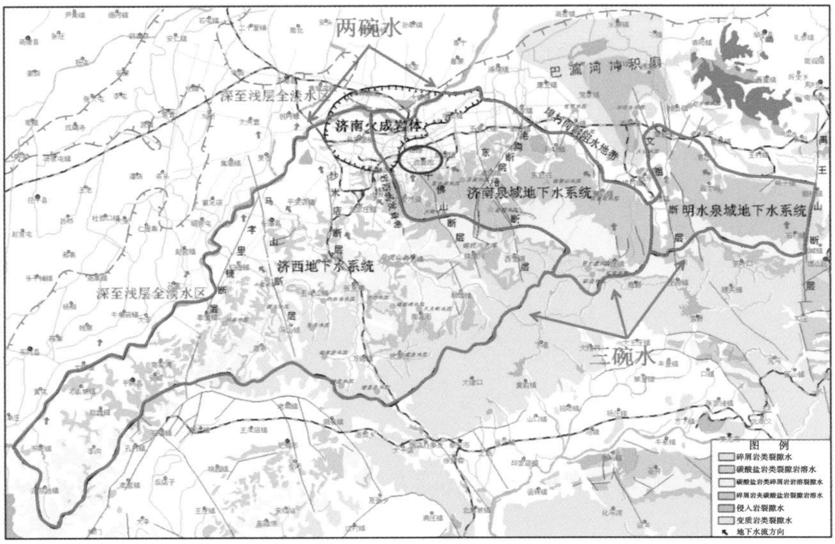

图 3.1-2　争议中的泉域边界

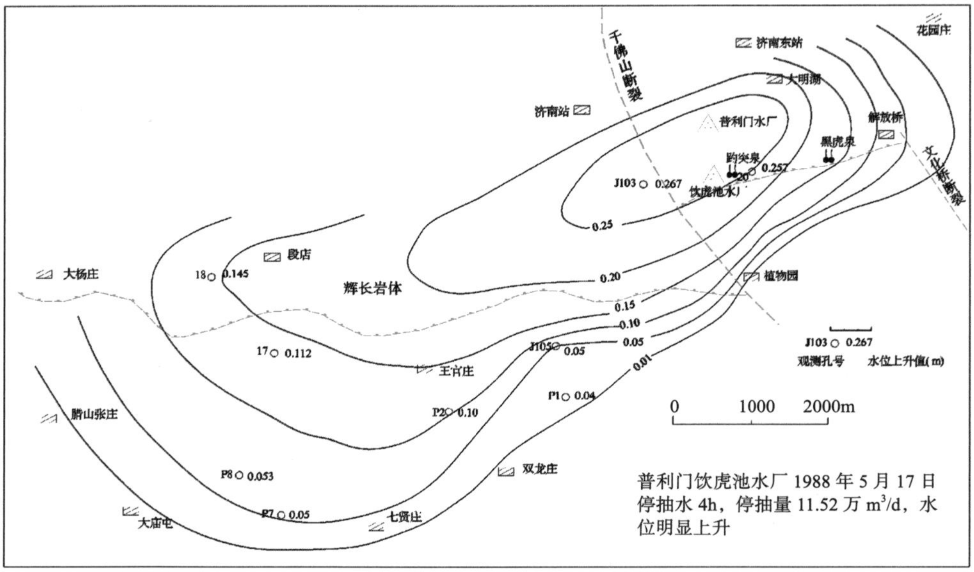

图 3.1-3　1988 年 5 月市区水源地停抽水试验水位恢复等值线

2003 年 6 ~ 7 月进行济西抽水试验，桥子李、冷庄和古城水源地开采量 $19.2\times10^4m^3/d$。试验前 6 月 2 ~ 6 日市区水位日降幅小于 2cm，6 月 6 日 17：30 ~ 23：30 冷庄水源和桥子李水源陆续抽水，两水源地总抽水量 $12.4\times10^4m^3/d$，6 月 7 日市区水位较前一天明显下降。6 日 16：00 ~ 7 日 16：00 趵突泉水位下降 10cm（图 3.1-4）；北园路边家庄观测孔水位下降 9cm。6 月 7 日 23：30，古城水源开始抽水，抽水量 $6.72\times10^4m^3/d$，市区水位继续下降，6 月 8 日趵突泉水位又下降 17cm，边家庄水位又下降 14cm，推断市区与济西岩溶水存在联系。

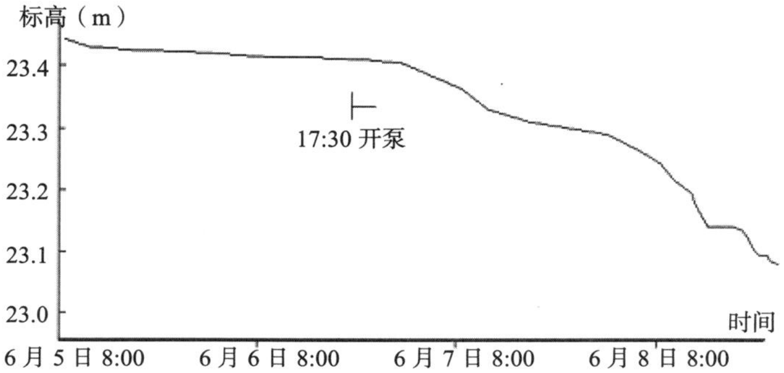

图 3.1-4　2003 年 6 月趵突泉水位历时曲线

山东省地矿工程勘察院对此进行过分析，但是争论一直没有停止。801 地质大队，研究西郊岩溶水与市区泉水水力联系，验证刘长山—万灵山一带是否存在地下分水岭，主要是先后进行了两次大型地下水连通试验（示踪试验）。

第一次由 801 地质大队与中国地质科学院岩溶地质研究所共同完成。自 1989 年 5 月 20 日起历时 5 个月。801 地质大队在西郊催马庄专门施工一种示踪剂投源孔（J113），共布置观测取样孔 68 个，试验所揭示的问题主要是：

（1）中寒武系张夏组灰岩岩溶水与中、下奥陶系灰岩岩溶水存在水力联系，是泉水的一个重要补给源。

（2）示踪剂主要运移的方向为北北西和北东，运移的主要途径有三条，其中北北西一条（A 线）沿炒米店断裂至西郊三水厂（峨眉山、大杨庄、腊山）。北东向运移路线大致有两条：一条（B 线）由催马庄经小白庄、文庄、七贤庄、机床一厂，在七贤庄又分支为西北至腊山水厂，东北至原省建材一厂（M91 孔，位于刘长山、郎茂山一带以东）；另一条（C 线）由催马庄深部于张夏组灰岩向东北至市区大明湖北白鹤庄（J39 孔）以及东边的解放桥水厂（图 3.1-5）。

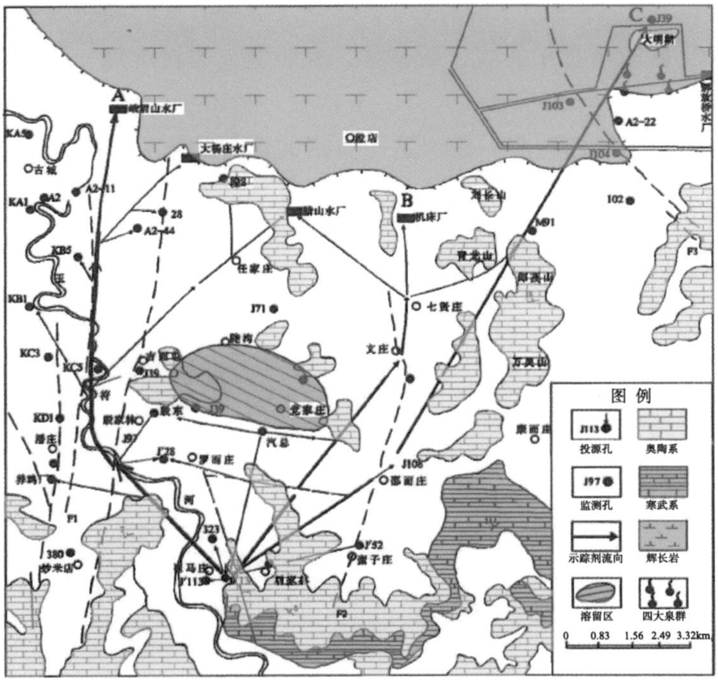

图 3.1-5 示踪剂扩散路径图

（3）示踪剂运移的方向、速率与构造、地层产状、水源地和取样孔的位置及距离有关。北北西（A 线）示踪剂沿炒米店断裂带向北，受西郊三水厂开采（开采量约 20 万 m^3/d）的降落漏斗影响，大部分示踪剂进入漏斗区，因其水力坡度大示踪剂快速运移至三水厂。大杨庄水厂距投源孔距离为 11.2km，示踪剂初峰值检出时间 44d，视流速 255m/d；峨眉山水厂距离 12.65km，初峰值检出时间 43d，视流速 294m/d；腊山水厂距离 5.1km，初峰值检出时间 44d，视流速 116m/d。北东向（B 线）催马庄至小白庄后到机床一厂一线，基本上沿推测隐伏的邵尔断层一带向北运移，并受腊山水厂和机床一厂自备井抽水影响，故其初峰值检出时间在 40 ~ 49d，视流速 116 ~ 219m/d。而东北方向原省建材一厂孔初峰值检出时间 141d，视流速 88m/d。另一条北东方向（C 线）沿地层倾向深部运移于白鹤庄（J39 孔）经 113d 检出初峰值，距离为 19km，视流速 160m/d，解放桥水厂距投源孔 17.85km，于 198d 检出，视流速 90m/d。示踪剂向市区扩散相对缓慢，除因距离较远外，主要在运移扩散中受西郊三个水厂开采影响，沿途还有机床一厂等企业自备井（开采量共约 4 万 m^3/d）形成多个大、小降落漏斗，使大部分示踪剂进入各漏斗区随抽水排出，这就必然减少示踪剂向市区扩散的量，并影响运移速度。

（4）奚德荫等人认为鉴于刘长山、郎茂山以东的原山东建材一厂 M91 孔和市区白鹤庄 J39 孔和解放桥水厂先后检出示踪剂，其峰值浓度均高出背景值五倍以上，如建材厂峰值浓度 2.6×10^{-9}，白鹤庄为 9.3×10^{-9}，说明西郊与市区岩溶水有水力联系。

第二次示踪试验于 1996 年 12 月由山东师范大学与市水利局在西郊渴马庄供水井投源，观测取样孔自西向东在平安店、殷家林、大庙屯、建材学院、七贤庄、王官庄和市区泉群皆有示踪剂检出。

东边界，以埠村向斜作边界，提出这一看法的认为趵突泉泉域西边界为刘长山—万灵山一带，东边界为埠村向斜，否认东坞断裂为泉域的东边界，主要是认为白泉泉群水位标高较市区四大泉群水位低，白泉地区大量开采岩溶水使市区泉群受影响，两者同属一个泉域，其东边界为埠村向斜，不存在白泉泉域。埠村向斜位于济南市东章丘市境内。向斜南起三德范村北，向北经木厂涧、东张官庄至季官庄村南。轴向北北西与其东约 2km 的文祖断裂走向基本平行。向斜东翼因受文祖断裂影响地层倾角较陡，西翼地层相对较缓，倾角约 23°。轴部地层为石炭二叠系砂页岩含煤层。埠村向斜是一个南端翘起向北倾伏的簸箕状构造。据埠村煤矿 1 号井资料，在文祖镇西向斜两翼灰岩顶板埋深在 300 ~ 400m，其中 2 号观测孔（向斜西翼）孔深 458.34m，中奥陶系灰岩顶板埋深 406.53m，水位标高 120.90m，钻孔注水试验渗透系数 0.016m/d；东翼 1 号观测井孔深 384.75m，中奥陶系灰岩顶板埋深 330.40m，水位标高 116.70m，注水试验渗透系数为 0.0028m/d，说明两翼灰岩渗透性弱。文祖镇以北向斜向北倾伏，两翼奥陶系灰岩埋深向北逐渐增大，东张官庄南轴部两侧 124、125 孔深分别为 965.93m 和 949.54m 尚未揭穿石炭系，中奥陶系灰岩顶板埋深大于 1000m，在此深度下灰岩的渗透性可能更差。因此，自文祖镇向北除文祖断裂具阻水作用外，与其相平行的该段向斜轴部可视为相对阻水带。

但是，自文祖镇以南至三德范村北段向斜翘起并消失，两翼中奥陶系灰岩埋深变浅，相互水力联系密切，自三德范村向南至长城岭（约 8km），在文祖断裂以西为大面积中奥陶系灰岩分布，地层基本产状为走向北西，倾向北东。岩溶水等水位线连续，具同一水位，流向北或北北西。奚德荫等认为埠村向斜以南，文祖断裂以西地区不存在阻水边界（图 3.1-6）。

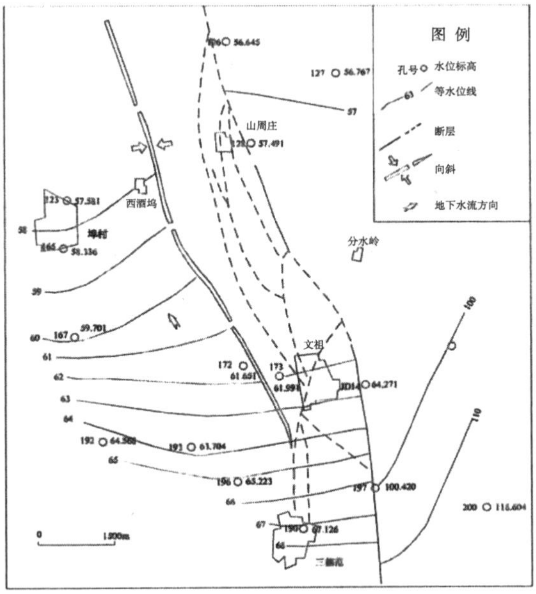

图 3.1-6　文祖附近等水位线图（1989 年 10 月）

对此的争议，主要是监测浓度以及时间的分析，泉域边界是个复杂的学术问题，事物的联系性让该问题很难得出绝对化的结论，一碗水、两碗水、三碗水或许在某种条件下存在联系。下面我们对传统济南泉域边界进行梳理分析。

3.2　传统济南泉域边界浅析

3.2.1　济南泉域南边界

济南泉域南边界主要为太古界泰山群变质岩分布区，是晚太古代侵入岩形成的分水岭，该区内大气降水后，除一部分存储在变质岩的风化裂隙中为裂隙水外，其余皆转化为地表水形成河流。变质岩风化层以下的岩石坚硬致密不透水，风化裂隙水沿地形向沟谷排泄，其地下分水岭和地表分水岭一致，实际就是北沙河、玉符河分水岭。

马山断裂东侧卧牛寨—岭后山—双尖山以南，五峰山以西属于南沙河汇水区域，地层以晚太古代侵入岩和寒武纪地层为主，地下水最终转化成地表水随南沙河进入长孝岩溶水子系统，故济南泉域南边界西段从卧牛寨—岭后山—双尖山起，往东经馍馍顶、黄山顶、西山寨、黄家庄、帽山、狼顶山、黄山、米面山至界首，再向东北经老挂尖、摩天岭至清阳台，再向东过济南市最高山峰——梯子山，至长城岭；东坞断裂以东，黄寨—大涧岭以南，饮马泉—文凤山（往南大致和历城与章丘的界线一致）以西，属于玉符河支流锦绣川的汇水范围，也属于济南泉域范围。分水岭海拔在 400 ~ 800m，具有东高西低的特征，最高峰为泉域东南的梯子山，海拔 975.8m。

3.2.2 济南泉域北边界

多年来泉域北边界一直以水文地质大队保泉供水勘探报告中的火成岩体和西北部的石炭二叠系为边界，即奥陶系灰岩顶板在岩体中的埋深 −350 ~ −400m 为界，东郊大致在工业北路一线，市区大致在大明湖一线，西郊在大杨庄、峨眉山、油牌赵、位里庄一线。

济南岩体呈东西长、南北短的椭圆形侵入济南市北部灰岩中，在济南市区阻挡着岩溶水继续向北部径流的步伐。由于岩体侵入深度各处不一，且东西两侧都留有灰岩条带，因此，岩体并非一堵墙一样完全挡住了岩溶水向北部的径流。即使在市区，由于岩体的阻挡，一方面岩溶水在岩体南部富集，在浅部形成富水区，溢出地表形成岩溶大泉；另一方面，岩溶水被迫转入深部，继续向北径流至黄河北，这部分岩溶水由于深循环作用被加热，形成热水，在岩体北部富集，并随着灰岩的抬升而上升，形成易于开发的济南北部地热田（图 3.2-1）。

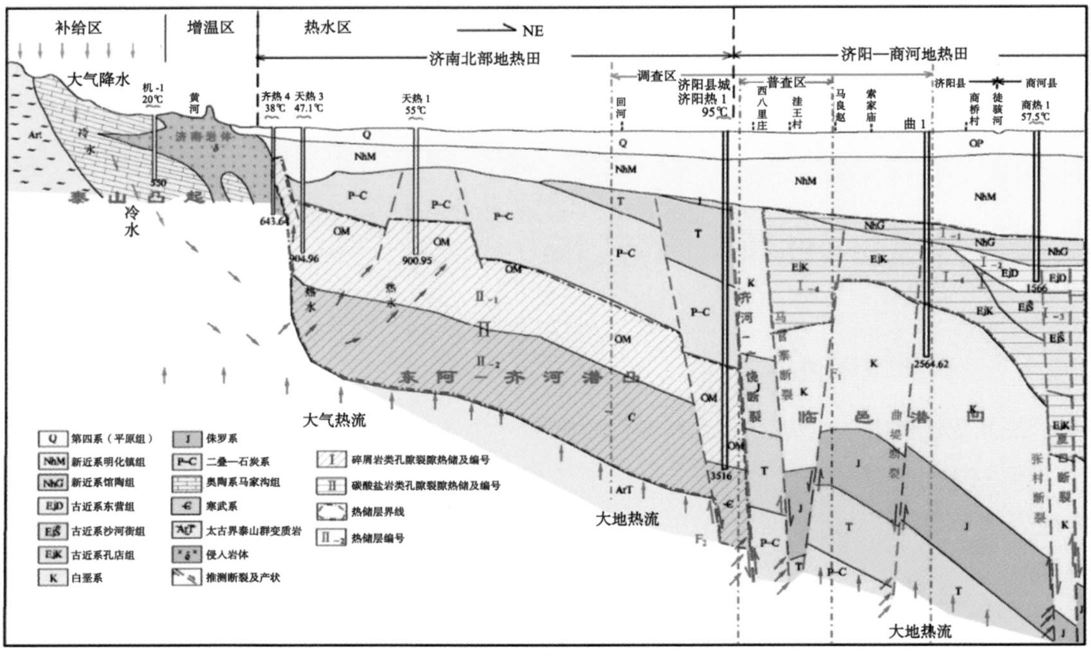

图 3.2-1　济南南北向剖面示意图

岩体北部形成一环状灰岩隐伏条带，岩性为马家沟群八陡组灰岩，最小埋深小于 200m，如桑梓店西南的齐河油坊赵齐河村，CH_1 地热井 246.55m 揭露灰岩、$CK_{1\text{-}0}$ 地热井 194m 揭露灰岩，大桥镇刘家庄村附近仅 170.29m，往北灰岩被石炭系碎屑岩覆盖（图 3.2-2）。

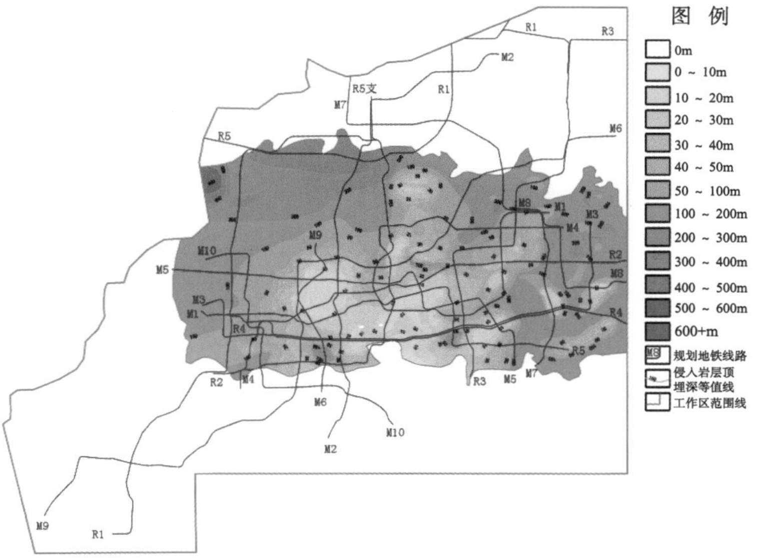

图 3.2-2　市区侵入岩顶板埋深图

根据钻孔资料分析，市区大明湖北白鹤庄 J39 孔深 892.70m，三山子组灰岩顶板埋深 292.12m，其上为岩浆岩，深度 640.10m 以下中寒武系张夏组灰岩在 663.5 ~ 665.0m 和 792.65 ~ 794.35m 裂隙岩溶发育，钻孔长年自流（图 3.2-3）。

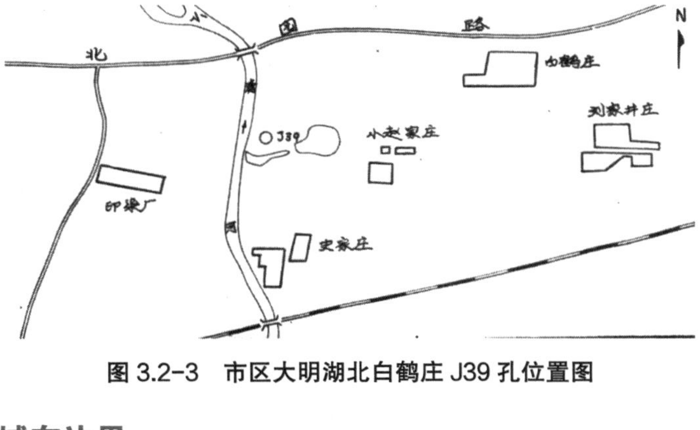

图 3.2-3　市区大明湖北白鹤庄 J39 孔位置图

3.2.3　济南泉域东边界

目前对济南泉域东边界的认识，认为东坞断裂将济南泉域与白泉泉域分为两个相对独立的水文地质单元，形成各自独立的地下水系统。东坞断裂两侧地层岩性、地下水流场、水化学特征均呈现相对独立性。

3.2.3.1　断裂两盘岩性

从断层两侧地层岩性分析，断层东盘老地层向北推（图 3.2-4）。

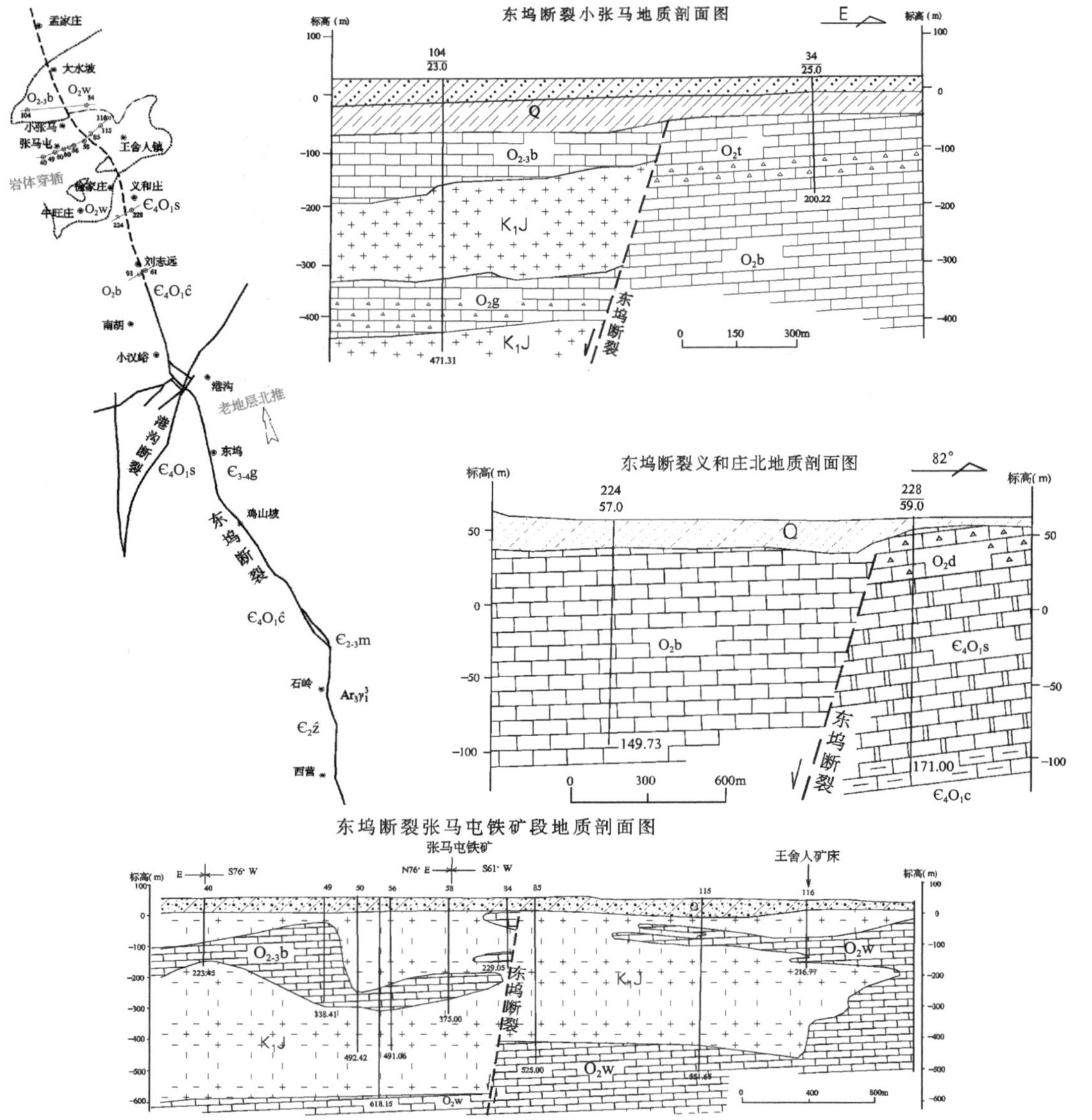

图 3.2-4　东坞断裂分布及两侧岩性对比（将泉水研究里的钻孔资料标记上）

石岭至鸡山坡，断层东盘以崮山组、炒米店组地层为主，在鸡山寨附近有三山子组；西盘以炒米店组和三山子组为主。断距 80 ~ 200m，断层中普遍可见构造角砾岩、平行断层的构造透镜体以及方解石脉和石英石脉等。

鸡山坡村北巷 88 号孔，井深 133.26m，地面至深度 115m 为上寒武系凤山组灰岩，以下至 132.26m 为长山组地层，出水量 55.68m^3/d；断裂西两河大队东 D69 孔，深 489m，0 ~ 38m 为白云质灰岩，至深度 288m 为寒武系长山组，至 350m 为崮山组，以下到深度 489m 为寒武系张夏组灰岩含水层，施工期钻孔自流，出水量 30m^3/h。

鸡山坡—刘志远村区段，鸡山坡向北至港沟镇西 370.7m 高地，断层被第四系覆盖。

在 370.7m 高地东坞断裂被北东向港沟断裂切割，并伴随多条小断层发育，东坞断裂在东坞村东南 135 号孔，深 369.11m，上部为三山子组白云质灰岩，以下为寒武系炒米店组灰岩，成井时出水量 $1200m^3/d$；断裂西的两河村 D69 孔在孔深 360m 以下遇张夏组灰岩含水层，终孔时水位高出地面自流。1989 年 6 月 10 ~ 16 日统测水位 135 号孔水位标高 153.861m，D69 孔水位标高 173.725m，东坞断裂以西的西坞 D4 孔统测水位标高 145.433m 与 135 号孔水位差 8.428m，奚德荫等推断受断层影响两侧地层因岩性差异而隔水。

根据南湖、北湖两村附近四个钻孔资料显示，孔深 200m 左右，灰岩裂隙岩溶不发育，深度 180m 以上中奥陶系灰岩中钻孔内多有火成岩侵入，如 5 ~ 19 号孔在深度 100 ~ 157m 处有三层 1 ~ 5m 厚的辉长岩。该断裂带内可见炒米店组和崮山组薄层灰岩，页岩等受挤压后形成的断层泥和断层角砾岩，与东盘围子山、棉花山分布的地层对比，显示出因两盘地层岩性差异和断裂带的阻水作用。

刘志远—义和庄段，断裂隐伏于地下，依据钻孔资料，刘志远村南断层西盘地层为奥陶系北奄庄组、东黄山组、寒武系炒米店组；东盘地层为寒武系炒米店组、崮山组和张夏组，断距 280m。

义和庄西北断层西盘 A19 孔深 320.13m，第四系厚度 15.37m，以下至 313.69m 为辉长岩，至 320.13m 为矽卡岩；J75 孔为中奥陶系东黄山组、下奥陶系三山子组，寒武系炒米店组。据资料记载（奚德荫、孙斌、秦品瑞等，2017），野外工作期间对断裂两侧的钻孔、农业机井进行多次停水和抽水试验，同时分别观测断裂两盘观测孔的水位变化，皆显示出同一盘的观测孔水位升降与抽水井水位不同，有明显变化，而断裂另一盘观测孔水位未受影响。

义和庄—徐家庄—济南钢厂一段，断层隐伏于第四系下，两盘皆为中奥陶系石灰岩。根据历史资料，1987 年 7 月 23 日在徐家庄西、胶济铁路南东坞断裂西盘济南铁厂和济南炼油厂供水井同时进行了 2h 的停水和抽水试验（水量约 $36900m^3/d$）。与供水井同一盘的圣佛寺 1 号观测井（主井西南 1800m）在主井停抽后水位上升 0.85m，再抽水 2h 水位下降 1.02m。断裂东侧主井正东约 800m 处的铁路供水 5 号井当主井停抽时水位上升 0.359m，抽水后水位下降 0.255m；主井正北约 1100m 处的 7 号观测井在主井停抽后水位上升 0.081m，抽水后水位下降 0.016m。说明此段断裂两盘岩溶水有一定水力联系。从抽水流场分析，西盘岩溶水影响大，范围远，降落漏斗曲线平缓向西南方向扩展，说明抽水时主要补给方向来自西南。而断裂东盘观测孔水位升降影响相对小，降落漏斗曲线紧密且扩展范围较小（图 3.2-5）。在断裂东赵家庄 J106 孔断层破碎带内充填有泥质、黏土质物质等，由此说明东坞断裂在这一段内具有弱透水性质。

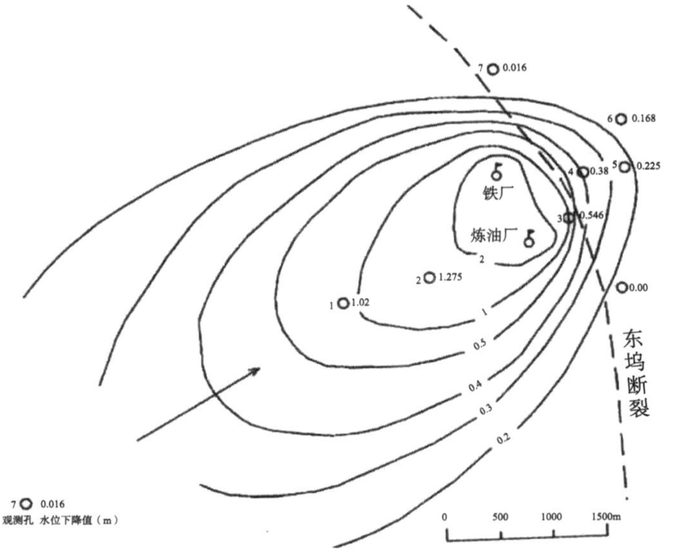

图 3.2–5　济南铁厂、炼油厂水源地抽水 2h 水位下降漏斗图

济南铁厂—大水坡庄段，断裂隐伏于第四系下，根据山东省地矿局第五探矿队的物探资料以及众多钻孔资料，东坞断裂从济南铁厂东侧经郭家庄西、张马屯东、大水坡西，然后向北延伸过黄河。这一段中奥陶系灰岩受厚度较大的火成岩侵入、穿插成多层状，后受东坞断裂切割，两盘地层在水平和垂向分布复杂，地层、岩性差异较大。可分两段介绍。

1. 济南铁厂—宿家张马段

据省冶金勘探公司水文地质队提交的《济南铁矿区张马屯铁矿补充水文地质勘探报告》，张马屯铁矿断层（东坞断裂）将该矿床分为东西两个不连续的矿体，奥陶系灰岩也被分割为互不连接的两部分。西盘三山子组白云质灰岩埋藏于标高 −458 ～ −619m，东盘相对上升，埋藏于标高 −273 ～ −440m 之间，其上部的中奥陶系灰岩被火成岩侵入成夹层状，且断裂两侧互不相连，分析断裂两侧岩性起阻水作用（图 3.2-6）。

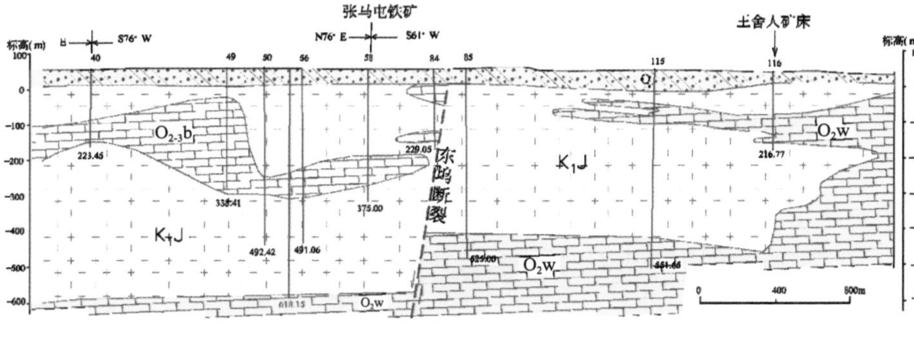

图 3.2–6　东坞断裂张马屯铁矿段地质剖面图

该断层破碎带南部穿过火成岩，角砾成分为火成岩及矽卡岩，胶结物为粉末状矽卡岩及鳞片状绿泥石，富水性弱，透水性差，经钻孔注水试验证明，单位耗水量仅 0.002L/（s·m），渗透系数仅 0.09m/d。根据铁矿资料 −240m 水平运输大巷道穿过该断层，并未发生地下水涌出现象。断层破碎带北部东盘穿过中奥陶系大理岩，角砾成分为大理岩碎块，胶结物为泥质及钙质松软物，富水性弱，透水性差，钻孔单位涌水量 0.198L/（s·m），渗透系数 1.52m/d。

1975 年 9 月 11 日 ~ 10 月 25 日，在矿区 −240m 水平巷道进行坑道放水试验，最大放水量 63842m^3/d，中心孔水位下降 26.53m，中 2 孔下降 27.37m。断层西盘中奥陶系灰岩水位下降明显且下降值大，西面的黄台电厂观测孔相距主孔 2250m，水位下降达 3.5m。断层东盘许多奥陶系灰岩观测孔水位影响甚小或无。从流场分析，地下水主要从西盘的矿区南部和西北方向补给。现该矿在断裂的北、西、南三面进行围幕灌浆处理以堵住地下水流入矿体，矿区东侧以断裂作为天然隔水墙（图 3.2-7）。

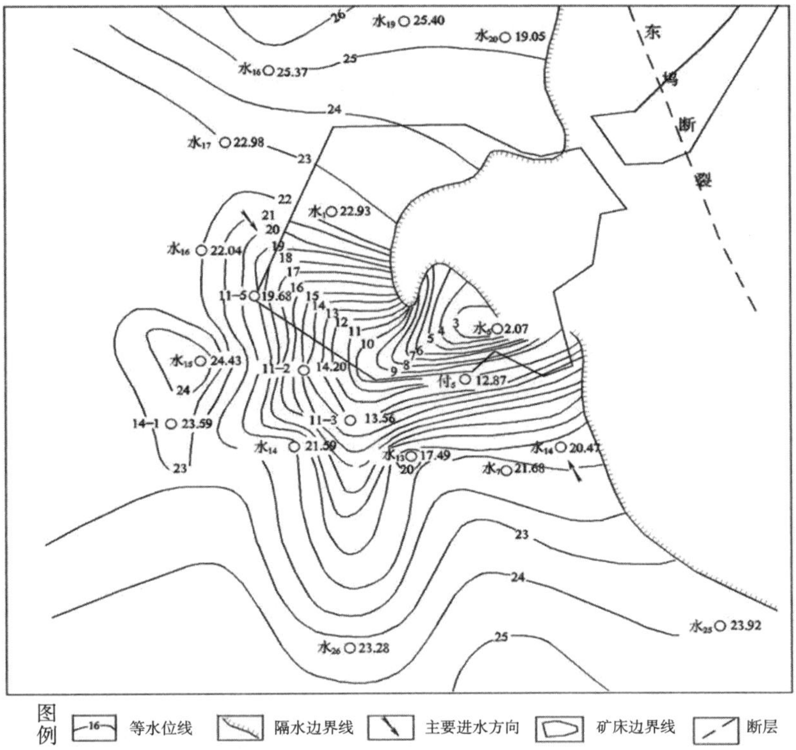

图 3.2-7　张马屯铁矿 4、5、6 硐室 S3 降深开始 30min 等水位线图（1975 年 9 月 11 日）

自 1993 年 3 月 ~ 1995 年 12 月，该矿在勘探 7 线以西完成了北、西、南三面长度 1.46km 的大帷幕，东仍以 F1 断裂为界。现帷幕内排水 4 万 m^3/d，地下水位在 −338 ~ −344m，而 F1 断裂东水位在 26.0 ~ 27.0m，白泉泉水依旧出流。断裂两侧水位差达 300 余米。

在张马屯庄东 20 号钻孔，深 327.67m，0 ~ 42.51m 为第四系，以下至终孔除 164.42 ~ 168.24m，267.36 ~ 287.31m 分别见厚度为 5.82m 和 19.95m 大理岩外，余皆为多层辉长岩及两层磁铁矿。正东相距约 500m 的郭家庄西 30 号钻孔深 399.00m，0 ~ 56.67m 为第四系，至 217.09m 为辉长岩，以下到终孔为中奥陶系灰岩。可见两孔地层受岩浆岩侵入后又经东坞断裂切割，断层两侧岩性差异较大，起到阻水作用（图 3.2-8）。

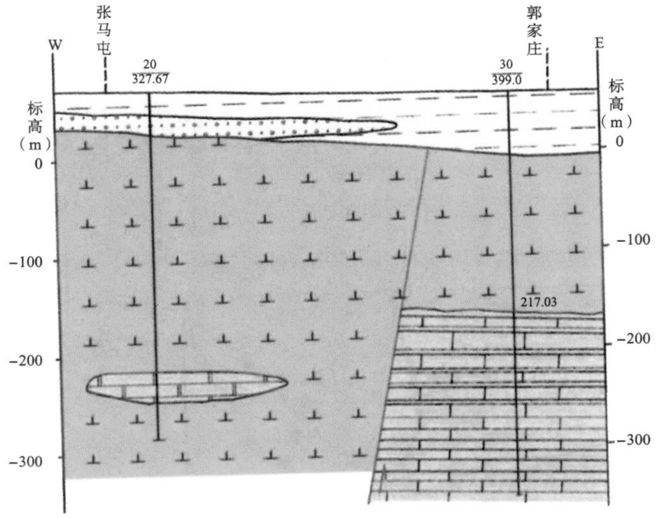

图 3.2-8 东坞断裂两侧岩性图

2. 宿家张马—大水坡段

自宿家张马向北至大水坡，断裂西盘受洪家园岩体影响岩浆岩分布面积广、厚度大。灰岩被岩浆岩多层侵入残存在岩浆岩之内，仅在小张马屯西、陈家张马西及西北有小面积灰岩直接在第四系覆盖之下。根据资料记载，1987 年 4 月 23 日在断裂东侧（白泉泉域）市自来水公司裴家营、杨家屯及冷水沟三水厂供水井进行了一次大型停水及抽水试验，停、抽水量约 90960m^3/d。断裂西侧距主井约 2.5km 处 A3 观测孔（原砌块厂供水井）在停抽 8h 后水位上升 0.296m；断裂东盘与主井中心相距 5.5km 处的刘家庄 5 号观测井 7h 水位上升 0.23m（图 3.2-9）。说明东坞断裂两侧灰岩有水力联系，显示弱透水性。但是，根据已有钻孔资料，断裂以西原砌块厂附近仅有小片奥陶系灰岩分布，该灰岩分布区的北、西、南三面皆被较厚的岩浆岩包围，如 A3 孔北约 800m 处的洪家园南 CK1 孔深 510.35m 未揭穿岩浆岩，在深度 327.65 ~ 452.39m 遇厚度 97.74m 灰岩；其南约 1.2km 处的大辛庄北 A5 孔，孔深 500.36m，于 349.50 ~ 445.12m 见灰岩厚 95.62m。说明这些地区受岩浆岩侵入，灰岩成夹层状存在，它与砌块厂水井含水层性质不同，其间有很厚的岩浆岩阻隔。虽然东郊三水厂抽水、停水试验对砌块厂附近灰岩观测孔水位有一定影响，但因灰岩分布面积小，其影响范围和影响程度受岩浆岩阻隔而较小，断层西其他观测孔如黄台电厂、济南铁厂

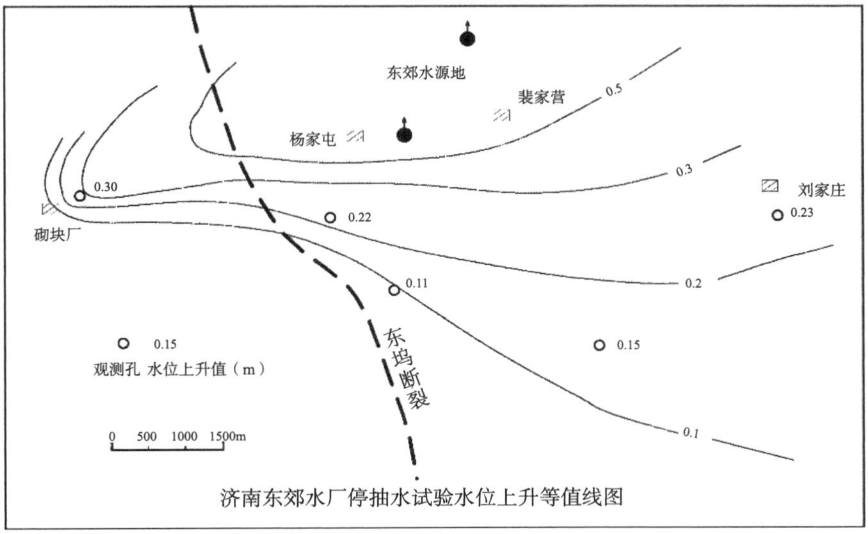

图 3.2-9 济南东郊水厂停抽水试验水位上升等值线图（1987 年 4 月 23 日）

等水源地水位影响不明显。这段一般按相对阻水处理。

大水坡—黄河段，大水坡—田家庄南，断层切割岩体，西盘为很厚的洪家园岩体；东盘岩体厚度较薄，下为中奥陶系灰岩。大水坡庄东 1 号井深 180.50m，0 ~ 78.40m 为第四系，以下为中奥陶系灰岩，施工期钻孔自流，水头高出地面 7.97m。刘姑店庄东南的 L49 孔，孔深 289m，在深度 210m 以下为灰岩，钻孔水位高出地面自流，自流量 720m^3/d，水位标高 23.146m（2013 年 6 月 3 日测）。分析自流原因，除地势较低外，岩溶水运动受西侧东坞断裂及较厚火成岩体阻挡有关。

总体来说，受东坞断裂切割两侧地层及岩性差异明显，部分断裂带有断层泥和断层角砾充填故绝大部分断裂具一定阻水性。刘志远村以南段，东坞断裂东侧寒武系地层与西侧奥陶系地层接触，两侧地层阻水，刘志远村以北，断层两侧均为奥陶系灰岩，但因为有岩体穿插，局部地段（义和庄—济南铁厂段约 3.0km）具弱透水性质。

3.2.3.2 流场分析

从地下水等水位线图分析济南泉域与白泉泉域的水力联系。20 世纪 60 年代，济南地区地下水开发利用程度相对较低，地下水动态受人为因素影响较小，特别是 1960 ~ 1964 年丰水年份的地下水动态能真实反映济南泉域岩溶水的补给条件。1972 年以前泉水常年喷涌，根据 1960 ~ 1972 年典型年份动态分析，无论是地下水位稳定期（1960 年）、高水位期（1963 年），还是水位下降期（1968 ~ 1972 年），济南市区的水位都高于白泉水位和杨家屯水源地一带水位（图 3.2-10）。

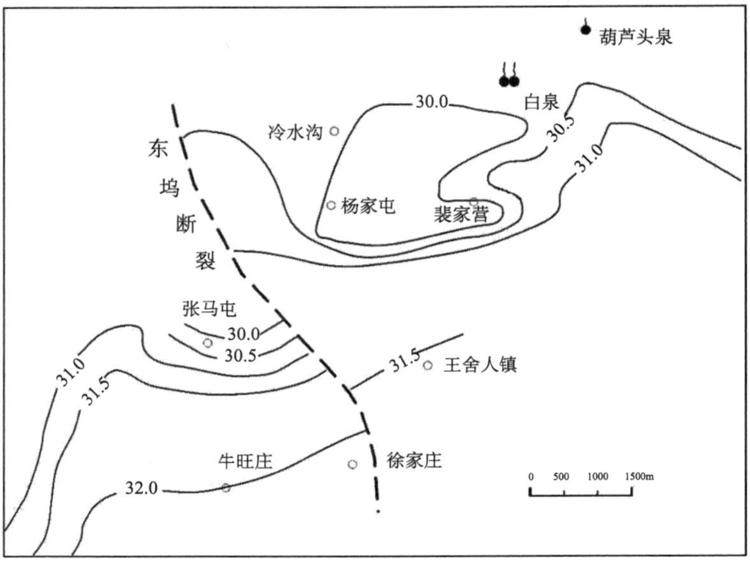

图 3.2-10　1963 年 11 月东坞断裂两侧及附近流场图

对比济南泉域与白泉泉域 1960 年 4 ~ 11 月平均水位，在丰水期、枯水期市区水位均高于杨家屯水位，说明自然状态下东坞断裂具有阻水特征，济南泉域与白泉泉域各有自己的流动系统，水量交换不紧密（图 3.2-11）。

在张马屯矿区一带，深部奥陶系五阳山组灰岩在东坞断裂两侧相互不连续，断层西盘五阳山组灰岩埋藏于标高 −458 ~ −619m 间，断层东盘相对上升，五阳山组灰岩埋藏于标高 −273 ~ −440m 间，从两侧地层结构上，张马屯矿区向北至宿家张马一带仅仅存在深部径流。根据 1975 年 9 月 11 日 ~ 10 月 25 日张马屯矿区 −240m 水平巷道进行的坑道放水试验，最大出量水 63842m^3/d，中心水位下降值为 26.53m，放水试验对断层西侧中奥陶系灰岩水位影响明显，下降值大。黄台电厂水源地观测孔相距约 2250m，水位下降达 3.5m，断层东盘许多岩溶水观测孔的水位影响甚小或无。降落漏斗扩展到断层后不再继续扩展，显示断裂局部阻水作用较明显，矿区地下水主要来源于南部和黄台电厂一带，说明白泉一带是白泉泉域岩溶地下水的主要排泄点，对济南泉域地下水补给有限（图 3.2-7）。

20 世纪 80 年代初，东郊及白泉地段的开采布局基本形成，如 1990 年前后，东坞断裂东侧冷水沟、杨家屯、裴家营、济钢和化肥厂等约 8km^2 范围内，由自来水公司和工业自备水井开采地下水约 26 万 m^3/d，断裂西侧济南铁厂、电厂、炼油厂、二钢、化纤厂、东源水厂、华能路水厂等在约 9km^2 范围内开采水量约 19 万 m^3/d。从后期的等水位线图分析，东坞断裂的阻水作用也很明显，两侧水位存在较大的差异性，断裂西侧水源地附近形成降落漏斗，主要是由于张马屯铁矿排水产生（图 3.2-12、图 3.2-13）。铁矿对断层的阻水起到十分明显的作用。

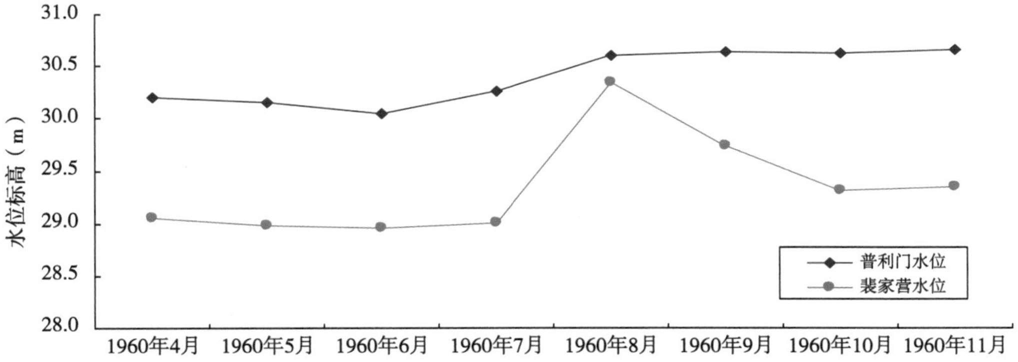

图 3.2-11　1960 年市区与白泉平均水位对比曲线

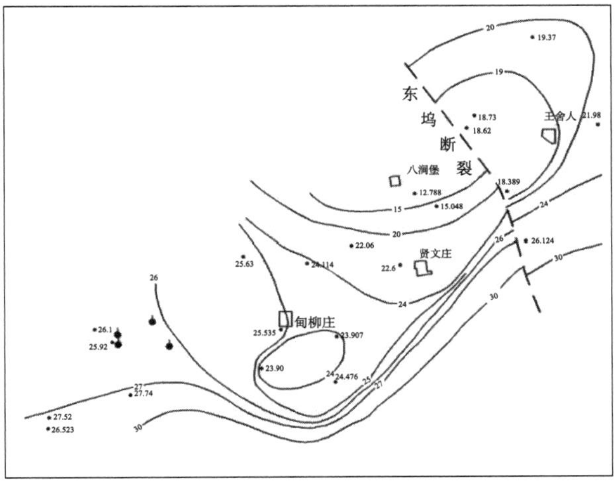

图 3.2-12　1990 年 6 月东坞断裂附近流场图

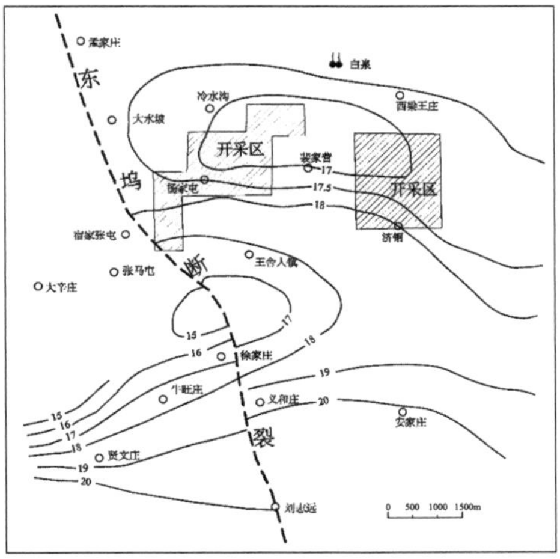

图 3.2-13　2002 年 6 月东坞断裂附近流场图

在强烈的人工干预下，比如大流量抽水、降水等，东坞断裂两侧岩溶水发生一定的水量交换。从抽放水试验资料可以证实，东坞断裂两侧存在一定的水力联系。1987 年 4 月 23 日，位于东坞断裂东侧的济南东郊水厂进行停水试验，停水量 90960m^3/d，停水 8h 的水位恢复等值线越过东坞断裂，西侧观测井水位有所回升（图 3.2-14）。

1987 年 7 月 23 日，位于东坞断裂西侧的济南炼油厂水源地停水后抽水，抽水量 36900m^3/d，抽水 2h 的水位降落漏斗越过东坞断裂，断裂东侧观测井水位下降（图 3.2-15）。

由此说明，东坞断裂整体阻水，局部段具有一定的导水性；自然状态下阻水性明显，在人工开采状态下两侧互相影响。

3.2.3.3　侵入岩体

甸柳庄至东坞断裂之间地质条件极其复杂，一方面，姚家—甸柳庄—七里河—全福庄一带有南北向岩浆岩舌状侵入体，岩体厚度较大，底界埋藏较深。如姚家庄北省印刷物资公司钻孔，岩体底界埋深 296m；七里河东南甸 57 号孔深 320m 未揭穿；十里河西孔

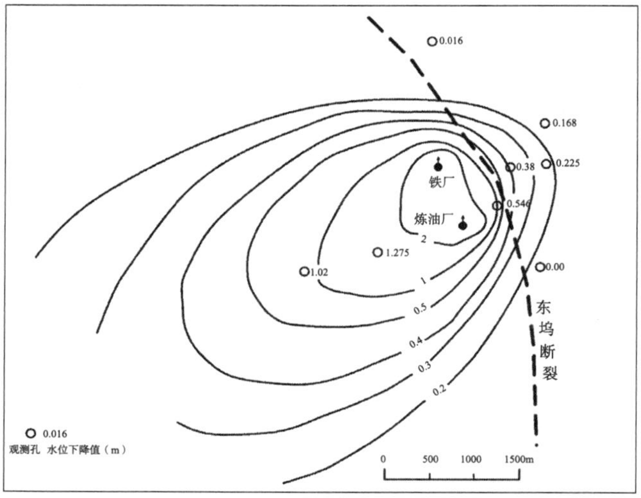

图 3.2-14　济南东郊水厂停抽水试验水位上升等值线图

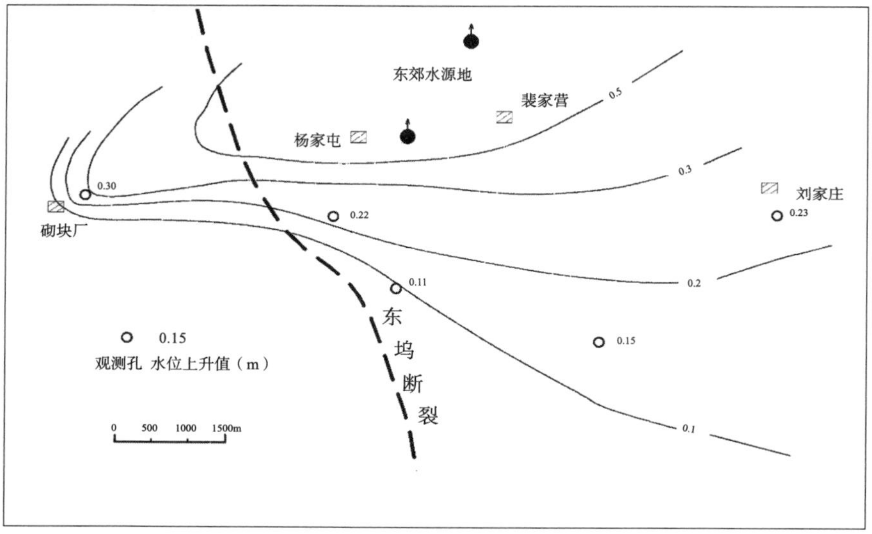

图 3.2-15　济南炼油厂抽水试验水位降深等值线图

深 400m 未揭穿；北部的轻工业学院 1 号孔深 291.36m 也未揭穿岩体；甸北钻孔 490m 未揭穿火成岩。位于全福庄东的 J110 钻孔深 502m，395m 见大理岩，岩心完整，岩溶裂隙也不发育，抽水试验水位下降 63m，涌水量 11.92m^3/d。说明东郊岩体减弱了市区与东郊之间的水力联系。

东坞断裂在徐家庄以北段侵入岩体阻水，把济南泉域与白泉泉域分成两个相对独立的单元。张马屯铁矿北侧、西、南三面帷幕，东侧为侵入岩天然隔水边界，根据 1993 ~ 1996 年及 2007 ~ 2009 年张马屯铁矿西矿体帷幕内外地下水位动态监测，西矿体涌水量长期保持在 38700 ~ 39850m^3/d，目前西矿体内观测 6（位于帷幕内南部）地

下水位标高在 −338 ~ −344m，而距矿体北侧 64 ~ 173m 帷幕外地下水水位标高为 25.84 ~ 27.18m，高于白泉的出流标高。另外，从富水区分布位置来看，白泉泉群以及白泉泉域的富水区均位于铁矿东北 3 ~ 5km 处，说明徐家庄以北断裂两侧水力联系弱。徐家庄以南段由于断裂两侧均为石灰岩，虽然不具备隔水的基本地质条件，但是天然条件下地下水的径流方向自南而北，东西方向的径流条件不明显。

3.2.4 济南泉域西边界

3.2.4.1 地层岩性对比

目前，济南泉域西边界普遍认为是马山断裂，从断层两侧地层岩性分析，断层东盘老地层向北推（图 3.2-16）。马山断裂的东盘古生界地层相对抬升并向北推移约 3km，断裂西盘地层相对南移并下降。受断裂切割两盘地层、岩性存在差异，各段水文地质性质不同。

岗辛附近断层西盘地层为寒武—奥陶系三山子组白云岩，东盘地层为寒武系张夏组灰岩。孙村附近，施工的钻孔 JW01 孔位于马山断裂西侧，长孝水源地勘探孔 CX41 孔位于马山断裂东侧，两孔相距 200m。JW01 孔揭露第四系和新近系地层 95.33m，95.33 ~ 145.27m 为奥陶系马家沟群阁庄组白云质泥质灰岩，145.27 ~ 353.87m 为奥陶系马家沟群五阳山组灰岩；CX41 孔揭露第四系和新近系地层 71.78m，71.78 ~ 103m 为奥陶系马家沟群土峪组白云质泥质灰岩，103 ~ 300.3m 为奥陶系北庵庄组角砾状灰岩。断层垂直断距 300m 左右。

西关西附近，长孝水源地勘探孔 CX14、CX15 孔分别位于马山断裂西、东两侧，两孔相距 585m。CX14 孔揭露第四系和新近系地层 142.85m，148.85 ~ 156.41m 为奥陶系马家沟群阁庄组泥质白云质灰岩，156.41 ~ 300.34m 为马家沟群五阳山组灰岩；CX15 孔揭露第四系和新近系地层 92.32m，93.32 ~ 140.89m 为马家沟群土峪组泥质灰岩，140.89 ~ 300.16m 为马家沟群北庵庄组角砾状灰岩。断层两盘垂直断距 300m 左右。

老屯附近，长孝水源地勘探孔 CX46、CX45 孔分别位于马山断裂西、东两侧，两孔相距 300m。CX46 孔揭露第四系和新近系地层 213.37m，213.37 ~ 257.22m 为奥陶系马家沟群八陡组灰岩，257.22 ~ 337.98m 为马家沟群阁庄组泥质灰岩，337.98 ~ 350.57m 为马家沟群五阳山组灰岩；CX45 孔揭露第四系和新近系地层 153.41m，153.41 ~ 350.25m 为马家沟群五阳山组灰岩。断层两盘垂直断距 310m 左右。

从两侧岩性分析，孙村以南段，由于断层东侧老地层向北推进，致使西侧寒武系地层与东侧奥陶系地层接触，导水性较差。孙村以北段，断层两侧均为奥陶系灰岩，断层为导水断层，但地下水自然流场改变时，两侧将发生水力联系，产生水量交换。

3.2.4.2 流场对比

从地下水等水位线图分析济南泉域与长孝岩溶子系统的水力联系。

1985 年丰水期（10 月 1 日）马山断裂两侧等水位线图上（图 3.2-17），长清以北，马山断裂两侧等水位线相连，且水力梯度一致，水力联系密切；长清以南，马山断裂两侧等水位线发生变异，西侧等水位线稀疏，水力梯度小，地下水径流条件好，富水性强，东侧等水位线密集，水力梯度大，说明地下水径流条件差，富水性弱，两侧水力联系弱，断层产生了一定的阻水作用。

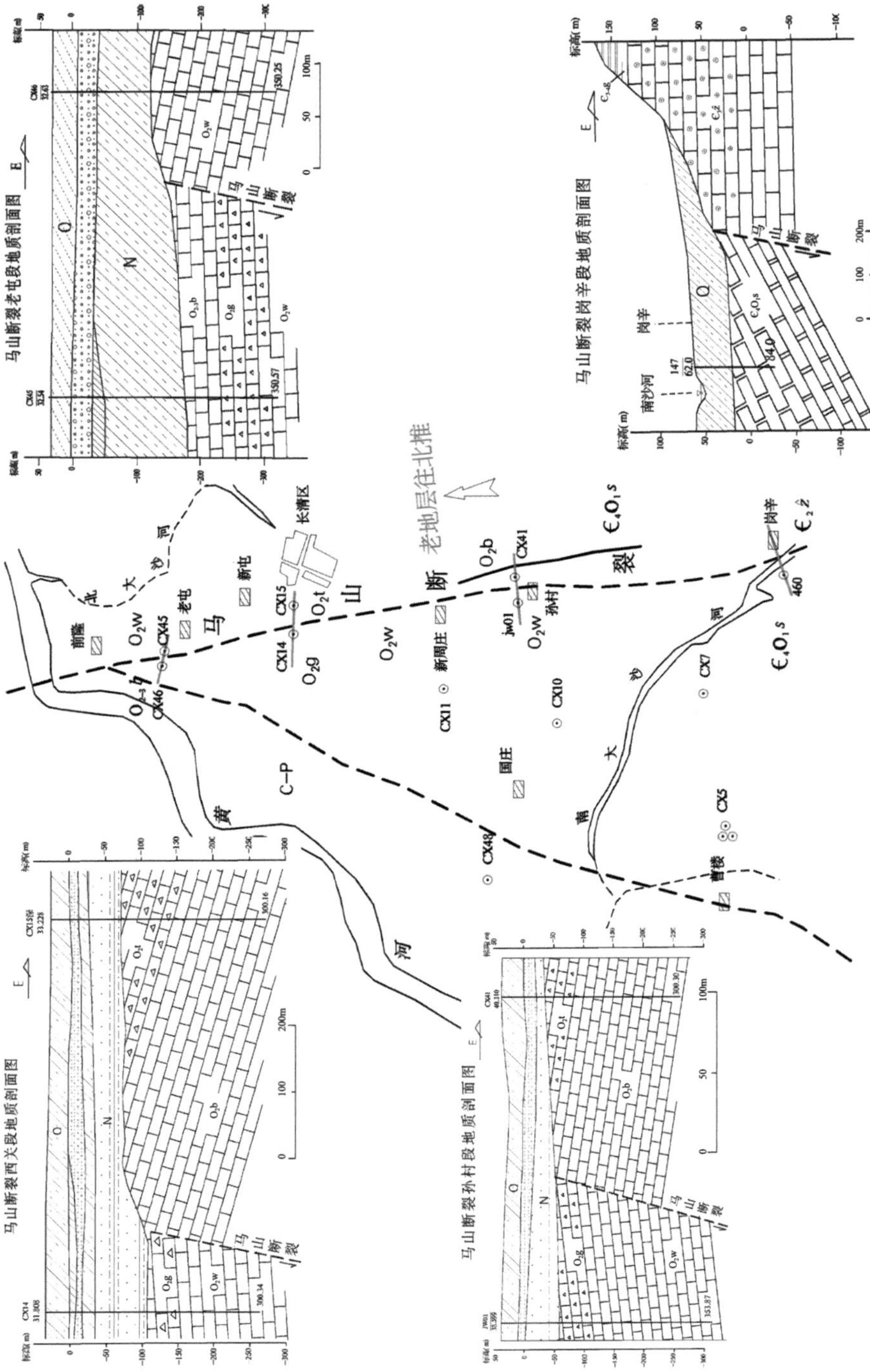

图 3.2-16　马山断裂分布及两侧岩性对比

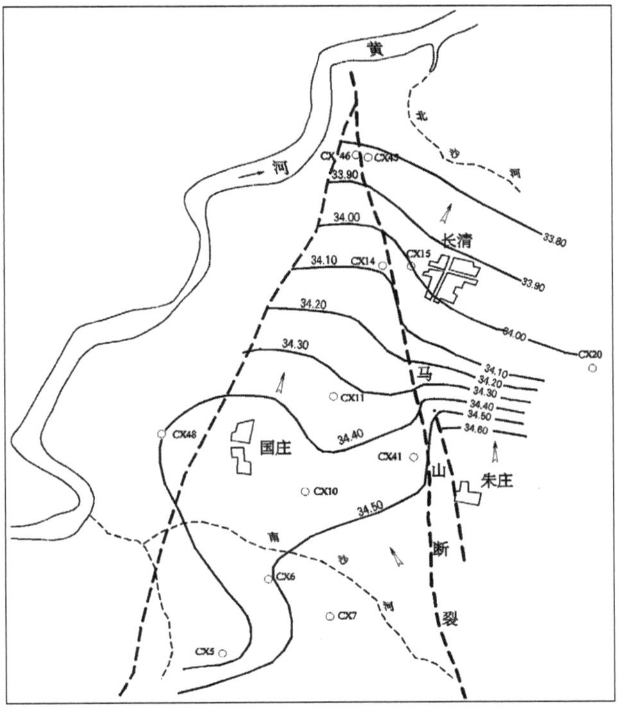

图 3.2-17　1985 年 10 月 1 日马山断裂两侧等水位线图

根据 2011 年 12 月份水位统测资料，绘制了岩溶水等水位线图（图 3.2-18）。从图上可知，在长清以北地区，马山断裂两侧等水位线相连，且两侧水位一致，水力梯度也近似，两侧水力联系密切。长清以南地区，马山断裂两侧等水位线断开，西侧等水位线稀疏，水力梯度小，地下水径流方向为北西向，较 1985 年 10 月 1 日，径流方向有所改变，偏西更加明显，也就是说向黄河西的径流更加明显；东侧等水位线密集，水力梯度大，地下水径流方向为北偏东向，说明马山断裂两侧水力联系变弱，断层产生了一定的阻水作用。

3.2.4.3　抽水试验结果

1986 年济南长孝水源地勘探时，于 1986 年 6 ~ 7 月间进行了为期 44d 的群井抽水试验，抽水量达 $6.41\times10^4m^3/d$，抽水井群位于马山断裂西侧的长孝岩溶水系统内，抽水时间为 6 月 15 日 ~ 7 月 5 日，马山断裂两侧均布置了较多的水位观测孔，与抽水主井进行同步水位观测。6 月 21 日 12：00 抽水试验水位稳定时绘制了抽水试验等降深图（图 3.2-19）。从图中可看出，抽水降落漏斗向西南和东北两个方向发展，西北方向有孝里铺断裂阻水，东南方向的地下水不能越过马山断裂直接补给西侧的地下水，而是向北径流至长清一带，越过马山断裂向抽水井群汇集。这充分说明马山断裂南段具有阻水作用，北段透水性较强。至于漏斗向西南方向的发展较东北方向发展快，并不能说明马山断裂北段透水性不强，只能说明西南方向是主要来水方向，因为南部山区本身就是地下水的补给区。

1986 年 7 月 5 日 10 点，停止抽水，进入水位恢复观测阶段，上午 11：30 分在停抽 1.5h 后，

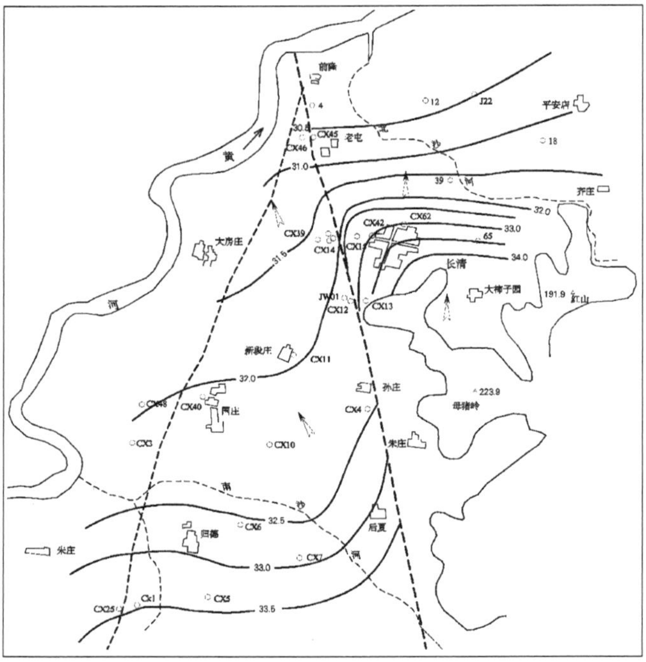

图 3.2-18　2011 年 12 月 5 日马山断裂两侧等水位线图

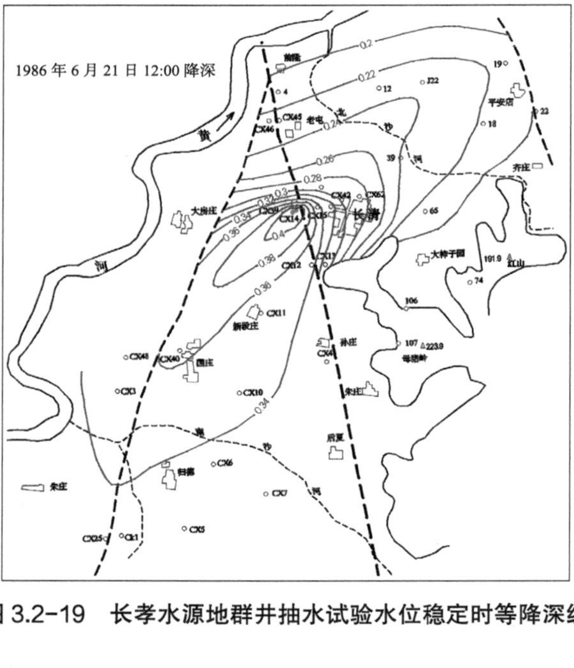

图 3.2-19　长孝水源地群井抽水试验水位稳定时等降深线

各观测点水位均有恢复。从水位恢复等值线可看出，西南方向和东北方向水位恢复反应快，恢复值较大，恢复水位 0.02m 等值线西南到达曹楼，东北到达王宿铺（图 3.2-20）。同样说明马山断裂南段具有阻水作用，北段透水性较强。

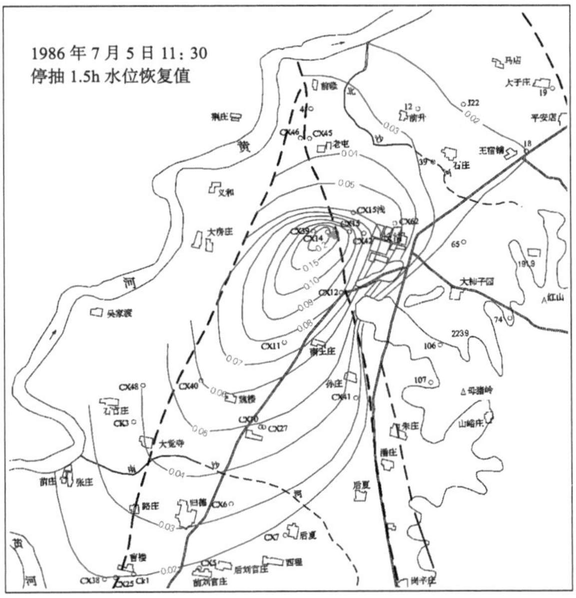

图 3.2-20　长孝水源地群井抽水试验停抽 1.5h 后水位恢复等值线

2003 年 6 月济西水源地（古城水源地、桥子李水源地、冷庄水源地）开展大抽水试验，开采量达到 $32\times10^4m^3/d$。试验前马山断裂两侧岩溶水观测孔水位降幅小于 3cm/d；试验开始后，降幅明显加大，断裂两侧观测孔水位同步下降。6 月 6 ~ 12 日，东侧 CX46 孔水位降幅 14.3cm/d，西侧 CX45 孔水位降幅 14.8cm/d。7 月 5 日以来济南地区降水量增加，引起水位回升，至 7 月 26 日，CX45 与 CX46 孔升幅分别为 3.81cm/d 和 3.86cm/d，断裂两侧观测孔水位升速相同。7 月 26 日，古城和冷庄停抽 2h 后，CX46 孔水位上升 2cm，CX45 孔水位上升 2.6cm。通过长期监测，断层西盘 CX46 孔和东盘 CX45 观测孔，其水位和动态变化基本一致，如图 3.2-21 所示。由此说明，马山断裂北段透水性较强。

2012 年 2 月，利用新施工的水文地质钻孔 JW01 与已有的钻孔 SD234（CX41）开展对孔抽水试验，两侧水位同步变化（图 3.2-22）。

2012 年 6 月 3 日 ~ 6 月 20 日 10:00，长清曹楼井组抽水历时 17d。曹楼井组包括 1 号、2 号、3 号、4 号四眼抽水主井，抽水总流量为 $4.5\times10^4m^3/d$，抽水 15min 后，主井水位基本稳定，水位降深 2.27 ~ 3.08m；6 月 20 日 10：00 停泵，停泵 3min 后，主井水位基本稳定，停泵 30min 后，主井水位稳定，水位升幅 1.99 ~ 2.81m。开采漏斗没有越过马山断裂，由于时间较短，尚未暴露边界条件。

由此可以得出：马山断裂自孙村以北断层两侧导水性较强，自然状态下，两侧地下水在各自系统由南向北径流，不发生水量交换；人工干预下，两侧地下水力联系较强。

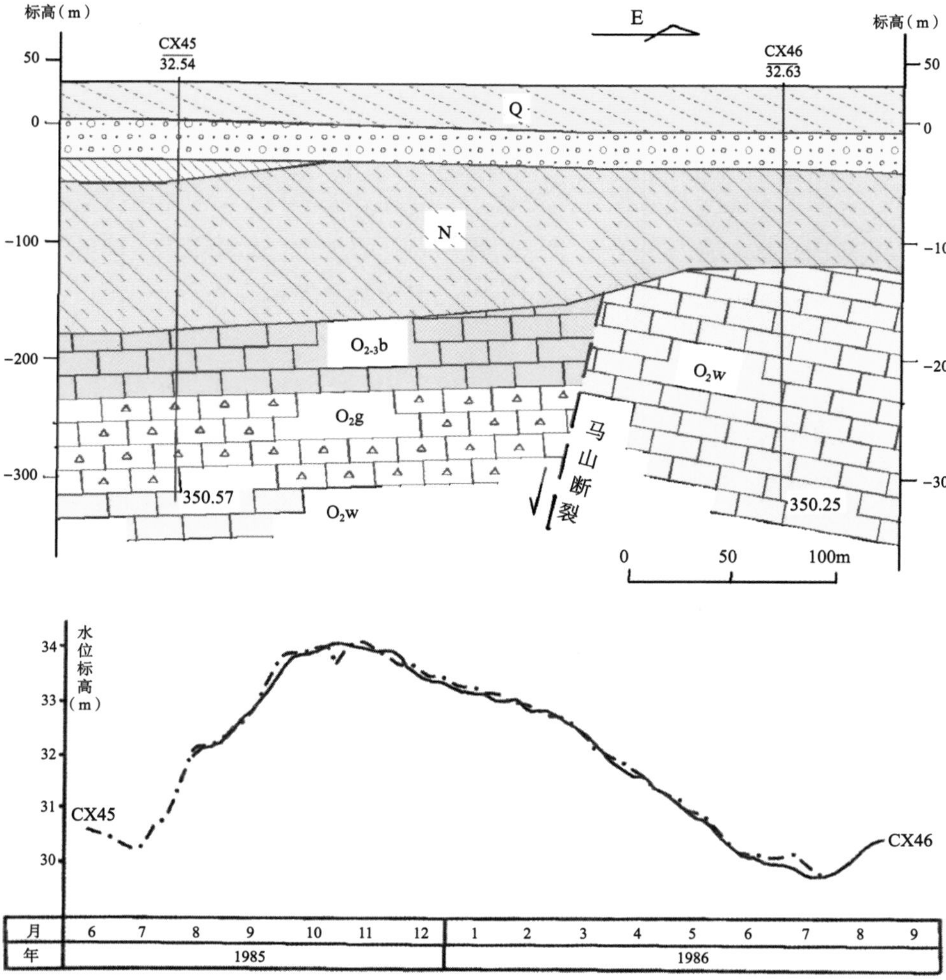

图 3.2-21　断层西盘和东盘地层及水位动态变化

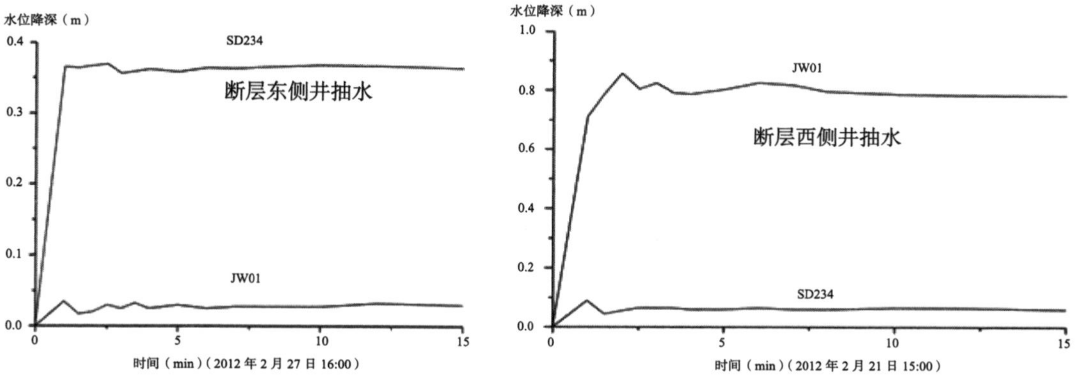

图 3.2-22　马山断裂两侧对孔抽水试验水位变化图

3.3 小结

岩溶化造成济南泉域介质条件的高度非均质性和各向异性，介质特征的复杂性造成地下水流流态的多样性。针对济南泉域的边界问题，有关部门、专家对济南泉水的补给来源、泉域范围等仍没有统一认识，尤其是对边界及各水源地开采对泉水影响上认识存在分歧。

通过上述对传统泉域边界的分析可知，各边界均与外部存在一定的联系，从系统理论分析，绝对的边界或许是不存在的。

第 4 章

泉水主通道

地形和岩体的分布基本决定了岩溶水流场的总体特征。济南地形西南部、东南部高中北部低，使核心区岩溶水总体由南向北、由西南向东北、由东南向西北径流。千佛山断裂以西和文化桥断裂以东地区，奥陶系碳酸盐岩基本被侵入岩体覆盖，两条断裂之间，东南部无侵入岩体覆盖，在黑虎泉和趵突泉泉群出露区周围，有两个无岩体覆盖区，向北岩体厚度变化较大但总体有逐渐增大的趋势，岩溶水受岩体阻挡向北径流受阻，在地势低洼处和岩体薄弱处出露成泉。

岩溶发育是泉域形成通道的重要因素，也是济南地区降水转化为地表水后对岩溶水补给的重要通道。济南南部山区碳酸盐岩裸露，裂隙发育，降水及表流迅速渗入地下，在一定深度内形成常年地下径流，并在汇流区形成地下岩溶较发育的地带，在岩性、构造、地形合适的部位集中喷涌而出形成济南泉群。

4.1 岩溶地层的发育特征

济南地区岩溶广泛发育，这是市区内泉水广泛出露和持续喷涌的必要条件。济南泉水出露核心区由经十路、历山路、大明湖路、顺河高架围成趵突泉、黑虎泉、珍珠泉、五龙潭四大泉群集中出露的区域，地下岩溶特别发育，溶洞直径以几厘米到数米为主，而且连通性良好，在市区形成了以溶隙、溶蚀洞穴为主和少量管道型溶蚀通道组成的网络状蓄水体系，由于岩溶含水层厚度巨大，岩溶水汇入市区，犹如进入一个巨大的“地下水库”，“地下水库”内，岩溶水水位标高接近，随地形变化较小，自文化路至泉城路，岩溶水水位几乎为一平盘。

泉水出露区的水位观测资料可以证实这一点。文化西路上的S6和S5两个水文孔，S6孔位于顺河高架附近，水位埋深5.768m，水位标高28.740m，S5孔位于千佛山路与历山路中间部位，水位埋深24.565m，水位标高28.790m，两者埋深相差18.797m，而水位标高相差仅0.05m，几乎一致。可见，由于岩溶发育，连通性良好，核心区内的水位几乎处于平盘状态。

4.1.1 基本特征

济南地区碳酸盐岩广泛分布，根据地表调查及钻探资料的分析，岩溶发育具明显的水平分带和垂直分带，并有以下主要特点：地表岩溶不甚发育，地下岩溶相对发育，形成了广泛分布的秃山、干谷、溶沟、溶槽、大泉等。

济南岩溶发育受到地质构造的控制作用。大型断裂本身不发育岩溶，但断裂影响带对岩溶发育有较大影响，影响带周边的局部小型褶曲的轴部是岩溶易发育的部位。断裂构造对岩溶发育的控制作用主要反映在两个方面：一是区域缓倾单斜构造控制了可溶岩层的空间展布，从而控制了本区岩溶的总体分布和发育方向；二是区域性节理和断裂分割后的各断块水文地质条件控制了地表或地下岩溶在不同地段的发育程度和发育方向。

济南地区在气候上属于寒温带、亚干旱岩溶区，气候上除 6、7、8 三个月炎热多雨外，其他季节降雨很少，一年中大部分月份干旱少雨，而且山区土壤植被稀少，缺少表流的经常性洗溶。因此，地表岩溶仅在灰岩顺层缓坡地带有局部片状石芽、溶沟岩溶景观。此外，在灰岩陡坡的不同高程，可见部分古代岩溶遗留的干溶洞。这些洞口位置都在当地排泄基准面以上，海拔介于 300 ~ 750m。与南方热带湿润多雨的气候条件下所形成的洞穴相比较，规模较小、长度大多不足千米，洞体形态较为简单，多呈单一管道状，洞内沉积物一般不太发育。

图 4.1-1 济南南部山区典型溶洞

在经十路与凤山路交叉口，英雄山路与南二环路交叉口南部发现大型灰岩溶洞，如图 4.1-1 所示。发育特点主要是形成于石灰岩中，因重力作用溶洞中一般都有粉质黏土或黏土充填，充填程度一般。较大型溶洞一般是由地质构造产生断裂，再在地下水的作用下对断裂侧壁进行侵蚀，使断裂的空间加大，逐渐形成溶洞。

在经十路与历山路交叉口北部地区、工业北路（零点高架桥段）、经十一路东段发现区域性的密集溶洞发育区。通过现场钻探施工时的漏浆量、岩芯采取率以及岩芯照片，可以推测出该区的岩溶发育比较集中，岩芯溶蚀比较严重。具体描述如下：在解放桥附近的钻孔揭露出了直径超过 2m 的溶洞；历山路段共布置钻孔 15 个，均出现明显的掉钻、卡钻、漏浆不止的现象，且其岩溶发育部分的岩芯采取率低下，可以看出该区域的岩溶很发育，如图 4.1-2 所示。

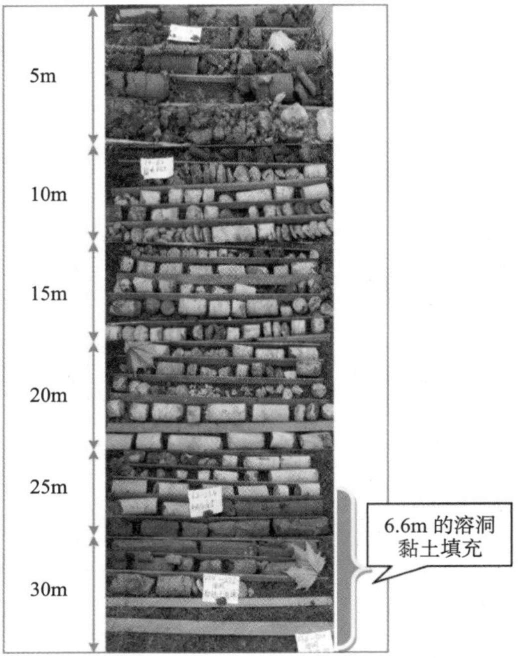

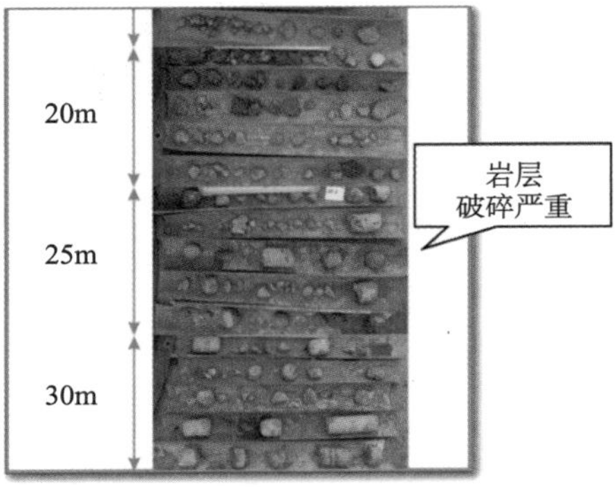

图 4.1-2　历山路钻孔岩样

碳酸盐岩集中分布在寒武系及奥陶系地层中，由南向北依次出露。寒武系碳酸盐岩以裸露型为主，奥陶系碳酸盐岩则由裸露型逐渐过渡为隐伏于第四系之下。碳酸盐类岩石矿物成分和化学成分是决定岩溶发育程度的基础条件之一。研究区内碳酸盐类岩石矿物成分以方解石、白云石为主，化学成分以 CaO、MgO 为主，由于区内碳酸盐类岩石的地质年代不同，沉积环境不同，所以各层碳酸盐类岩石的化学成分、结构和构造均有一定的差异，详见表 4.1-1。

4.1.2　层状特征

济南地区岩溶发育的碳酸盐岩层，形成于不同的地质年代和不同的沉积环境，它们的化学成分、矿物成分、结构、构造有一定的差异，因此，它们的岩溶特点及岩溶分布发育程度也不尽相同。

寒武系凤山组—奥陶系八陡组主要岩石类型化学成分表　　表 4.1-1

层位	岩石名称	化学成分（%）					备 注
		烧失量	CaO	MgO	SiO_3	酸不溶物	
O_3b	泥晶灰岩	41.82	53.84	1.01	2.05	2.72	豹斑灰岩中仅分析非豹斑部分的成分
	结晶灰岩	41.84	49.56	2.50	4.35	6.52	
	豹斑灰岩	43.06	52.28	2.75	1.25	2.10	
	白云岩类	44.17	42.43	11.94	1.31	1.92	
O_3b	灰岩及白云质灰岩	42.59	47.82	5.51	3.30	4.69	
O_1m^4	泥晶灰岩	42.90	52.91	1.66	1.96	2.72	豹斑灰岩中仅分析非豹斑部分的成分
	豹斑灰岩	42.78	51.99	2.00	2.49	3.29	
	白云岩类	42.81	37.37	13.93	5.45	6.09	
O_1m^3	灰岩及白云质灰岩	42.88	47.71	5.53	3.19	4.49	
O_1m^3	泥晶岩	42.24	52.97	0.82	3.13	4.20	豹斑灰岩中仅分析非豹斑部分的成分
	豹斑灰岩	42.78	51.73	2.86	2.41	3.00	
	白云岩类	42.12	41.62	10.29	4.66	6.25	
O_1m^1	白云质含泥灰岩夹角砾岩	37.45	38.44	9.03	11.93	15.86	
O_1l	含燧石结核白云岩	43.90	40.84	10.86	4.34	4.56	不包含燧石结核
O_1y	白云岩	40.17	29.44	15	11.84	15.22	有三层含泥较高的白云岩
$\in_3f$	豹斑灰岩类	42.08	50.08	2.9	3.62	4.97	

由于岩性与层位密切相关，岩溶发育具有一定的层状特点，例如：张夏组基本上是巨厚鲕状灰岩组成，成为单独的岩溶较发育的层状溶蚀孔洞—溶隙网络系统，而寒武系凤山组到奥陶系中统八陡组，岩性组成比较复杂多样，虽在岩溶发育上互相有联系，但各层均有自己的特点，其中泥晶灰岩和豹斑灰岩以相对均匀性略差的宽溶隙系统为主，白云岩类及角砾岩类则以较均匀的层状溶孔及小型孔洞为主。其间又间隔一些岩溶不甚发育的层位。如冶里组和马家沟组一段岩层含泥多而岩溶不甚发育。

南部山区为济南泉水的补给径流区，地表基岩裸露，接受降雨及地表径流的补给。在深部又存在层状非均匀的地下溶隙—溶孔径流，径流的方向主要是南北向及北西向，如图 4.1-3 所示。

济南市区为泉水的汇流、排泄区，该区域为山前平原地貌区，南高北低分布的地形以及北西向分布的断裂带导致岩溶径流在市区汇流后形成了近东西向径流带，如图 4.1-4 所示，岩溶发育比较均匀，形成网络孔洞系统，具有统一平缓的岩溶水面，尤其以火成岩接触带附近及大泉排泄区附近更为发育。此区在垂直分带上无地表的垂直岩溶带，而主要受径流交替积极程度控制，可分为溶蚀孔洞及宽溶隙组成的强岩溶带、以溶孔、窄溶隙组成的中—弱岩溶带以及弱岩溶带三种。

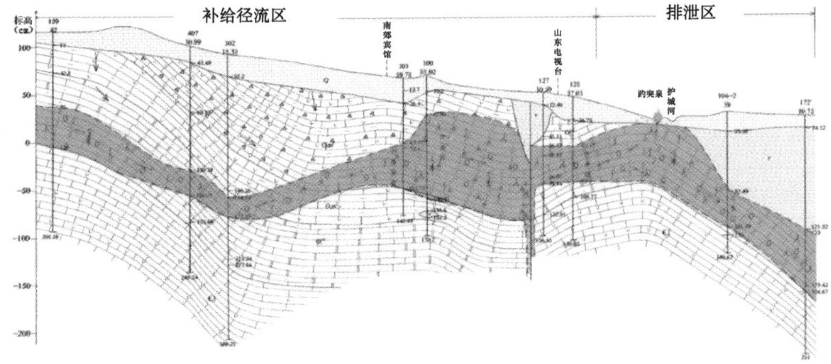

图 4.1-3　南北向剖面揭露的层状岩溶发育区

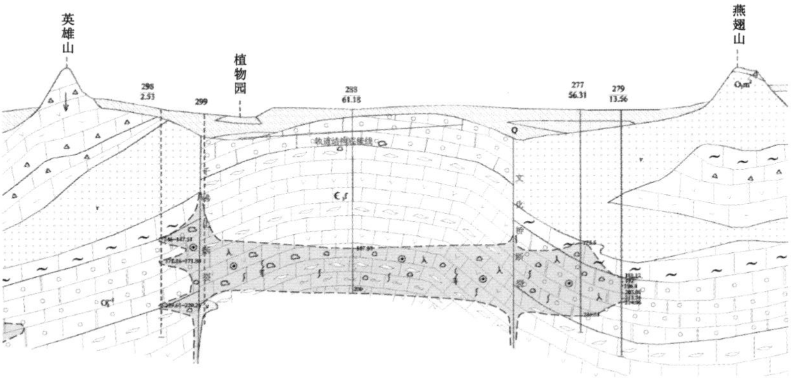

图 4.1-4　东西向剖面揭露的层状岩溶发育区

4.1.3　地表及垂直岩溶发育带

地表及垂直岩溶带是地下水面以上到地表，地表水（水面有 5 ~ 20m 的高度波动），以渗入水形成的垂直溶孔、溶洞、溶隙为主，深度约在地表以下 30 ~ 50m，该区段岩溶的发育形态还有地表的溶沟、石芽、古溶蚀洼地等。

垂直向分布的裂隙、溶孔、溶洞与地表岩溶沟通，成为大气降水或地表水渗透的垂直通道。垂直带的分布深度随地形、地下水位埋深而不同。南部山区地势高、地下水位埋藏深，岩溶发育垂直带深度区间为地下 30 ~ 100m，向北随地形逐渐低缓，地下水位埋藏变浅，垂直带深度为 10 ~ 30m。

在市区多个地质钻孔显示，在 0 ~ 10m 深度发现裂隙发育点 19 处，其发育形态以裂隙为主，裂隙尺寸在 30 ~ 50mm，其中在五里山路与英雄山路交叉口发现 0.7m 溶洞一处；10 ~ 20m 深度发现岩溶发育点 19 处，裂隙发育点 20 处，其发育形态主要是岩溶和裂隙，岩溶裂隙尺寸在 10 ~ 100mm，其中较大溶洞主要存在于山东大学门口西侧、舜耕路、山东电视台西侧等位置（表 4.1-2）；20 ~ 30m 深度发现裂隙发育点 57 处，其发育形态以裂隙为主，裂隙尺寸在 10 ~ 200mm，其中在凤凰路与经十路交叉口分布有历次勘察研究工作发现的最大溶洞，山东师范大学附中西邻也发现一处 0.7m 溶洞；30 ~ 50m 深度发现裂隙发育点 11 处，其发育形态以裂隙为主，裂隙尺寸在 10 ~ 60mm，其中大型溶洞主要在山东师范大学附中西邻和杨庄庄北。

济南市区深度 10 ~ 20m 范围内的溶洞发育分布情况 表 4.1-2

地理位置		发育状态
M1-040	舜耕路	溶洞
M1-041	山东大学门口西侧	溶洞
M1-075	经十东路	溶洞
M5-048	历山路与和平路东南角	溶洞
M5-051	历山路与和平路南 30m	溶洞
M5-056	经十路与历山路交叉口北	溶洞
M5-057	经十路与历山路交叉口北 250m	溶洞
1-082	凤凰路与经十路南侧	溶洞
1-085	经十东路	溶洞
2-056	五里山路与英雄山路交叉口	溶洞
3-043	山东电视台西侧	溶洞
3-049	山东大学门口西侧	溶洞
4-033	泺源大街与历山路南侧	溶洞
4-036	山东师范大学附中西邻	溶洞

综合分析可以看出，济南市区的岩溶裂隙垂直分布主要在 10 ~ 30m 深度范围（表 4.1-3），其主要成分是白云质灰岩和鲕状灰岩。

济南市区岩溶垂直分布特征 表 4.1-3

垂直分布特征统计			
垂直孔深	分布数量	溶洞或裂隙尺寸范围	备注（岩溶发育突出点）
0 ~ 10m	19	30 ~ 50mm	700mm 溶洞一处，位于五里山路与英雄山路交叉口
10 ~ 20m	39	10 ~ 100mm	溶洞发育 14 处，其溶洞尺寸在 0.1 ~ 4.4m 范围内
20 ~ 30m	57	10 ~ 200mm	凤凰路与经十路交叉口发现 6.6m 溶洞，黏土填充 4m
30 ~ 50m	11	10 ~ 60mm	杨庄庄北和山东师范大学附中西邻发现 700mm 溶洞

4.1.4 分带和水平分带特征

水平岩溶带以溶孔、溶隙及小型孔洞的脉状似层状分布为特征，其深度在厚层灰岩分布区约为地表以下 200 余米，在断裂带附近可达 400m 左右，在灰岩与弱溶性岩层交界处则以弱溶性岩层的顶面为界。

水平岩溶发育带以溶蚀裂隙、蜂窝状溶孔、晶孔和溶洞为主，并且在地下一定深度上呈现出层状和脉状的分布规律。从南部山区的岩溶水补给区到市区岩溶水的汇集排泄区，岩溶发育规律由弱到强，构成地下复杂的溶蚀裂隙—孔洞—管道的网络系统。在岩浆岩和灰岩接触带以及泉水排泄区附近岩溶最为发育，溶蚀孔洞及宽溶隙组成了岩溶强发育带。如市区红墙街Ⅱ 4孔，孔深99.25m，在23.47 ~ 84.4m有岩溶发育，其中63.20 ~ 64.80m、66.45 ~ 69.39m分别遇到1.6m和2.3m溶洞；普利门原教师进修学院（现市供水集团公司）C23孔，孔深77.5 ~ 114.95m间发育16 ~ 50cm溶洞多个，最大的溶洞1.2m。

根据对200个钻孔资料的统计分析可知，地下深部的岩溶发育带可划分为强、中、弱三带。强岩溶发育深度一般在标高 −150m左右，标高 −150 ~ −450m为岩溶中等发育带，标高 −450 ~ −750m为岩溶弱发育带。

强岩溶发育尤其以 +50 ~ −100m溶洞最发育，可能是由于地下水交替循环强烈等原因，市区岩溶水汇集排泄区和各水源地钻孔大多在此深度内揭露岩溶发育段。如西郊大杨庄水厂附近的钻孔，在孔深77.35 ~ 78.85m，溶蚀裂隙长1.4m，宽0.3m；孔深98.17 ~ 100.74m，裂隙长0.5m，壁上发育有溶孔；孔深150.52 ~ 169.78m，有三段岩溶发育。

标高 −150 ~ −450m为岩溶中等发育带，如造纸厂西货场Z9孔深度470.72 ~ 550.65m，裂隙岩溶发育；北郊原成通纱厂家属院内Z20孔深383.58 ~ 400.21m，大理岩岩溶发育，施工期钻孔自流水头高出地面5.55m；冷水沟村西北2号孔，孔深473 ~ 579.6m处，线岩溶率达20%。

标高 −450 ~ −750m为岩溶弱发育带，一些深孔仍可见到岩溶发育，如大明湖北白鹤庄J39孔，孔深892.70m，在深度663.50 ~ 665.0m和792.65 ~ 794.35m岩溶发育；西郊老楼子村J65孔，孔深750.18m，深部中奥陶系灰岩岩溶发育；北郊新世纪广场1号孔，孔深650m，深度407 ~ 600m大理岩岩溶发育，钻孔自流，水头高出地面1.28m。

通过钻孔资料的统计分析可知，岩溶最易发育的岩性是鲕粒灰岩，其次为泥晶质灰岩、豹斑状灰岩、白云质灰岩以及大理岩。发育的地层层位是中寒武系张夏组，上寒武系炒米店组和下奥陶系系三山子组以及中奥陶系北庵庄组、五阳山组和上奥陶系八陡组。各层地下岩溶发育的特征如下：

（1）早奥陶世晚期亮甲山组地层岩溶较发育，市区的钻孔在该层中每孔均见有溶隙、孔洞和小型洞穴，钻孔出水量均较大，显示其有层状较均匀发育的特点，详见表4.1-4。

市区亮甲山组地下岩溶发育特征　　表4.1-4

位置	地层	地下岩溶发育情况	孔口标高
山东省贸易职工医院	O_1l	地表下52.18 ~ 89.12m段发育密集溶孔，空洞洞径20 ~ 60cm，承压岩溶水	48.29m
山东省工学院	O_1l	地下59m处见孔洞，直径1 ~ 10cm，洞内有红色黏土	57.20m
卫生干校	O_1l	5m处见大量溶孔，孔径1 ~ 4cm，20m处见10cm溶洞，24 ~ 28m岩心破碎漏水严重	74.91m

续表

位置	地层	地下岩溶发育情况	孔口标高
山东合作干校	O_1l	地下 43 ~ 57m 处，孔洞特别发育，直径均为 10 ~ 30cm	42.51m
五大牧场水厂	O_1l	地下 27m 处有数个溶洞，洞径 1.5m，可探长度 10 余米	55m
党家庄 δ2-1、δ2-2、δ2-3	O_1l	钻孔打到 O_1l 后蜂窝状溶蚀剧烈，孔洞最大直径 0.46m，有裂隙但裂隙溶蚀不明显	—

（2）马家沟群中上部（土峪组、五阳山组、阁庄组和八陡组）的地下岩溶形态主要为溶孔、溶隙和孔洞，在统计的 181 个钻孔中有 30 个钻孔揭露了明确的溶洞，直径大于 20cm 的溶洞绝大部分位于深度 200m 范围内，在深度 200 ~ 460m 深度内尚可见一定数量的溶洞，个别钻孔在深度 550m 左右见 20 ~ 40cm 的溶洞，详见表 4.1-5。按标高统计成果，如图 4.1-5 所示，−150m 以上溶洞占 68%，−150 ~ −450m 占 30%，−450m 以下仅占 2%，因此，地下 200m 或 −150m 标高以上为强发育带，−150 ~ −350m 之间为中等发育带，−350 ~ −550m 为弱发育带。

（3）中寒武系上部张夏组灰岩地表溶蚀和地下岩溶均非常发育，钻孔均见到较发育的溶孔与溶槽，在深度 200 ~ 500m 内大部分可见溶洞。张夏组岩溶发育大都分布在顶部、上部及底部，有一定的成层性。张夏组顶部和底部分别为相对隔水的寒武系崮山组页岩和寒武系馒头组页岩，因此巨厚的张夏组鲕粒灰岩构成了单独发育的层状孔洞—裂隙网络系统，如表 4.1-6 所示。

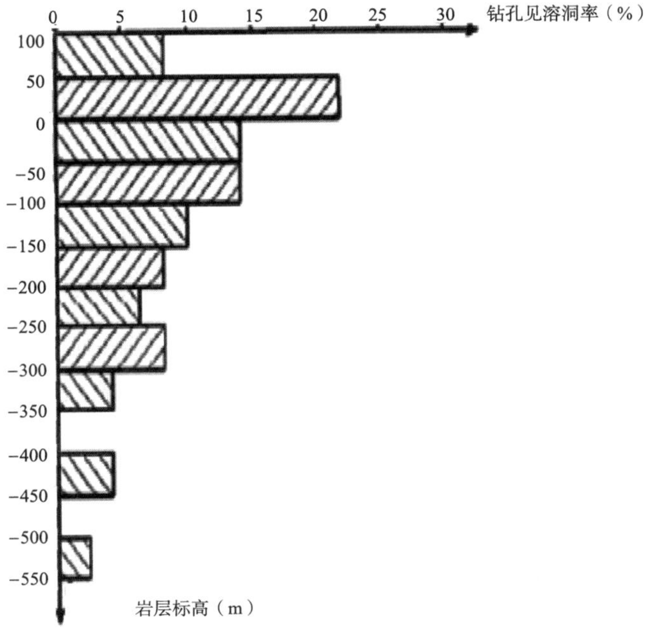

图 4.1-5 钻孔见溶洞与标高关系图

马家沟群中上部地层地下溶洞统计表（d>20cm） 表 4.1-5

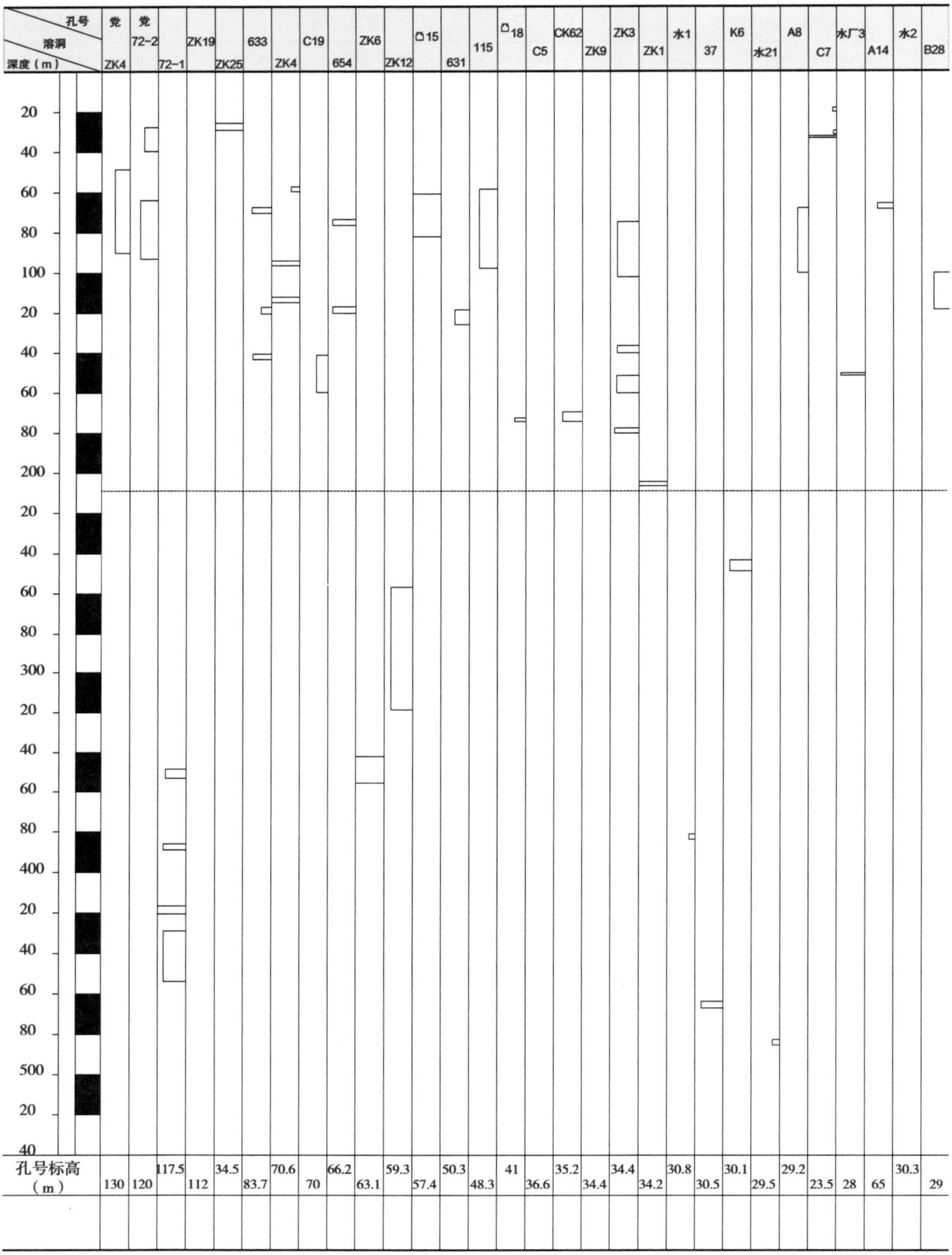

注：1. 纵向表示见溶洞段的起止深度。

2. 表内每一格内表示孔洞直径，分四级：d > 100cm 划满格；60cm < d < 100cm 划 4/3 格；40cm < d < 60cm 划 2/1 格；d < 40cm 划 4/1 格。

寒武系张夏组地下岩溶统计示意表　　　表 4.1-6

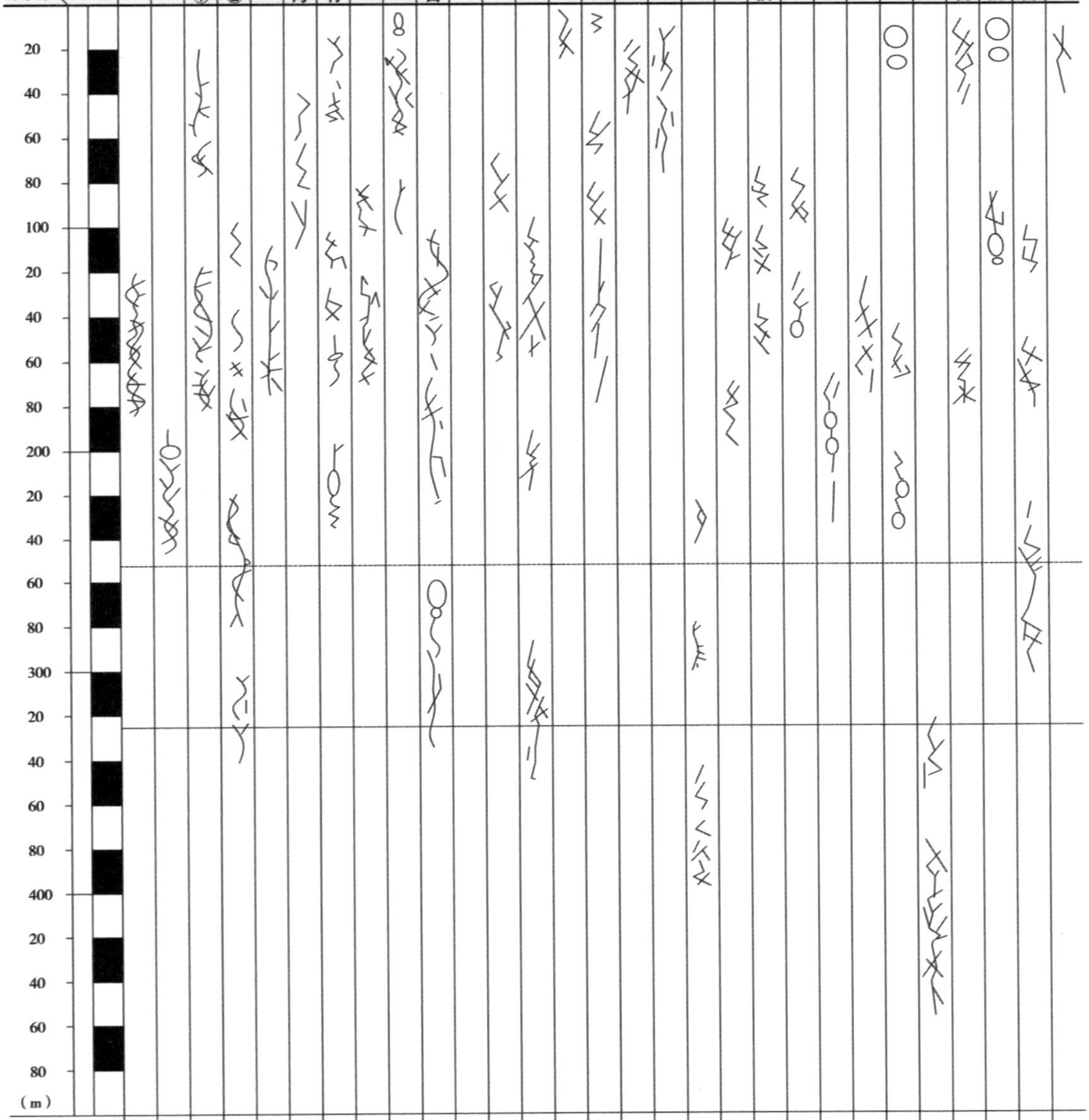

孔位	刘家林	东渴马	蛮子村①	蛮子村②	邵而西	人石崮沟	夏兴西村	吴家庄	互峪沟	南康而西	西仙	西仙南	大洞沟	西沟	南高尔	水泉	松家东	山峪庄	西营	西营大队	石岑	宅科①	宅科②	大龙堂	寨山后	丘家庄西	南永大队	东北场西	东沟
井深(m)			147	379		196	232	191.2		330		255.4	340	8	169	88	118		201.8	150	201			238	420	195	195	352	
水位(m)						25	64	60		19	12	58	50	2		28	61		22		22			8	120	35	36	38	
涌水量(m^3/h)	40	80			56	56	20	30	56	56	24	40	56	70		56	56	36			30	56		56	116	40	40	30	56
孔口标高			142	140		130	123	150		140	160	125	130						280										
层位岩性	$\in_2z$ 中 豹斑灰岩	$\in_2z$ 底 鲕状灰岩	$\in_2z$ 鲕状豹斑灰岩	$\in_2z$ 鲕状豹斑灰岩	$\in_2z$ 上 豹斑灰岩	$\in_2z$ 中下 豹斑灰岩	$\in_2z$ 顶 豹斑灰岩	$\in_2z$ 底 结晶鲕灰岩	$\in_2z$ 中上 鲕状灰岩	$\in_2z$ 上 豹斑灰岩	$\in_2z$ 顶 豹斑灰岩	$\in_2z$ 上 粗鲕灰岩	$\in_2z$ 结晶鲕灰岩	$\in_2z$ 顶 细鲕灰岩	$\in_2z$ 鲕状灰岩	$\in_2z$ 鲕状灰岩	$\in_2z$ 下 豹斑灰岩鲕灰岩	$\in_2z$ 下 鲕状灰岩	$\in_2z$ 底 黑色鲕状灰岩	$\in_2z$ 底 结晶鲕状灰岩	$\in_2z$ 底 鲕状灰岩	$\in_2z$ 顶 鲕状豹斑灰岩	$\in_2z$ 顶 鲕状豹斑灰岩	$\in_2z$ 下 结晶鲕状灰岩	$\in_2z$ 底 鲕状灰岩	$\in_2z$ 鲕状灰岩	$\in_2z$ 上 鲕状灰岩	$\in_2z$ 结晶鲕状灰岩	$\in_2z$ 中 豹斑灰岩

4.1.5 发育形态和岩性的关系

岩溶最易发育的层位是寒武系中统张夏组，奥陶系下统三山子组，马家沟群中段及上段的八陡组。岩溶最易发育的岩性是鲕状灰岩类，其次是泥晶灰岩类和豹斑灰岩类，再次为白云岩类。在鲕状灰岩中，溶孔、溶隙均易发育成溶蚀孔洞—溶隙网络系统。在泥晶灰岩中则以裂隙为基础扩溶成宽溶隙系统，局部有较大的孔洞。白云岩类则以较均匀分布的溶孔和小型孔洞为主。另外有钻孔资料显示，地下岩溶最为发育的是泥晶灰岩、大理岩和白云质灰岩（表 4.1-7）。泥晶灰岩岩溶的特点是溶隙为主，其次为孔洞，而溶孔相对较差。大理岩岩溶的特点是溶隙、孔洞均极发育，白云质灰岩则以孔洞和溶孔占主要优势。豹斑灰岩以溶隙和溶孔为主，而孔洞较少。值得注意的是，由于大理岩的岩溶极为发育，尤其是以孔洞和溶隙为主，其连通性必然良好，大理岩仅分布于火成岩边缘的窄带状条带，因此，济南地区沿火成岩边缘必然存在岩溶发育良好的径流带。

岩溶发育与岩性关系表　　表 4.1-7

岩性	总厚度（m）	溶隙		溶孔		孔洞		备注
		厚度（m）	厚度 / 总厚度（%）	厚度（m）	%	厚度（m）	厚度 / 总厚度（%）	
大理岩	3375.11	1389.43	41.17	287.37	8.51	1698.31	50.32	溶隙包括节理和溶隙溶孔直径小于 2cm 的溶孔。溶孔包括直径大于 2cm 的溶蚀空隙
泥晶灰岩	4577.96	2719.533	59.4	568.15	12.41	1290.28	28.18	
白云质灰岩	629.171	150.56	23.93	131.13	20.84	347.481	55.23	
豹斑灰岩	276.77	233.69	84.435	24.53	8.863	18.55	6.705	
结晶灰岩	267.295	149.005	55.746	54.43	20.363	63.86	23.891	
角砾灰岩	50.58	15.08	29.814	13.58	26.849	21.92	43.337	
泥质灰岩	351.171	101.322	28.853	125.55	35.752	124.3	35.396	
泥灰岩	144.28	8	5.545	4.7	3.26	131.58	91.198	
合计	9672.34	4766.62	—	1209.44	—	3696.28	—	

4.2 物探手段在岩溶探测方面的应用

研究过程中，不仅通过现场实物钻探来研究岩溶，更有多种地球物理勘探手段进行研究，最值得一提的就是微动技术在该方面的首次使用，这些技术的使用为溶洞的发现提供了更为精确的数据。

4.2.1 微动揭露的溶洞

溶洞探测工作如表 4.2-1 所示，结合土石界面探测进行，在探测土石界面的微动剖面上，根据剖面特点，对溶洞、岩溶或裂隙发育带、灰岩岩溶发育区域进行了解释，基本遵循以下原则：

（1）单点低速异常解释为溶洞；

（2）两个以上测点有低速异常显示、横向延伸一定长度的条带状低速异常带，解释为岩溶或裂隙发育带，溶洞和岩溶、裂隙发育带与围岩的速度差异大约在 600 ~ 700m/s；

（3）风化、岩溶发育的灰岩（$V_x \approx 800 \sim 1100$m/s），与未风化、岩溶不发育的灰岩（$V_x \approx 1200 \sim 1600$m/s）速度差异大于 500m/s。

土石分界面探测微动剖面工作量统计 表 4.2-1

测线号	测点编号	测点数	剖面长度（m）	剖面位置
L1	A-F	6	52	历山路
L2	A-E，X	6	52	历山路
L3	A-G	7	62.4	历山路
L4	A-H	8	72.8	历山路
L5	A-H，X	9	83.2	经十路
L6	AP-N	14	135.2	经十路
L7	A-T	20	196.6	机床二厂南路
L8	A-L	12	114.4	辛庄西路
L9	A-Z，1-5	31	312	经十路
L10	A-E，X	5	41.6	历山路
L11	A-G	7	62.4	山大齐鲁医院高新区医院附近
L12	A-I，X-Y	11	104	济洛路—标山南路十字路口
L13	A-T，X	21	208	泉城路
L14	A-U	21	208	—
共计		146	1393.6	—

解释有溶洞发育的剖面有：L1、L6（图 4.2-1）、L7、L9、L10、L11 线。解释有岩溶或裂隙发育带的剖面有：L1、L8、L9、L10、L11、L14 线。解释有岩溶发育区的剖面有：L1、L2、L3（图 4.2-2）、L4、L7、L8、L9、L10、L11、L13 线。

本区灰岩岩溶发育具有如下特点：

（1）溶洞或岩溶、裂隙发育带的发育深度一般集中在土石界面 −35m 左右深度范围内，而且是基岩为灰岩的剖面，如 L1、L4、L7、L8、L9、L10、L11 线。基岩为火成岩的剖面，如 L2、L3、L4 线，火成岩之下的灰岩往往溶洞和岩溶、裂隙不发育，剖面面貌与前者有明显差别。

（2）溶洞、岩溶 / 裂隙发育带，和岩溶发育区域在微动 V_x 剖面上易于识别、解释。

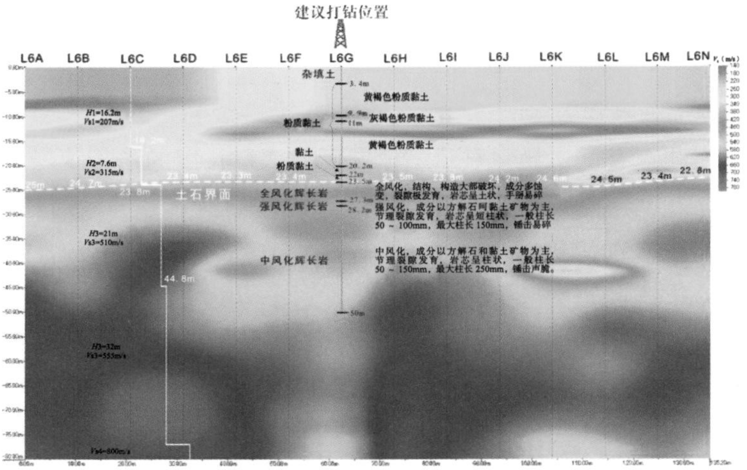

图 4.2-1 经十路微动探测典型岩溶发育图

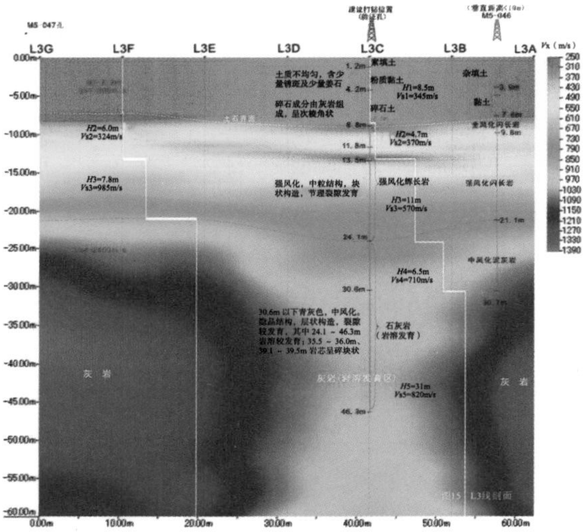

图 4.2-2 历山路微动探测典型岩溶发育图

4.2.2 陆地声纳揭露的溶洞

核心区碳酸盐岩岩溶发育特征

核心区位于济南单斜构造前缘，受千佛山断裂和文化桥断裂的切割，市区的主要含水层是奥陶系下统冶里、亮甲组及寒武系上统凤山组，岩性以白云岩为主。根据施工的水文地质钻孔资料，岩溶裂隙发育深度及形态详见表 4.2-2。根据钻探资料记录，浅部岩溶发育形态以蜂窝状溶孔为主，并发育少量较大溶洞，单个溶洞直径一般小于 2.0m，在济南二中老校址院内施工的 S10 号钻孔在 68.2 ~ 83m 深度范围内，溶洞发育，连通性好。

核心区部分钻孔裂隙岩溶发育统计表 表 4.2-2

编号	钻孔位置	岩溶发育位置（m）	岩溶发育状态	充填物状态
S1	省电视台门口西侧	19.5 ~ 26.0；32.5 ~ 34；58.1 ~ 58.6	裂隙 / 蜂窝状溶孔	无
		34.0 ~ 38.0	溶洞	无
		39.7 ~ 40.0	溶洞	硬塑黏土充填
S2	山工大门口西侧	8.5 ~ 9.0；10.0 ~ 15.0；24.0 ~ 24.5；31.6 ~ 32.5；35.0 ~ 36.1；38.0 ~ 40.0；43.5 ~ 45.0	裂隙 / 蜂窝状溶孔	无
S3	文东苑门口	35.0 ~ 43.0	裂隙	无
		52.0 ~ 54.0；66.7 ~ 66.9	溶洞	无
		68.1 ~ 68.4	溶洞	硬塑黏土充填
S4	泺文路南头	30.9 ~ 33.5	溶洞	无
		37.1 ~ 37.6；62.5 ~ 63.5	溶洞	硬塑黏土充填
		63.5 ~ 66.0	蜂窝状溶孔	无
S5	体院北门	9.8 ~ 16.0；16.7 ~ 17.0；19.2 ~ 22.5；24 ~ 24.6	裂隙 / 蜂窝状溶孔	无
S6	文化西路西口	50.9 ~ 52.4	溶洞	无
		29.9 ~ 30.0；33.3 ~ 33.4；34.6 ~ 34.7；34.9 ~ 35；35.3 ~ 35.4；35.6 ~ 35.7；35.9 ~ 37；43.5 ~ 45	裂隙 / 蜂窝状溶孔	无
S7	泺源大街圣凯门口	16.4 ~ 17.0	溶洞	硬塑黏土充填
S8	山东水产东	66.4 ~ 67.6；83.0 ~ 84.0	裂隙	无
		72.6 ~ 75.0；78.6 ~ 79.0	蜂窝状溶孔	无
S9	饮虎池	15.5 ~ 15.9；16.5 ~ 17.1；27 ~ 27.5	蜂窝状溶孔	无
		24.1 ~ 25.4	溶洞	硬塑黏土充填
S10	济南二中	56.1 ~ 57.0	蜂窝状溶孔	无
		68.2 ~ 83	溶洞	无
S11	省科技馆	—	裂隙为主	无
S12	老电报大楼	—	裂隙为主	无
S13	趵突泉公园北门	54 ~ 54.9；58.5 ~ 59.8；61.5 ~ 64.8；67 ~ 77.5	蜂窝状溶孔	无
S14	县西巷	56.2 ~ 63.3；66.7 ~ 69.4；68.5 ~ 68.8	裂隙 / 蜂窝状溶孔	无
S15	中豪酒店	55 ~ 63；65.5 ~ 66.2；66.5 ~ 67.3；70.7 ~ 71.0；74.0 ~ 75.0	蜂窝状溶孔	无

根据溶洞发育的密度将岩溶发育状态分为五级：强烈发育、发育、较发育、少量发育（固定区域内有几个溶洞发育）、个别发育（即固定区域内有一两个溶洞发育）。

1）核心区东西向的主干道岩溶发育情况

（1）泺源大街到和平路，是岩溶发育最强的区域，除省科技馆地段、历山路以东地段为岩溶个别发育外，均为岩溶发育区；从饮虎池至趵突泉南路地段为岩溶强发育区，溶蚀孔洞强烈发育。

（2）共青团路、泉城路、解放路南侧，至历山东路，从共青团路至青龙桥地段，深部岩溶较发育。

（3）文化西路、文化东路南侧至山东体院东校区，上新街到趵突泉南路，朝山街到山师北街，羊头峪西沟至山东体院东校区地段为岩溶较发育区，其他地段为岩溶个别发育区。

（4）玉函立交桥东，顺经十路南侧至山东大学好地方商务酒店，为岩溶较发育区，以少量溶洞为主。

（5）省人大大院正门前沿围墙从西更街道至县西巷，在不同深度发育少量单个溶洞。

2）核心区南北向的主干道及次级道路岩溶发育情况

（1）制锦市街、朝阳街、饮虎池街、上新街西侧，到玉函立交桥东侧一线，岩溶较发育—少量发育，其中有较大单个溶洞。

（2）趵突泉北路、趵突泉南路一线，在五龙潭和趵突泉一带为岩溶发育区，有单个较大溶洞。其他地段为岩溶少量发育区，有少量溶洞。

（3）府学街、芙蓉街、贵和购物中心西侧一线，泉城路附近为岩溶较发育区，其他地段仅发育少量溶洞。

（4）省人大大院西围墙外顺西更街道，省人大大院东墙外，仅发育少量溶洞，且岩溶发育较深。

（5）省人大大院内、天地坛街、南门大街、朝山路一线，深部（标高 −100m 以下）岩溶较发育。较浅部（−25 ～ −100m）为岩溶强烈发育区。

（6）县西巷中段到舜井街南口，在不同深度发育个别溶洞。

（7）黑虎泉北路到解放阁，岩溶少量发育。

（8）东巷龙街、太平街一线，标高 −90 ～ −160m 发育少量溶洞。

（9）历山东路到文化路，少数地段大理岩和白云岩中有个别溶洞发育。

4.2.3 井下电视揭露的溶洞

通过井下电视更加直观地对地下岩溶发育情况进行研究，如经十路山东大学南校区 M140 孔智能钻孔成像 0 ～ 22.0m，图片、摄像清晰。岩性编录：定量分析了钻孔的破碎情况、裂隙的发育及长度、宽度、裂隙的产状、钻孔中破碎带的面积计算，破碎、裂隙的位置及在钻孔中的长度、宽度等，详见表 4.2-3 和图 4.2-3。

智能钻孔电视成像统计表　　表 4.2-3

序号	深度范围（m）	描述
3	7.9 ~ 9.0	破碎严重 （H：7.988m，D：3.2°）→（H：8.988m，D：356.8°） S=2344.8cm^2
5	9.2 ~ 10.3	破碎严重 （H：9.157m，D：1.6°）→（H：10.313m，D：355.2°） S=2712.0cm^2
7	11.6 ~ 12.1	破碎严重 （H：11.636m，D：4.9°）→（H：12.093m，D：355.1°） S=1061.5cm^2

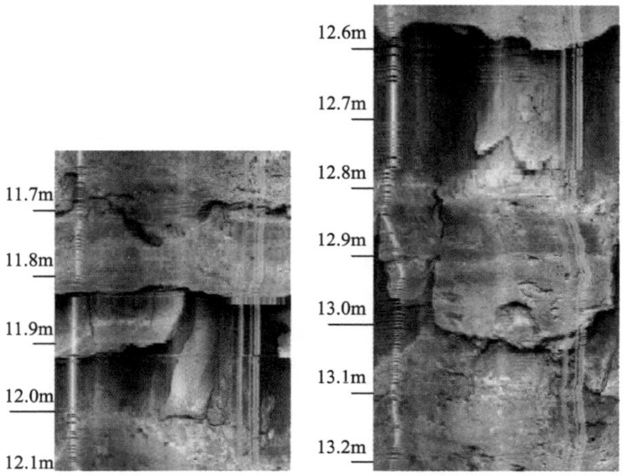

图 4.2-3　典型井下电视岩溶发育照片

4.3　岩溶水的动力特征

4.3.1　岩溶水的径流特征

济南泉域岩溶水的运动方向与地形及岩层的倾斜方向大体一致，总体方向由南向北运动。核心区处于泉域岩溶水的汇集排泄区，岩溶水接受补给后皆向该区域汇集。

核心区西部，岩溶水自南西向北东方向径流，在千佛山断裂以西，水力梯度为 6.7‰，靠近千佛山断裂水力梯度逐渐减小。至顺河高架路附近，岩溶水进入泉群排泄形成的漏斗区，由于这一地带地下岩溶特别发育，储水空间巨大，含水层连通性好，漏斗外缘与漏斗中心水位差很小。如文化西路西口附近 S6 岩溶水水文地质孔 2009 年 12 月 5 日的水位标高 28.74m，而同一时间趵突泉泉群内部（显示屏）水位标高 28.73m，两者直线距离 700m，水位差仅 0.01m；趵突泉泉群排泄漏斗中心附近 S9（饮虎池）岩溶水水文地质孔，水位标高 28.664m，距 S6 孔 455.4m，水位差 0.076m，这两点之间的连线与岩溶水流向基本一致，水力梯度仅为 0.17‰。

历山路以东，岩溶水自南东向北西方向运动，水力梯度 5.5‰。

自民生大街至历山路，岩溶水流向基本为南北向，在 30m 等水位线以南区域，水力梯度较大，约为 1%，向北逐渐变缓，大致在文化西路以北区域，水力梯度很小。如位于文化西路南侧自来水公司宿舍门口的 S5 水文地质孔，水位标高 28.79m，而其北部泺源大街圣凯财富广场门口的 S7 孔，水位标高 28.77m，两孔直线距离约 715m，水位差仅 0.02m；位于黑虎泉泉群排泄漏斗中心附近的监测点水位标高 27.71m，比 S7 孔低 0.06m，两者直线距离 240m，漏斗中心附近水力梯度仅 0.25‰左右。

4.3.2　岩溶水的主径流带分布

在济南泉群集中出露区域内济南自来水厂全部停采，岩溶水以四大泉群泉水排泄为主，地下水流场接近天然状态下，通过对岩溶地水位统测绘制等水线图（图 4.3-1）分析岩溶水流场存在两条主径流带，一条泉群分流带，四个泉群排泄漏斗（图 4.3-1）。

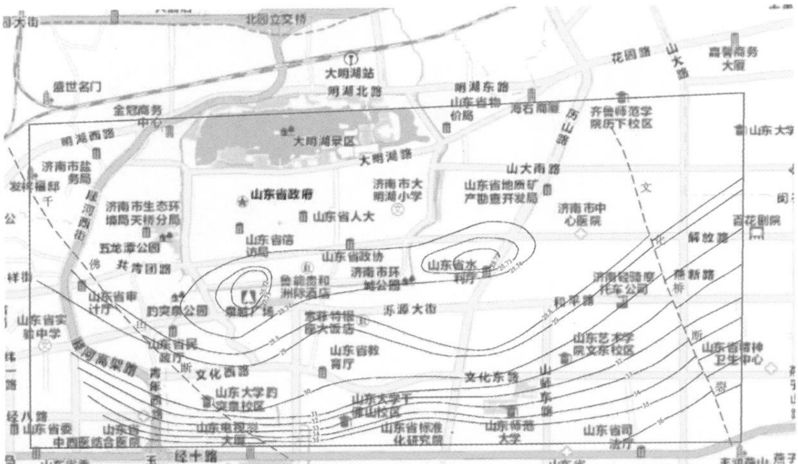

图 4.3-1　泉水出露区岩溶水等水位线

第一条主径流带位于玉函路—青年西路—上新街，再向北至趵突泉泉群排泄漏斗中心，基本为南北向，岩溶水流向自南向北指向趵突泉泉群排泄漏斗，这条主径流带是趵突泉泉群的汇流中心，西部岩溶水和东部（泉群分流带以西）岩溶水皆向这一带汇集，可称为“趵突泉泉群主径流带”。

第二条主径流带自历山路南口—自来水公司宿舍门口（S5 孔附近），向北直指黑虎泉，其南段岩溶水流向北西 343° 左右，S5 孔以北，岩溶水流向北西 355° 。这一主径流带可称为“黑虎泉泉群主径流带”，两侧岩溶水皆向其汇集，是黑虎泉泉群的汇流中心，最终向黑虎泉泉群排泄。

4.3.3　泉水集中出露区的分流带分布

泉群分流带是指岩溶水在向泉群运动过程中，受不同泉群排泄影响，两侧岩溶水向不同泉群排泄漏斗汇流。从图 4.3-1 可以看出，核心区岩溶水分流带是一条曲线，南从山东大学千佛山校区西部，大约以北西方向到文化西路与趵突泉南路交叉口，再向北转为近南北方向，至原济南二中校区东部。分流带以西，岩溶水主要向趵突泉泉群排泄漏斗汇流，分流带以东区域，岩溶水主要向黑虎泉泉群排泄漏斗汇流。

为查明核心区岩溶水的径流方向，探索岩溶水与孔隙水、裂隙水的水力联系，在这里引用两组示踪试验的研究成果。

2009 年 10 月 19 日，开展了第一组示踪试验，投源孔为施工的位于趵突泉北门的 S13 岩溶水水文地质孔，示踪剂采用 NaCl，投源量 2500kg，布置水质监测点 16 个（图 4.3-2），采用水质监测仪实时监测，但是，至 2009 年 11 月 9 日，历时 21d 没有发现监测点 Cl^- 含量明显变化。

2009 年 11 月 19 日，利用位于泺文路与文化西路交叉口西北角的 S4 岩溶水水文地质孔作为投源孔，进行了第二组示踪试验，S4 孔孔深 75.5m，奥陶系马家沟组一段（O_1m^1）泥灰岩顶板埋深 19.0m，主要含水层发育于亮甲山组（O_1l）含燧石结核白云岩中，含水层埋深 30.9 ~ 66m，其中 62.5 ~ 63.5m 为溶洞，无充填物。示踪剂仍采用 NaCl，数量增加到 10000kg，布置第一批监测点 10 个。11 月 23 日上午 8：05，在 S7 孔（黑虎泉南）发现 Cl^- 含量增大，随后出现持续增大趋势，至 11 月 30 日 Cl^- 含量出现峰值，随后出现小幅度回落的趋势。说明 S4 孔附近岩溶水是向黑虎泉方向径流的（图 4.3-3）。

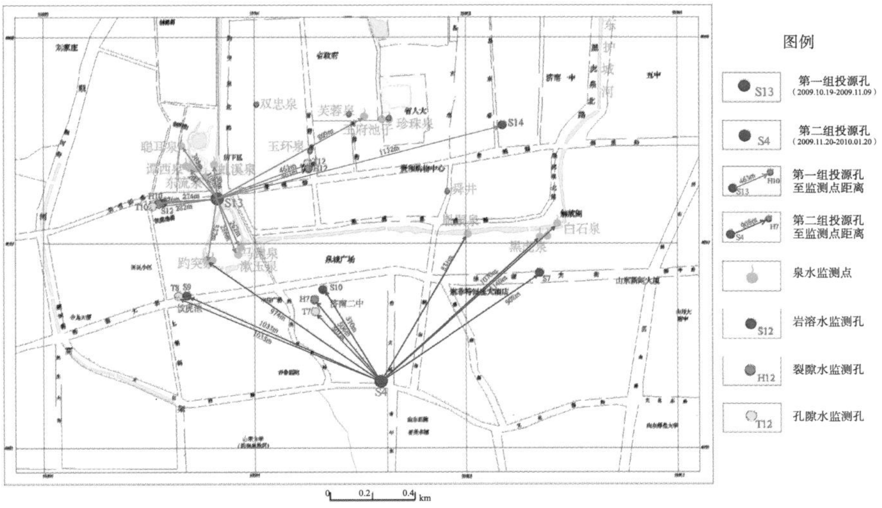

图 4.3-2　示踪试验布置图

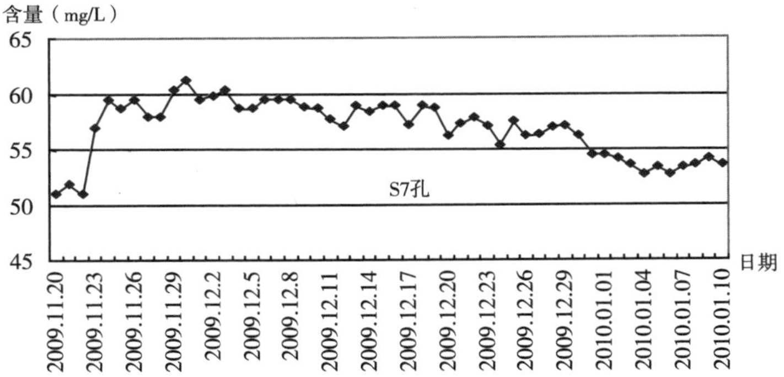

图 4.3-3　S7 孔 Cl^- 含量变化曲线图

S10 岩溶水水文地质孔位于 S4 孔西北方向，至 12 月 16 日，未发现 Cl^- 含量明显变化（图 4.3-4），说明 S4 孔附近岩溶水并没有向趵突泉方向径流。S4 孔与 S7 孔和 S10 孔的直线距离分别为 908.1m 和 509.7m，距离投源孔较近的 S10 孔未发现示踪剂，而距离较远的 S7 孔发现示踪剂，也可说明 S4 孔以西存在岩溶水分流带。

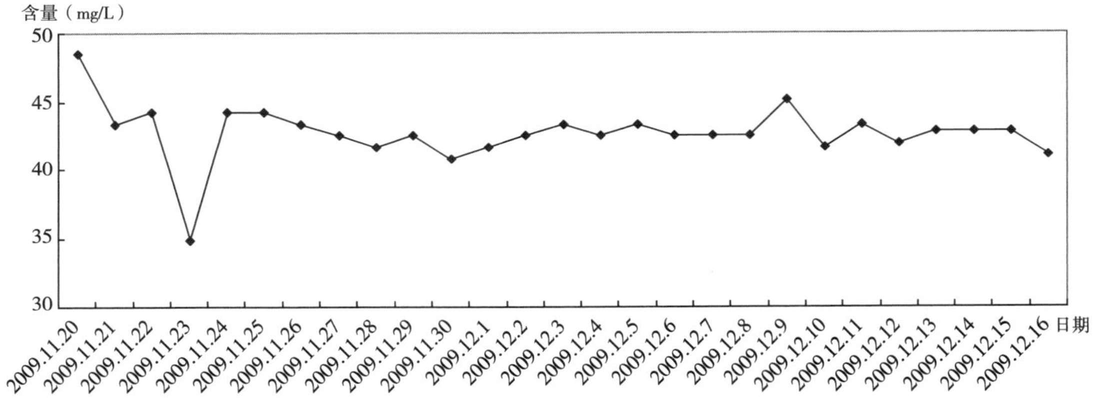

图 4.3-4　S10 孔 Cl^- 含量变化曲线图

4.3.4　泉水集中出露区的降落漏斗

核心区岩溶水在主要排泄点“四大泉群”周围形成了相对独立的降落漏斗，趵突泉泉群和黑虎泉泉群排泄漏斗基本位于泉城路以南，五龙潭泉群和珍珠泉泉群排泄漏斗位于泉城路以北，由于北部岩溶水水位控制点少，五龙潭泉群和珍珠泉泉群排泄漏斗未能圈定，但可以肯定“漏斗”的存在。

趵突泉漏斗和黑虎泉漏斗以 28.74m 等水位线连为一体，在平面上近似北东东—南西西向展布的“纺锤形”，漏斗中心位于“纺锤形”两端，中间泉城广场一带形成相对较平缓的水位带。

趵突泉泉群排泄漏斗近似一椭圆形，向南、向西扩展较大，泉水主要接受西部、南部和分流带以西岩溶水的径流补给。黑虎泉泉群排泄漏斗也近似一扁平的椭圆形，其长轴近东西向扩展，泉水主要接受东部、南部和分流带以东岩溶水的径流补给。

4.4　示踪试验

为系统分析岩溶水的径流通道，系统梳理了历年示踪试验情况。主要包括大辛河示踪试验、崔马示踪试验、泉泸示踪试验、兴隆水库示踪试验、兴济河示踪试验、千佛山示踪试验、西部岩溶水示踪试验、四大泉群分水带验证示踪试验。

4.4.1　大辛河示踪试验

大辛河是济南地表水转化地下水工程的重要组成部分，为了查明大辛河渗漏补源后地下水的补给方向、径流速度等，在大辛河主要渗漏段开展了地下水示踪试验。通过大辛河示踪试验（图4.4-1）结果显示：地下水渗漏补源后沿渗漏段—龙奥大厦—济南东区供水奥体加压站—贤文小区一线大体自南向北径流，视径流速度约45m/d，越往两侧流速越缓慢，表明大辛河地表水转化地下水工程主要对东郊水源地进行补给，对市区四大泉群补给较弱。

时间：2016年8月～2017年2月，历时7个月，接收点31个。

方向：沿渗漏段—龙奥大厦—济南东区供水奥体加压站—贤文小区一线大体自南向北径流。

峰值检出时间：2016年9月14日～2016年12月28日。

视径流速度：约45m/d。

此次试验验证了奥陶纪马家沟群北庵庄组（接收点）与下部的炒米店组和三山子组含水层（投源点）之间存在水力联系，同属于一个大的含水岩组。大辛河主要渗漏河段为孟家水库至旅游路段，该段地层上部均为第四系卵砾石层补给寒武—奥陶系三山子组的白云质灰岩、白云岩（图4.4-1）。

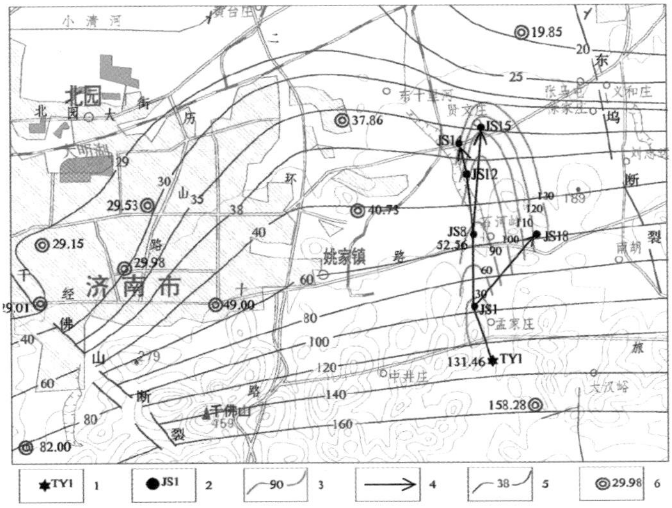

图4.4-1　大辛河示踪试验成果图

1—投源孔；2—接收点；3—达到峰值历时天数等值线；4—岩溶地下水主运移方向；5—岩溶地下水等水位线；6—水位观测点及水位标高（m）

4.4.2　崔马示踪试验

为验证寒武系张夏组岩溶

水与奥陶系岩溶水的水力联系是否密切，进行崔马示踪试验。示踪试验选择在农灌较少的季节，根据监测点接收示踪剂的峰值时间、投源点距离、地下水流向、监测点检出浓度、断裂构造等因素，分析得出溶质运移扩散速度及方向，绘制扩散速度等时线图（图 4.4-2）。

时间：2013 年 4 月 ~ 2015 年 6 月，历时 26 个月，接收点 42 个。

方向：沿崔马庄—罗而庄村—殷家林村—（杜庙村）—大杨庄水厂—峨眉山水厂一线大体自南向北径流。

示踪剂扩散范围表明：

（1）奥陶纪含水层中检出钼酸铵表明，张夏组灰岩与奥陶系灰岩存在密切水力联系，即寒武系张夏组岩溶水是泉水补给来源之一。张夏组岩溶水补给奥陶系灰岩途径主要通过断裂构造进行水量交换，来自崔马的示踪剂顺层运移遇到断层后，由于断裂的透水性，在水头压力作用下，示踪剂沿着断裂带向上运动进入奥陶系含水层，如殷家林西 C8 和罗而庄 C7 孔，C8 孔比 C7 孔距离投源孔远，但 C8 孔距离断层近，初峰值到达时间先于 C7，说明断层带导水性较好。

（2）示踪剂扩散速率快慢不一，示踪剂运移的视流速在 50 ~ 489m/d，表明含水层裂隙、岩溶发育的差异性，如同为奥陶纪地层的 C4 在 120d 内未检出示踪剂，说明该地段的地下水径流条件较差，岩溶发育不均，野外调查发现其单井水量较小（图 4.4-2）。

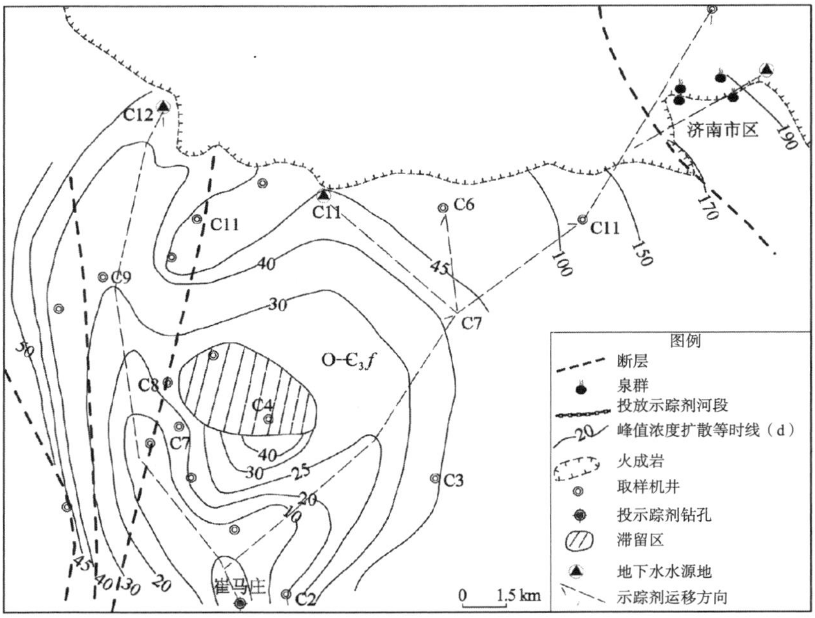

图 4.4-2 崔马示踪试验示踪剂运移途径及扩散速度等时线图

4.4.3 泉泸示踪试验

为查明济南泉群优势补给径流通道分布情况，提高补源保泉工作效率，以寒武系张夏组含水层为主要研究对象，以钼酸铵为示踪剂在济南南部山区张夏组含水层进行示踪试验。以投放点西泉泸河道渗漏带为中心（图 4.4-3），向四周辐射布控，在不同岩溶含水层和不同地段的区段上布置 69 个接收点，主要以郊区机民井及少量市区企业自备井为主。

时间：2014 年 7 月 ~ 2014 年 12 月，历时 150d，接收点 69 个。

方向：沿泉泸村—付上村、北候村。

流速：120.4 ~ 148.9m/d。

断裂带对地下水有传导作用。钼离子运移到断裂后，FJ4 ~ FJ10 一线视流速较大，断裂破碎带改变示踪剂的运移方向，说明断裂破碎带附近裂隙较发育，示踪剂沿断裂扩散速率较快（图 4.4-4）。

虽然寒武系张夏组灰岩含水层投放的示踪剂未在四大泉群检出，但不能认为张夏组灰岩含水层与泉群没有水力联系，只能说明泉泸渗漏带的张夏组灰岩含水层不存在迅速补给泉群的优势径流通道（图 4.4-3、图 4.4-4）。

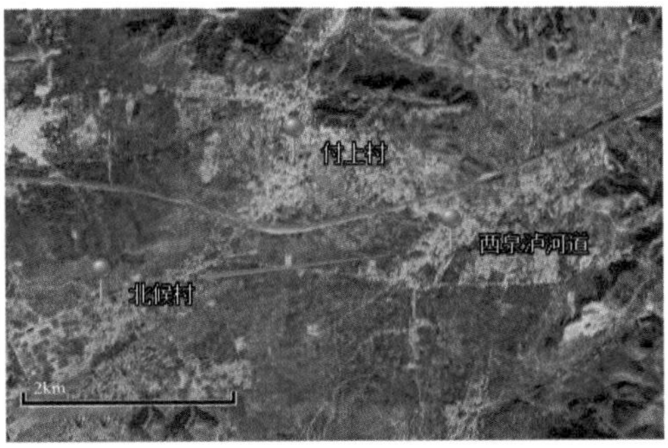

图 4.4-3　示踪剂运移示意图

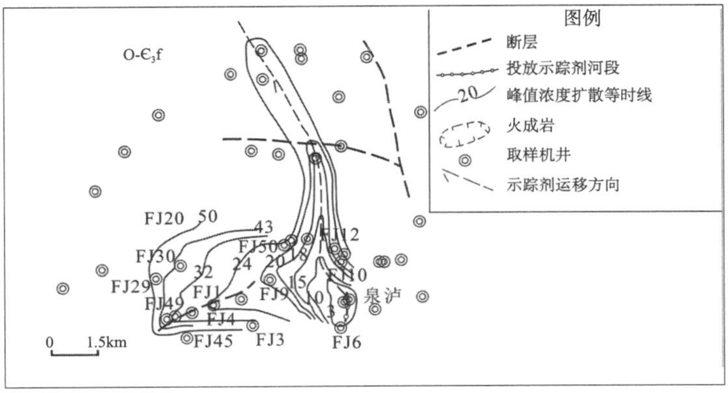

图 4.4-4　泉泸示踪试验示踪剂运移途径及扩散速度等时线图

4.4.4　兴隆水库示踪试验

为查明奥陶系灰岩含水层的优势通道，以兴隆水库为中心向四周辐射（图 4.4-5），共布置 58 个接收点。在泉群排泄区选择以四大泉群典型代表泉作为接收点：五龙潭、东流泉、趵突泉、黑虎泉、珍珠泉、王府池子等。

图 4.4-5　兴隆水库示踪试验示意图

时间：2016 年 4 月，历时 58d，接收点 136 个。

方向：沿兴隆水库—兴隆一村。

峰值检出时间：11d，峰值：5μg/L，背景值（0.07 ~ 0.74μg/L）。

流速：47.04 ~ 88.08 m/d。

兴隆示踪试验数据表明，兴隆村附近凤山含水层示踪剂平均流速较慢，为 47.04 ~ 88.08 m/d，未发现优势渗流通道，且受人工开采影响较大。虽然凤山灰岩含水层投放的示踪剂未在四大泉群检出，但不能认为凤山灰岩含水层与泉群没有水力联系，只能说明兴隆渗漏带的凤山灰岩含水层不存在迅速补给泉群的优势径流通道。但兴隆一村接收点钼离子峰值是背景值的 72 倍，说明兴隆水库至兴隆一村接收方向为主要径流通道。

4.4.5　兴济河示踪试验

为查明兴济河至泉群的优势径流通道，投源点为兴济河龟山段，以兴隆水库为中心向四周辐射，共布置 58 个接收点。在泉群排泄区选择以四大泉群典型代表泉作为接收点：五龙潭、东流泉、趵突泉、黑虎泉、珍珠泉、王府池子等。

时间：2016 年 4 月，历时 136d，接收点 58 个。

方向：兴济河龟山段—南郊宾馆—四大泉群。

峰值：东流泉是背景值的 13 倍，趵突泉是背景值的 7 倍。

流速：兴济河至南郊宾馆的流速：87.21 m/d。

南郊宾馆至泉群的流速：108.3 ~ 117.38m/d。

兴济河示踪试验数据分析表明，兴济河龟山段至南郊宾馆奥陶系岩溶裂隙发育一般，示踪剂平均流速 87.21m/d；受千佛山断裂影响示踪剂在南郊宾馆以北有加速趋势，南郊宾馆至趵突泉泉群、五龙潭泉群、王府池子岩溶裂隙发育较好，示踪剂平均流速 108.3 ~ 117.38m/d，在断裂的透水段示踪剂扩散速度等时线稀疏（图 4.4-6），地下水径流通道发育较好。

试验表明奥陶系马家沟组灰岩含水层的南郊宾馆至泉群的千佛山断裂透水段存在地下水优势补给径流通道，所以在断裂带附近的奥陶系马家沟组灰岩含水层补源对泉水的影响效果会更佳（图 4.4-6）。

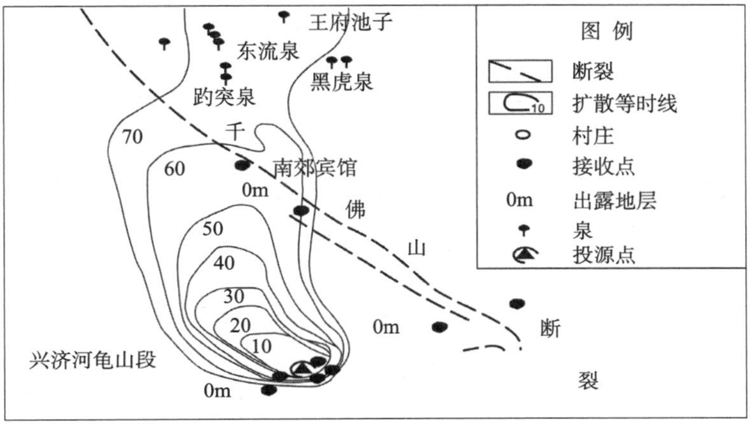

图 4.4-6　兴济河示踪试验示踪剂运移途径及扩散速度等时线图

4.4.6　千佛山示踪试验

虽然在玉符河、兴济河和历阳湖等处均进行补源，但由于玉符河补源效率低、兴济河和历阳湖渗漏量小等缘故，趵突泉、黑虎泉等泉水水位只出现较小的上浮，甚至只是减缓了泉水下降的趋势。为了能够进一步加强保泉效果，托起危机中的泉水水位，达到采取回灌后泉水即出现迅速的上升效果，同时最大限度地节约回灌放水量，提高补源效率，2016 年 8 ~ 10 月，山东省地矿局 801 水文地质工程地质大队在佛慧山岩溶干谷进行了连通示踪试验（图 4.4-7）。

时间：2016 年 8 月 16 日 ~ 2016 年 9 月 3 日，历时 19d，接收点 10 个。

方向：沿佛慧山—经十路 JG2—黑虎泉（珍珠泉、王府池子、五龙潭、迎仙泉）。

视径流速度：0.375km/d。

经过连通示踪试验，地下水经过佛慧山岩溶干谷渗漏后，沿地层倾向经过山东大学千佛山校区附近的 JG2 井，到达泉域，主流进入黑虎泉，支流到达珍珠泉、王府池子、五龙潭、迎仙泉。但是没有到达趵突泉的岩溶通道。结果显示，千佛山—佛慧山区域与济南泉域的地下水具有良好的连通性，佛慧山对黑虎泉具有较好的补源作用。主要涉及地层为：奥陶系北庵庄组、东黄山组；寒武系三山子组、炒米店组。

图 4.4-7　千佛山示踪试验示意图

4.4.7　西部岩溶水示踪试验

在研究上寒武系凤山组至中奥陶系的岩溶水补给来源问题时，除了大气降水、地表水渗漏补给外，认为中寒武系张夏组灰岩岩溶水亦是奥陶系岩溶水的重要补给源。因此，选择位于炒米店地堑东断层与邵而断裂之间的 J113 孔作为投放孔，监测孔按含水层统计，中寒武系张夏组含水层 7 个，奥陶系含水层 40 个，第四系含水层 12 个。

时间：1989 年 5 月 20 日 ~ 1989 年 10 月，历时 5 个月，接收点 68 个。

方向：（1）崔马庄—炒米店断裂（炒米店—仁里庄断裂）—峨眉山水厂。

（2）崔马庄—邵而庄—大明湖（张夏组）。

（3）崔马庄—文庄—机床厂。

位于炒米店断层两侧的殷家林和罗而庄钻孔，以及炒米店地堑带内取样孔示踪剂的检出，完全证明了张夏组含水层与奥灰含水层是以断层式相互联系的（图 4.4-8）。汽车总厂（现在的重汽翡翠郡）附近示踪剂的出现，时间较殷家林晚约一个月，峰值浓度也较低，说明张夏岩溶地下水主要向西北方向扩散，而向北运移的地下水水量少，速度慢。机床一厂示踪剂检出的时间几乎与大杨庄水厂、腊山水厂相同。其速度之快，与邵而断裂导水密切相关。大明湖监测井（J39，张夏组灰岩井）检测到峰值为 8.28×10^{-9}（背景值：1.2×10^{-9}），说明除通过断层进入奥灰含水层外，一部分在地层倾向控制下沿层向北扩散。

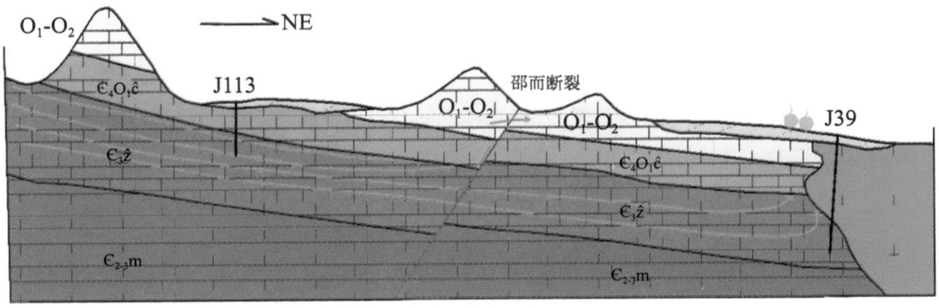

图 4.4-8 张夏组灰岩水运移示意图

4.4.8 泉水排泄区分水带验证试验

等水位线图表明核心区岩溶水向不同泉群排泄漏斗汇集，为查明核心区岩溶水的径流方向，探索岩溶水与孔隙水、裂隙水的水力联系，本地共完成示踪试验 2 组。

试验过程：

第一组：试验时间 2009 年 10 月 19 日 ~ 11 月 9 日，投源井为 S13 岩溶水水文地质孔，位于五龙潭泉群南侧约 200m，距离东流泉仅 121m。示踪剂为 NaCl，投源量 2500kg。采用水箱搅拌水泵注入的投源方式，投源时间约 7h。监测点布置：对 S13 投源孔附近的泉水、裂隙水、孔隙水、岩溶水点皆作为监测点。布设泉水监测点 8 个（其中，五龙潭泉群 4 个，趵突泉泉群 3 个，珍珠泉泉群 1 个），孔隙水监测孔 3 个，裂隙水监测孔 3 个，岩溶水监测孔 3 个，共计 17 个。其中，实施监测点 1 个，加密监测点 1 个，一般监测点 5 个。监测频率：示踪试验期间，在投入示踪剂前，对所有监测点取样品一次进行水质化验，投入示踪剂后 1h 开始对东流泉和潭西泉进行加密观测，监测频率 1h/ 次，东流泉采用仪器自动化实时监测。其他岩溶水、孔隙水、裂隙水和泉水监测点每 24h 取样一次。

第二组：试验时间 2009 年 11 月 21 日 ~ 2010 年 1 月 5 日，投源井为 S4 岩溶水水文地质孔，位于文化西路与泺文路交叉口。示踪剂为 NaCl，投源量 10000kg。采用水箱搅拌钻机泥浆泵注入的投源方式，投源时间约 16h。

监测点布置：对 S4 投源孔附近的泉水、裂隙水、孔隙水、岩溶水点皆作为监测点。

泉水监测点 4 个，孔隙水监测点 2 个，裂隙水监测点 1 个，岩溶水监测点 3 个，共计 10 个。

示踪试验过程中为保证食盐晶体完全溶解，在投放水箱内采用机械搅拌方式，技术人员随时检查，当完全溶解时，采用泵送方法，经下入含水层的钻杆进行投放。S13 孔示踪剂投放时间为 8h，投盐量 2500kg。S4 孔示踪剂投放时间为 16h，投盐量 10000kg。

试验结果：

第一组：2009 年 10 月 19 日，开展了第一组示踪试验，投源孔为施工的位于趵突泉北门的 S13 岩溶水水文地质孔，示踪剂采用 NaCl，采用水质监测仪实时监测，但是，至 2009 年 11 月 9 日，历时 21d 没有发现监测点 Cl^- 含量明显变化。

第二组：2009 年 11 月 19 日，利用位于泺文路与文化西路交叉口西北角的 S4 岩溶水水文地质孔作为投源孔，进行了第二组示踪试验，S4 孔孔深 75.5m，奥陶系马家沟组一段（O_1m^1）泥灰岩顶板埋深 19.0m，主要含水层发育于亮甲山组（O_{1l}）含燧石结核白云岩中，含水层埋深 30.9 ~ 66.0m，其中 62.5 ~ 63.5m 为溶洞，无充填物。示踪剂仍采用 NaCl，数量增加到 10000kg，布置第一批监测点 10 个。11 月 23 日上午 8 点 5 分，在 S7 孔（黑虎泉南）发现 Cl^- 含量增大，随后出现持续增大趋势，至 11 月 30 日 Cl^- 含量出现峰值，随后出现小幅度回落的趋势（图 4.4-9）。说明 S4 孔附近岩溶水是向黑虎泉方向径流的（图 4.4-10）。

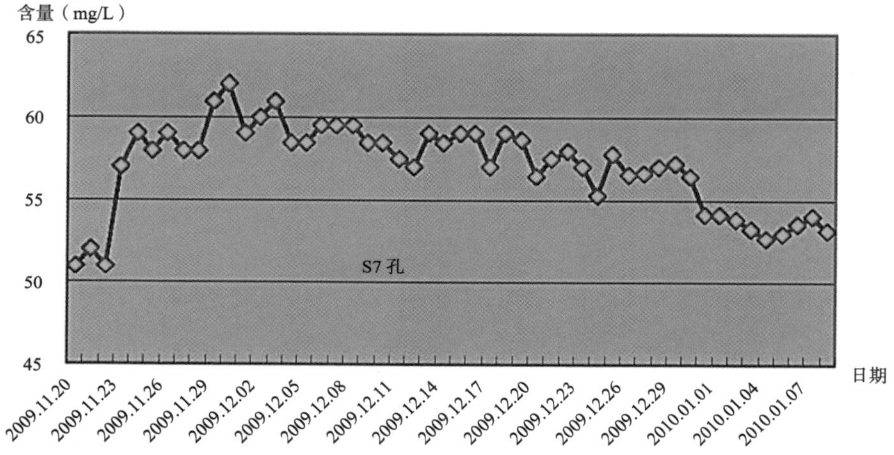

图 4.4-9　S7 孔 Cl^- 含量变化曲线图

S10 岩溶水水文地质孔位于 S4 孔西北方向，至 12 月 16 日，未发现 Cl^- 含量明显变化（图 4.4-12），说明 S4 孔附近岩溶水并没有向趵突泉方向径流。S4 孔与 S7 孔和 S10 孔的直线距离分别为 908.1m 和 509.7m，距离投源孔较近的 S10 孔未发现示踪剂，而距离较远的 S7 孔发现示踪剂，也可说明 S4 孔以西存在岩溶水分流带（图 4.4-11、图 4.4-12）。

4.4.9　历年示踪试验汇总

通过梳理大辛河示踪试验、崔马示踪试验、泉泸示踪试验、兴隆水库示踪试验、兴济河示踪试验、千佛山示踪试验、西部岩溶水示踪试验、四大泉群分水带验证示踪试验，并将各次示踪剂运移途径进行汇总（图 4.4-13），主要涉及地层由老至新为：寒武系张夏组、炒米店组、三山子组，奥陶系东黄山组、北庵庄组。主要结论如下：

图 4.4-10　分水带验证示踪试验示意图

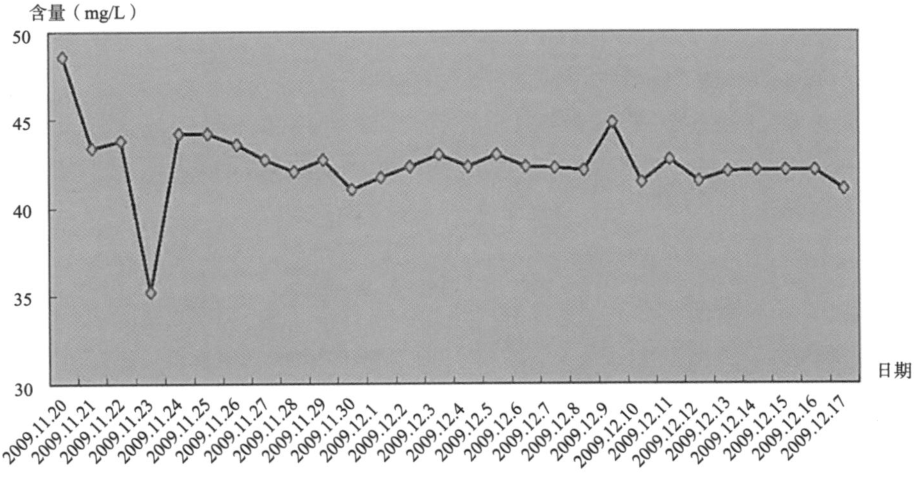

图 4.4-11　S10 孔 Cl^-含量变化曲线图

（1）验证了泉域核心区存在岩溶水分流带，分流带为一条曲线，南从山东大学千佛山校区西部，大约以北西方向到文化西路与趵突泉南路交叉口，再向北转为近南北方向，至山东省实验小学东部。千佛山示踪试验位于岩溶水分流带的东侧，示踪剂在黑虎泉检出，趵突泉未检出。兴济河（龟山段）示踪试验位于岩溶水分流带的西侧，示踪剂在趵突泉检出，黑虎泉未检出。泉水排泄区分水带验证试验位于岩溶水分水带的东侧，示踪剂在黑虎泉检出，趵突泉未检出。

图 4.4-12 历年示踪试验汇总示意图

（2）西部岩溶水示踪试验和崔马示踪试验，奥陶系含水层在炒米店东断裂两侧的殷家林和罗而庄检出张夏组投源的示踪剂，完全证明了张夏组含水层与奥灰含水层是以断层式相互联系的，即张夏组灰岩水补给奥陶灰岩水。

（3）泉泸示踪试验，钼离子运移到断裂后，FJ4 ~ FJ10 一线视流速较大，断裂破碎带改变示踪剂的运移方向，证明在寒武系张夏组灰岩含水层的付上村、北候村附近断裂处存在地下水优势补给径流通道，对地下水有传导作用。

（4）兴济河示踪试验，南郊宾馆至趵突泉泉群、五龙潭泉群、王府池子岩溶裂隙发育较好，示踪剂平均流速 108.3 ~ 117.38m/d。试验表明，奥陶系马家沟组灰岩含水层的南郊宾馆至泉群的千佛山断裂透水段存在地下水优势补给径流通道，所以在断裂带附近的奥陶系马家沟组灰岩含水层补源对泉水的影响效果会更佳。

（5）泉域西南方向的崔马示踪试验，汽车总厂附近示踪剂的出现，时间较殷家林晚约一个月，峰值浓度也较低，证明西南方向的张夏组岩溶地下水主要向西北方向扩散，而向北运移的地下水水量少，速度慢。

（6）大辛河示踪试验，验证了奥陶纪马家沟群北庵庄组（接收点）与下部的炒米店组和三山子组含水层（投源点）之间存在水力联系，同属于一个大的含水岩组。表明大辛河地表水转化地下水工程主要对东郊水源地进行补给，对市区四大泉群补给较弱。

4.5　主径流通道分析

对于济南泉域主径流通道的研究一直都是一个焦点，也是一个难点，至今也未有人给出其平面分布特征。泉水主径流通道亦即水的径流岩溶通道，是决定地下水流动特征的关键因素之一，研究泉脉对于揭露济南泉水成因及保持泉水喷涌具有重要意义。

济南泉域岩溶水系统岩溶水的运动方向与地形及岩层的倾斜方向大体一致，总体方向由南向北运动。排泄区处于泉域岩溶水的汇集排泄区，岩溶水接受补给后皆向该区域汇集。排泄区西部，岩溶水自南西向北东方向径流，在千佛山断裂以西，水力梯度为 6.7‰，靠近千佛山断裂水力梯度逐渐减小。至顺河高架路附近，岩溶水进入泉群排泄形成的漏斗区，由于这一地带地下岩溶特别发育，储水空间巨大，含水层连通性好，漏斗外缘与漏斗中心水位差很小。如文化西路西口附近，施工的 S6 岩溶水水文地质孔，2009 年 12 月 5 日，水位标高 28.74m，而同一时间趵突泉泉群内部水位标高 28.73m，两者直线距离 700m，水位差仅 0.01m；趵突泉泉群排泄漏斗中心附近 S9（饮虎池）岩溶水水文地质孔，水位标高 28.664m，距 S6 孔 455.4m，水位差 0.076m，这两点之间的连线与岩溶水流向基本一致，水力梯度仅为 0.17‰。历山路以东，岩溶水自南东向北西方向运动，水力梯度 5.5‰。

自民生大街至历山路，岩溶水流向基本为南北向，在 30m 等水位线以南区域，水力梯度较大，约为 1%，向北逐渐变缓，大致在文化西路以北区域，水力梯度很小。如 S5 水文地质孔，位于文化西路南侧自来水公司宿舍门口，水位标高 28.79m，而其北部泺源大街圣凯财富广场门口 S7 孔，水位标高 28.77m，两孔直线距离约 715m，水位差仅 0.02m；位于黑虎泉泉群排泄漏斗中心附近的监测点水位标高 27.71m，比 S7 孔低 0.06m，两者直线距离 240m，漏斗中心附近水力梯度仅 0.25‰左右。

4.5.1　主径流带平面分布

对山前钻孔按埋深 50m 以内、50 ~ 100m、100 ~ 150m、150 ~ 200m、200 ~ 250m、大于 250m 几个不同深度对地下岩溶发育与否进行分层统计，根据岩溶发育钻孔密度大小采用 250m、500m、750m 不同半径分层进行分析，结果发现，在山前地带党家庄—十六里河—千佛山断裂（泉城公园段）地下埋深 100 ~ 150m 深度范围存在一条由南西至北东方向连通四大泉群的主径流通道。济南地区的碳酸盐岩化学成分、矿物成分、结构、构造的差异，使其岩溶具有层状发育特征，显然，这条集中径流带的形成主要受层位控制，局部靠构造连通。

另外，根据《济南市轨道交通线网规划泉水影响评价报告》《济南市泉区范围陆地声纳探查报告》《微动探测工作报告》《核心区等水位线图》等研究资料，现状条件下“趵突泉地垒”岩溶水流场存在两条主径流带（图 4.5-1、图 4.5-2），第一条主径流带位于玉函路—青年西路—上新街，再向北至趵突泉泉群排泄漏斗中心，基本为南北向，岩溶水流向自南向北指向趵突泉泉群，这条主径流带是趵突泉泉群的汇流中心，西部岩溶水和东部（泉群分流带以西）岩溶水皆向这一带汇集，可称为“趵突泉泉群主径流带”。第二条主径流带自历山路南口—自来水公司宿舍门口（S5 孔附近），向北直指黑虎泉，其南段岩溶水流向北西 343° 左右，S5 孔以北，岩溶水流向北西 355° 。这一主径流带可称为“黑虎泉泉群主径流带”，两侧岩溶水皆向其汇集，是黑虎泉泉群的汇流中心，最终向黑虎泉泉群排泄。

另外，密歇根大学的数值模拟分析也验证了这两条主径流带的位置（图 4.5-3）。

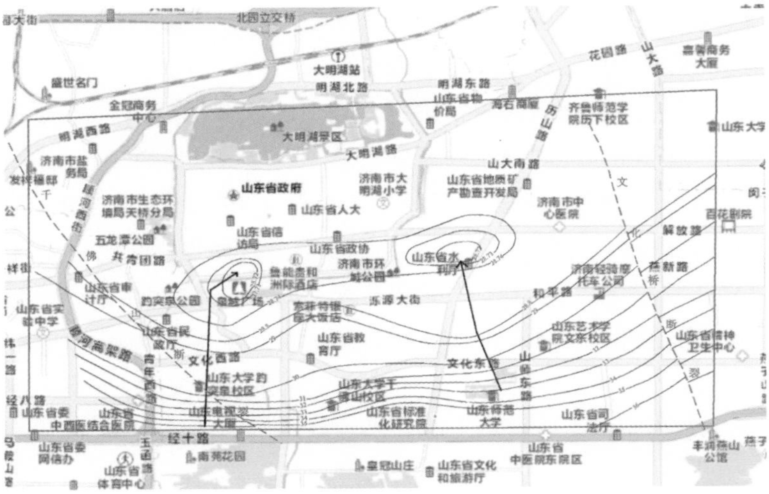

图 4.5-1　趵突泉地垒段岩溶水主径流带平面分布图

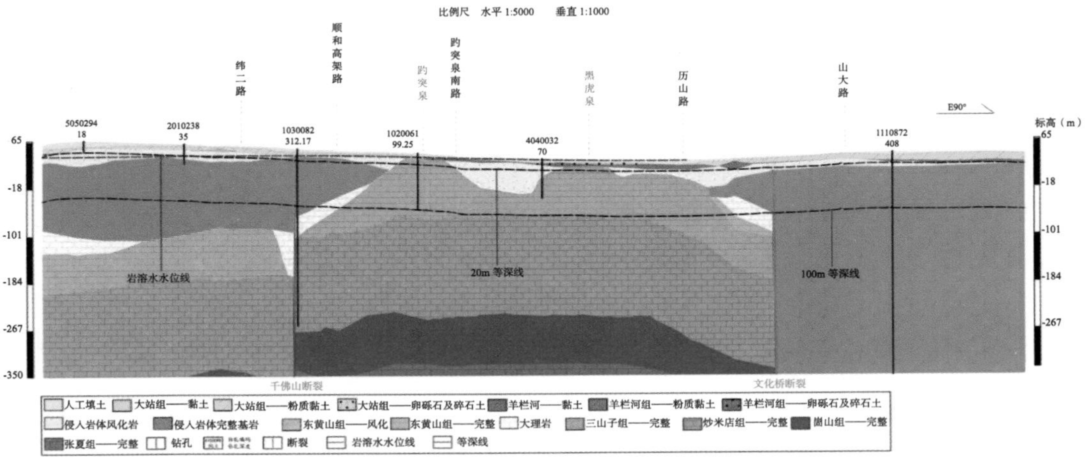

图 4.5-2　趵突泉黑虎泉二维剖面图

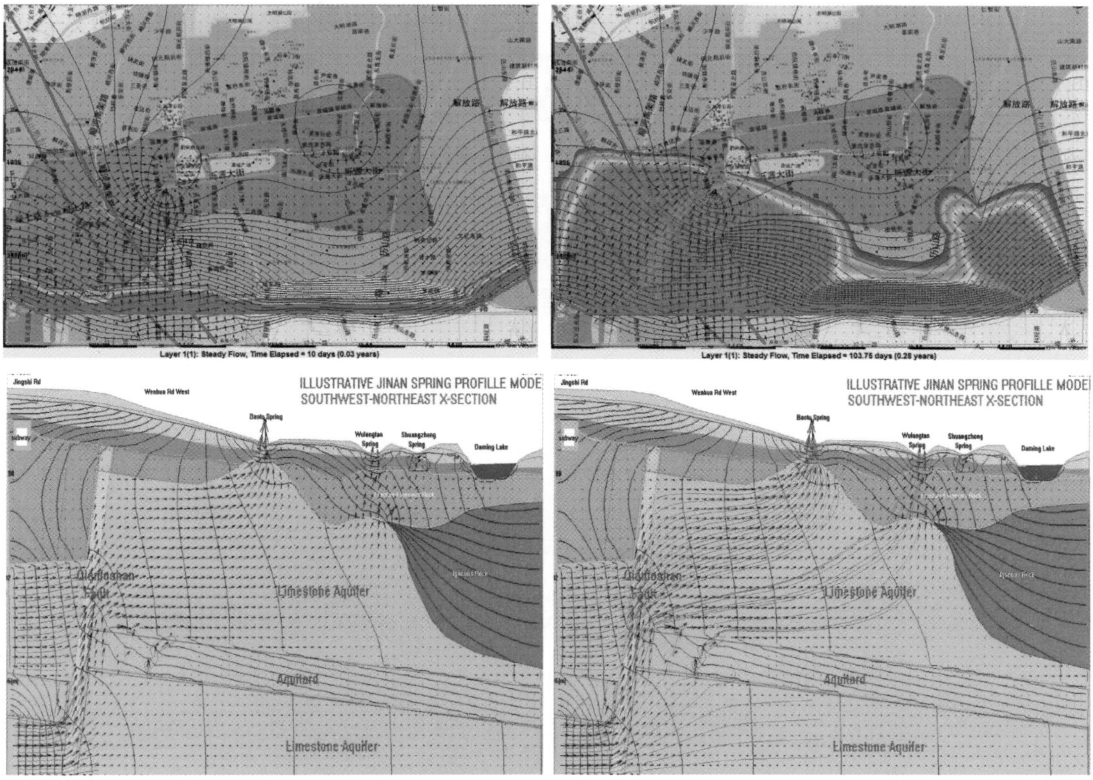

图 4.5-3 “趵突泉地垒”流速流向模拟示意图

4.5.2 主径流带垂向分布

根据大量钻探统计，“趵突泉地垒”岩溶裂隙发育带垂向位置大致埋深在 200m 左右（图 4.5-4）。

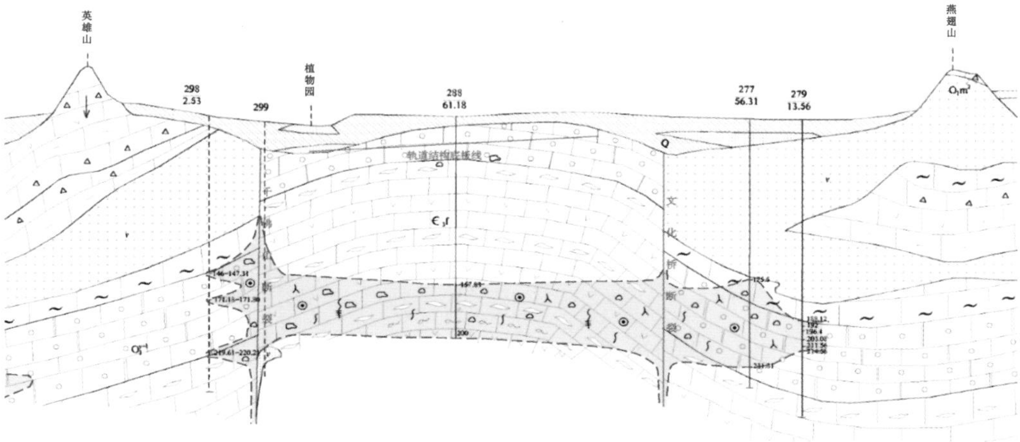

图 4.5-4 “趵突泉地垒”主径流带垂向分布

另外，根据《济南泉水研究》，地下深部岩溶发育可分为强、中、弱三带，强岩溶发育一般在 200m，标高 −150m，中发育带为 −150 ~ −450m，弱发育带为 −450 ~ −750m，根据调查的 29 个钻孔资料，张夏组 800m 深仍可见裂隙岩溶发育段，张夏组可看做为单独发育的层状孔洞—裂隙网络系。一些深孔仍可见到岩溶发育，如大明湖北白鹤庄 J39 孔深 892.70m，在深度 663.5 ~ 665.0m 和 792.65 ~ 794.35m 岩溶发育，西郊老楼子村 J65 孔深 750.18m，深部中奥陶系灰岩岩溶发育，北郊新世纪广场 1 号孔深 650m，深度在 407 ~ 600m 大理岩岩溶发育，钻孔自留，水头高出地面 1.28m。因此，垂向主径流带存在分层的特征。

第5章

地铁工程与泉水保护

5.1 济南市保泉工作概述

济南市保泉大致可分为三个阶段：采外补内阶段、引客水保泉阶段和科学保泉阶段。

5.1.1 采外补内阶段

1980年后，济南市区泉水断流日趋严重，年断流天数达180d以上。根据部分专家学者提出的“三碗水”（即城区、东郊、西郊为各自独立的水文地质单元，相互没有水力联系）的观点和专家意见，济南市采取“采外补内”的措施，从1982年开始，在东郊工业北路、西郊大杨庄新建水源地，关闭了城区的普利门、饮虎池、泉城路等几个水厂，市区地下水开采量由每天30多万 m^3 减到12万 m^3，东郊、西郊开采量分别达到每天30万 m^3 和近20万 m^3。1987年年底，开始在东郊宿张马增采地下水5万 m^3/d。

市区水源地减少开采量后，泉群周边水位得到了一定的回升，如1982年年底同1981年年底相比，市区水位普遍上升0.3m左右，使泉水在1982年一度短期喷涌。“采外补内”在一定程度上对泉水起到了保护作用并且缓解了市区供水压力。但事与愿违，泉水并没有实现常年喷涌，1982 ~ 1985年济南降水量与常年基本持平，但泉水每年春季照旧断流。1986年春 ~ 1987年夏，济南名泉又出现了长达一年半之久的断流干涸。

“采外补内”之所以成效不显著，是因为对济南泉域的边界条件不清楚，内外边界划分的水文地质依据不足，“三碗水”的人为划界是不妥当的。因为，东郊工业开采区与市区泉水为同源补给，东郊工业开采区一旦超采，会袭夺部分市区泉水的补给；西郊水源地与市区泉水也存在密切的水力联系，西郊水源地一旦超采，也会大大减少泉群的补给量。因此，“采外补内”并没有从根本上解决保泉的问题。

5.1.2 引客水保泉阶段

为了保持泉群正常喷涌需要减少地下水的开采量，与此同时，保障济南市社会经济持续、健康发展又需要不断增加供水量，要解决两者之间的矛盾，需要开辟新的水源。为此，1985年开始济南市开展了引客水保泉供水问题的研究。

1985年，济南市政府组织专家、技术人员，对卧虎山水库、锦绣川水库向市区供水工程可行性进行研究。1986年8月完成了引水工程设计，1986年年底，引库供水工程开工，1987年建成了卧虎山水库向城区供水的配套工程——济南市南郊水厂，1988年6月供水工程竣工通水。从此结束了，济南市单靠地下水供水的历史。2003年1月狼猫山水库实现向城区供水，缓解了济南市东郊地区的供需矛盾，减少了东郊地下水的开采量。

1984年，“引客水入城”引黄一期工程破土动工，于1987年年底建成了以黄河水为水源的黄河水厂，引黄工程一期建成通水，设计供水能力每天 20 万 m^3，实则平均供水不足每天 5 万 m^3。20 世纪 90 年代开始，济南市供水集团公司先后筹资 20 亿元建成了鹊山调蓄水库、玉清湖调蓄水库和现代化的地表水厂。随后，又扩建了七贤加压站、板桥加压站和千佛山加压站等基础设施。投资 4 亿元完善城市供水管网升级改造，提高了城市供水综合服务能力。引黄保泉取得重要成果。

卧虎山、锦绣川和狼猫山三座大中型水库向城区供水以来，年均供水总量约为 5468 万 m^3。玉清湖和鹊山水库的设计供水能力均为 44 万 m^3/d，2010 年已基本达到满负荷供水。地表水库和引黄水库相继建成和投入使用，使济南市利用客水和地表水的能力大大提高，供水格局发生了根本的变化。这一措施明显减少了地下水的开采，从根本上解决了保泉与供水的矛盾，对实现泉群的常年喷涌起到了重要作用（图 5.1-1）。

图 5.1-1　卧虎山水库和锦绣川水库

5.1.3　科学保泉阶段

基于上述存在的问题，为科学合理保泉，确保泉水持续喷涌，进入 21 世纪，济南市各有关部门多措并举，驻济地矿部门、科研机构、各高校的诸多专家学者为保泉献计献策，不断进行有益的探索与实践。一方面，采取多种科学技术手段，加强了对泉域边界条件、补径排特征、地下水动态变化规律等的研究，建立了地下水动态监测系统，实施了示踪试验、回灌补源等一系列的技术措施；另一方面，采取了严格的取水管理措施，建立、健全了法律法规，封闭自备水井，实施节水保泉等。形成了“封井限采、原水置换、综合节水、水源涵养、科学监控”的综合保泉体系，恢复和保持了泉群的持续喷涌，保泉工作进入科学保泉阶段。主要进行的工作包括：

（1）开展封井保泉工作，严厉查处各类违法取水行为；

（2）推进供水水网建设，进行城市供水原水置换；

（3）采取多项节水措施，推进节水型社会建设；

（4）保护和治理南部山区生态、地质环境，实施南部山区植树造林、水源涵养和水土保持工作，保护泉域源头；

（5）建设地下水监测系统，提高了对地下水的动态管理；

（6）严格取水许可审批，加强了地下水取水管理；

（7）建立、健全相关的法律法规，如《济南市名泉保护条例》的实施，加强了依法保泉；

（8）大力开展科学研究，为保泉措施提供技术支持。如示踪试验摸清了泉水补给来源；实施回灌补源试验和工程措施，探讨补源途径等。

5.1.4 保泉政策

通过对基础水文地质条件的勘察、保泉工作实践经验的积累，对泉水形成条件认识不断加深，对泉水保护理论研究不断提高，为经济新常态条件下保泉技术、方法提升奠定了基础。

5.1.4.1 泉水保护宏观政策

济南素以泉城著称，泉水是济南的城市名片。历届市委市政府十分重视泉水保护工作。

1948 年 11 月，济南市政府发布了《关于保护水源的布告》。

1963 年 4 月，原济南市人民委员会公布了《济南市泉水管理暂行办法》。

1975 年 8 月，原济南市革命委员会颁布《济南市泉水、河道管理办法》。

1981 年 9 月，济南市人民政府作出《关于保泉节水工作的决定》。

1997 年 6 月，济南市人民代表大会常务委员会颁布了《济南市名泉保护管理办法》，这是全国首部地方名泉保护法规，把名泉保护工作纳入了法制化轨道。

2005 年 9 月，济南市人民代表大会常务委员会在 1997 年颁发的《济南市名泉保护管理办法》的基础上，根据实践经验重新制定颁发《济南市名泉保护条例》。

2006 年，制定《济南市保护泉水喷涌应急预案》，为依法保泉奠定坚实的法制基础。

同时，历次编制、编修《济南市城市总体规划》和《济南历史文化名城保护规划》，都把保护“泉城”特色列为重要内容，划定保护范围，严格保护措施。

2017 年 2 月 27 日，《济南市名泉保护条例》由济南市第十五届人民代表大会常务委员会第三十六次会议修订，3 月 29 日山东省第十二届人民代表大会常务委员会第二十七次会议批准，7 月 1 日起正式实施。

2017 年 1 月 1 日，济南市名泉保护委员会办公室发布《泉水环境影响评价技术导则（试行）》。

2019 年 1 月，批准实施《济南市名泉保护总体规划》。

1. 保泉“十字方针”

数年的保泉实践，逐步摸索出一套保持泉水持续喷涌行之有效的措施办法，其中最核心的是坚持了“增雨、置采、补源、控流、节水”的十字方针。增雨，就是在旱情严重的情况下，在泉水涵养区开展大规模、高密度的增雨作业，增加南部山区泉水渗漏带的有效降水，先后建设了 27 个固定增雨作业点，增雨效果达 10% 以上。置采，就是加大对地表水和客水的使用力度，逐步减少地下水的开采量。先后投资 20 多亿元，建成鹊山水库和玉清湖水库，公共供水管网地下水用水比例由 10% 减至 7.0% 以内。补源，就是在枯水季节实施放水补源，增加南部山区水库的蓄水能力，最大限度地补给地下水源。控流，就是根据地下水水位情况，对泉水喷涌量进行分时控制，减小泉水流失量。节水，就是通过压缩用水计划指标，实行封井保泉、推广中水回用等措施，提升节水保泉效果。济南市保泉得益于这些有效举措，也必须在今后保泉工作中不断完善。

2. 济南市保持泉水喷涌应急预案

保护泉水必须以健全的法律法规为依据，使保泉工作走上依法保护、科学保护的法制化轨道。2005 年，在总结保泉经验的基础上，颁布实施了《济南市名泉保护条例》，进一步规范了保泉工作的组织领导和各级各相关部门的责任，明确了名泉保护总体规划和详细规划的编制主体，确定了名泉保护的资金来源和违反名泉保护条例的法律责任，形成了科学、系统、完善的法律体系。针对不同时期保泉工作面临的形势和任务，2006 年，济南市制定了《济南市保持泉水持续喷涌应急预案》，该预案中明确提出三级预警的警戒水位以及相应的措施，明确了责任分工，为名泉保护提供了更有力的法律支持和法律依据。《预案》规定在降水明显减少等紧急情况下，适时启动应急措施，加大增雨、补源、置采等工作力度，确保泉水持续喷涌。通过完善这些法规和制度措施，使泉水保护工作步入了有法可依、依法保护的新阶段。

3. 济南市南部山区管委会正式成立

济南南部山区是济南的泉源、绿肺、水源地和后花园，具有十分重要的生态功能。但目前总体上仍存在过度开发、生态脆弱等问题，导致泉水补给区面积减少，重点渗漏带功能减弱，直接影响到泉水持续喷涌。

2016 年 8 月 3 日，济南市南部山区管理委员会成立。新组建的南部山区管理委员会第一届领导班子正式上任，标志着南部山区保护工作进入了一个新的历史阶段。明确以保护为主的目标定位，“共抓大保护，不搞大开发”；做好“减法”和“加法”的文章。关于“减法”，要开展集中执法，做好乱搭乱建以及由此产生的乱排乱放、无序经营等违规违法行为整治工作。关于“加法”，主要是生态保护修复，不断提升泉源、绿肺、水源地和后花园的功能。

5.1.4.2 保泉条例法规

泉水是济南的名片，济南市在快速发展的过程中，势必要兼顾保泉。为加强对名泉的保护，保持泉城特色，维护历史文化名城风貌，促进我市经济社会的可持续发展，根据有关法律、法规规定，进行本市内泉水补给区、出露区和名泉泉池、泉渠及人文景观的保护。在近 20 年的保泉工作中，相关部门逐步建立了系统的保泉导则、条例，如《济南市名泉保护条例》《泉水环境影响评价技术导则（试行）》。以上保泉导则、条例的推行，为保泉工作提供了规范性的依据，使得诸多工程在建设时有章可循，有效地减少了工程对泉水的影响。

1.《济南市名泉保护条例》

21 世纪以来，济南市政府、济南市园林局等多家机构（部门）开始着手制定、完善保泉方面的法规、条例，2005 年济南市人大常委会在《济南市名泉保护管理办法（1997 年）》的基础上，根据实践经验重新制定并颁发《济南市名泉保护条例》，该条例于 2005 年 7 月 22 日济南市第十三届人民代表大会常务委员会第十九次会议上通过并实施。

《济南市名泉保护条例》于 2017 年 2 月 27 日由济南市第十五届人民代表大会常务委员会第三十六次会议修订，3 月 29 日山东省第十二届人民代表大会常务委员会第二十七次会议批准，7 月 1 日起正式实施，修订的《济南市名泉保护条例》立足保泉现状和面临的新形势、新需要、新发展，为科学保泉强化了法制保障。

2.《济南市名泉保护标准》

近年来，山东省 GDP 始终位于我国各省市前列，其中济南市 GDP 总值增长趋势明显，在经济发展过程中，工程建设势必会带来地面硬化等方面影响，无疑会造成泉域内降水入渗量的损失。但随着保泉工作的系统化，工作中认识到泉域不同的功能区内，工程需要开展的保泉工作侧重点截然不同。为了提高保泉工作中的工作效率，2016 年济南市名泉保护委员会办公室编制了《济南市名泉保护标准——泉水环境影响评价技术导则（试行）》（以下简称《导则》），并于 2017 年开始试行。

泉水影响评价工作对于非专业人群是一个陌生的领域，《导则》中针对泉水影响评价工作中涉及的水文地质专业术语、词汇进行了通俗化的解释，使得不同行业的人群能够很好地理解泉水影响评价工作。

《导则》首先明确规定了使用范围为《济南市名泉保护总体规划水文地质专项区划报告》划定的泉水保护区内的新建、改建及扩建项目，明确了不同区域建设项目的泉水影响级别，进而细化了各级评价的技术要求，使得项目在建设过程中有章可循，尽可能降低对泉水的影响。

《济南市名泉保护标准——泉水环境影响评价技术导则（试行）》于 2017 年 1 月 1 日开始试行，根据试行期间收到的合理意见以及建议进一步完善导则。

3. 开展年度泉水情况分析工作

泉水是济南城市的名片和品牌，是经济发展和城市文化的重要依托，是济南最大的核心竞争力。为了更加科学地进行泉水保护工作，分析研究降雨、地下水开采等对泉水的影响，市园林部门（名泉办）自 2016 年起开展年度泉水保护情况分析评估工作。按天、周、月、季、年为时间单位实时搜集降雨、地下水开采、回灌补源、泉水水位、建设项目保泉措施执行情况等资料信息，逐年累计资料，查找泉水异常变化的原因，预测泉水走势，以应对泉水突发状况。年度保泉论证报告不仅是对当年保泉工作的回顾和总结，同时对接下来的保泉工作中要面临的问题提出思考和展望，做到提前准备，积极应对。年度泉水情况分析工作的重要意义在于保泉数据的系统性积累，通过长序列数据的积累，为查找泉水异常变化的原因，预测泉水走势，以应对泉水突发状况等提供数据支持（图 5.1-2 ～图 5.1-5）。

图 5.1-2　玉符河生态补源监测和历阳湖生态补源监测

图 5.1-3　建设项目透水砖工程和建设项目植草砖工程

图 5.1-4　建设项目雨水收集管道工程和建设项目下凹绿地工程

4. 划定四条生态保护红线来保泉

济南素以“泉城”而著称，享有“一城山色半城湖”的美誉，为进一步加强泉域的立法保护，让城市“显山露水”，切实留住绿水青山，2015 年 5 月 13 日济南市委、市政府召开济南名泉保护工作及五库连通工程专题会议，全面启动山体、河流水系、泉水重

图 5.1-5 建设项目集水池及渗水井工程

点渗漏带及泉水直接补给区四条保泉生态控制线划定工作。

2016 年 8 月 4 日，保泉生态控制线划定工作通过专家评审论证。同年 10 月 21 日，上报市长常务会通过，市长常务会要求将上述四线划定成果和管控要求纳入名泉保护规划与名泉保护条例，进行立法保护。保泉"四线"工作为名泉保护总体规划奠定了充实的基础，名泉保护总体规划将在总规层面上对其进行统筹与指导。

5.1.5 保泉工程

5.1.5.1 五库连通生态补源工程

为了加强济南市水源支撑与保障，2014 年开建的"五库连通"工程（图 5.1-6），是济南市南水北调续建配套工程的重要组成部分，工程通过改造、新建供水线路，打通了卧虎山、锦绣川、兴隆、浆水泉、孟家 5 座水库之间的通道，利用卧虎山和锦绣川两座水库的可靠水源，向其余 3 座水库输水，确保 5 座水库常年水量充足。而"五库连通"工程还惠及了 2 座水厂、4 条河流以及 8 处强渗漏带。

建设"五库连通"工程可以将城市西部和南部优质的水资源调引到城区河道、水库和水厂，满足城市供水和生态用水要求，改善生态环境，实现当地地表水、黄河水、长江水三种水源的联合调度和优化配置。

"五库连通"工程建成后，可以利用卧虎山、锦绣川水库为源头的输水线路进行生态补源，可以缓解市区地下水水位下降的趋势，同时改善了城区河道的生态环境。工程沿途经过 8 个重点渗漏带，可以适时向大涧沟、分水岭、兴隆、泉泸等 8 处泉域强渗漏带补水，促进泉群持续喷涌。

"五库连通"工程使得济南城区 4 条河流告别冬季断流，枯水期有效地减缓了市区泉水位下降趋势。"五库连通"工程实施生态补源，向兴隆、浆水泉、孟家水库、兴济河和兴隆—土屋、龙洞等渗漏带补水，减缓了地下水下降的趋势，改善了城区河道生态环境，工程综合效益充分彰显。

兴济河自兴隆水库至二环南路段沿线共设置了三处放水口，分别位于兴隆水库大坝西北侧、兴隆泵站处及二环南路处，最大补源量 5 万 m^3/d。2016 年全年补源量共 1137.33

万 m^3，2017 年全年补源量达 1397 万 m^3（图 5.1-7）。

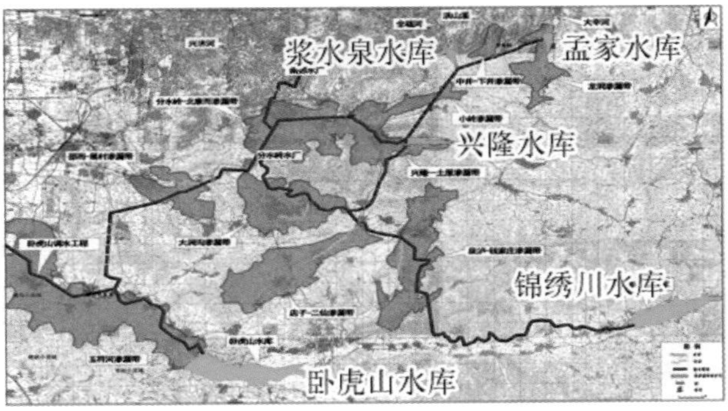

图 5.1-6 五库连通工程平面位置示意图

图 5.1-7 兴济河生态补源

5.1.5.2 引黄调水生态补源工程

近年来，随着保泉工作的开展，黄河水在水资源调度中发挥着越来越重要的作用。2013 年 5 月 1 日，玉符河卧虎山水库输水工程正式开工，工程拟将平阴的黄河水通过三级泵站逐步提到卧虎山水库，彻底解决卧虎山水库“靠天吃饭”的局面。

玉符河卧虎山水库调水工程是南水北调东线济南续配套工程。工程投入运行后，济平干渠中的黄河水将“跋涉”30km，最终送入卧虎山水库，设计输水能力为每天 30 万 t。黄河水不是只能进入水库后才能补源，调水工程在管道沿线预留了分水口，黄河水可以通过分水口“直补”玉符河。

玉符河沿线自卧虎山水库至 104 南北大桥共设有 6 处放水口，分别位于宅科村东北约 450m 处（石崮生态园南侧）、寨而头村西偏南约 150m 处、西偏北 420m 处、东渴马村大桥处、崔马庄村西南约 800m 处、崔马庄村西北约 900m 大桥处。根据统计，2016 年全年玉符河补源量共 3302.88 万 m^3，2017 年全年玉符河补源量共 4583.28 万 m^3（图 5.1-8）。

图 5.1-8 玉符河生态补源

5.1.5.3　历阳湖生态补源工程

历阳大街北侧的广场东沟内，有座小型水库，这里就是大明湖水“北水南调”的南端，水库于 2013 年建设完毕，被命名为历阳湖，用以储存大明湖弃水。历阳湖南侧为历阳大街，西北侧为金鸡岭山。历阳湖的储水十分清澈，储水来自大明湖，经西圩子壕、南圩子壕、广场西沟、舜玉路、广场东沟的输水管线和 3 级泵站到达湖内。每天约有 5 万 m^3 的水从大明湖来到历阳湖。

历阳湖水沿着广场东沟向下游流去。历阳湖所在地属强渗漏带，大明湖弃水通过渗漏，实现地表水转换地下水，补充泉城水源，推高泉水水位。2017 年历阳湖全年补源量共 1134.37 万 m^3，2018 年历阳湖全年补源量达 1356 万 m^3（图 5.1-9）。

图 5.1-9　历阳湖生态补源

5.1.5.4　结合保泉的山体海绵工程

济南保泉，一方面要“开源”，另一方面要“节流”。先是要让地表水渗下去，才能使地下水上得来。“海绵城市”建设通过综合采用“渗、滞、蓄、净、用、排”等工程技术措施，可以最大限度地实现雨水在城市区域“自然积存、自然渗透、自然净化”，从而实现“修复城市水生态、涵养城市水资源、改善城市水环境、提高城市水安全、复兴城市水文化”等多重目标。济南已列入国家首批海绵城市试点城市，并将“促渗保泉”作为“海绵城市”建设的重要内容。

作为典型的坡地与平原复合型城市，济南创建海绵城市有着得天独厚的自然条件和良好基础，南部山区独有的多处渗漏带联通了降雨补给地下水的通道，形成“地下水银行”。济南市政府近几年相继实施了“保泉工程、地表水转换地下水工程、再生水工程”等一系列水环境综合整治工程，并取得初步成效。

济南市山体海绵工程：在有条件的山体区域建设阶梯式生物滞留设施以及雨水调蓄设

施，利用渗漏带这一济南的特殊地质构造增强地下水的补给能力，保障泉水喷涌。结合当地山地情况划定一定的水源涵养区，通过植被恢复、拦蓄坝等设施提高山体源头区域水源涵养能力。

山地公园作为大量雨水的汇集地，如果能进行合理的雨水收集改造并有效利用，则能很大程度上增加园林灌溉用水，节能降耗，并对保泉工程起到重要作用。以“入渗优先、集蓄辅助、水库成景”作为济南市山地公园雨水资源收集系统。

山体海绵工程主要包括千佛山景区、佛慧山、金鸡岭、卧虎山、英雄山风景区等区域。这些山体海绵工程建设的区域，大约占了接近 $12km^2$。主要措施：一是加强山体绿化，在绿化的过程中，采用雨水调蓄池，在低洼处及道路边沟设置一些植草沟、下沉式绿地，尽量多地来拦蓄和涵养雨水；二是在一些山沟里增加一些拦蓄的设施，把雨水层层拦截，让它不渗透到地下，加强山体海绵工程建设，减少城市雨洪量。

济南泉域岩溶水的最主要补给来源是大气降水，泉水位的高低受降雨量的影响较大。有效降水是关键。在每年的雨季中，城区南部的各个海绵综合体就通过截留雨水，成功使雨水储存下来，不仅能够保泉，还能在一定程度上缓解城市内涝。

5.1.5.5 促渗地表水转换地下水工程

正在建设的地表水转换地下水工程，充分借鉴国内外先进经验，系统性研究优化配置可利用水源，利用济南得天独厚的水文地质条件和多个强渗漏区，将市域内水库水、黄河水及渗漏水、喷涌后泉水及济南周边可利用水等资源，借助大地土层高质量过滤与渗透功能转化为优质地下水；通过在市区南部山谷、河道、湖泊建设蓄水池、塘坝等，利用强渗漏区，降雨时拦蓄雨洪水，平时引黄河水、水库水、泉水弃水等，有效渗漏转换补给地下水。进入科学保泉阶段以来，在济南市政府和相关单位的共同努力下，泉水保持持续喷涌。

5.2 地铁线网规划

济南是中国东部沿海经济大省——山东省的省会，全省政治、经济、文化、科技、教育和金融中心，也是国家批准的副省级城市和沿海开放城市，南依泰山，北邻黄河平原；为山东省“一体两翼”整体布局中“济南都市圈”的核心城市，北连京津冀地区，东接山东半岛城市群。从区域定位来看，济南市城市经济发展有很大的增长空间，未来将从区域大城市转变为特大型区域中心城市，不仅具备修建轨道交通的基本条件，而且拥有发展轨道交通的广阔空间。从城市发展来看，建设轨道交通能够顺应济南城市化的进程，引导城市规模有序扩大，缓解人口扩张引起的用地问题；尤其是对优化济南城市环境，提升城市品质和形象具有重大意义。从现状城市交通来看，济南市存在城区严重拥堵、内外干扰、公交薄弱、出行困难、事故频发、缺乏安全保障等问题；而与此同时，机动车辆数量在不断迅速增长，机动化水平较高；道路拥堵除在二环以内区域体现明显外，已开始向东西部城区蔓延，部分路段饱和度在0.95以上。建设轨道交通是有效缓解地面道路资源供求矛盾的必由之路。

2018年，市规划局和市轨道集团联合组织开展《济南市全域轨道交通线网规划》，要求结合《济南市城市空间发展战略研究》，对市域范围内的轨道交通体系进行整体规划，全面梳理轨道交通各功能层次，进一步发挥轨道交通在社会经济发展中的交通骨干和规划引导作用。2019年4月，济南市人民政府下发了《关于同意济南市全域轨道交通线网规划的批复》(济政字〔2019〕24号)。

发展目标是在济南市域范围内构筑支撑并引导城市空间发展、与土地利用相协调、功能层次清晰、高度一体化的轨道交通网络，逐步形成以城市轨道交通为骨干、中运量系统为骨干补充、常规公交为主体、融个体交通的多元化城市客运交通体系。城市轨道线网远景方案由19条线路构成，线网总规模1020km。规划方案充分利用了“三桥一隧”跨河通道资源，支撑新旧动能转换先行区发展，同时衔接老城区与周边各中心组团，疏解中心城区交通拥堵。

然而，对于泉城济南，在城市建设活动中，特别是城市化大规模发展阶段，高层建筑的建设中，深基坑开挖曾多次触动泉脉，引起地下水喷涌，造成名泉喷涌量下降。城市建设活动，特别是深基础工程、地下隧道工程等，对济南的泉水景观带来极大的潜在威胁。

独特的地质构造和水文特点，造就了名泉，形成了济南独特的泉水文化，同时这种地质结构与水文特性也使泉水在人类的生活生产活动面前显得异常脆弱。济南市轨道交通的建设，将有力地促进城市的经济社会发展，提升城市的形象，提高城市的综合竞争力。轨道交通的发展，是为了给城市注入更多的发展动力，为城市的居民提供更加高质量的生活便利。泉水作为城市生态环境、城市文化的重要组成部分，是济南市城市灵魂的载体。轨道交通建设与泉水保护都是未来城市赖以发展的基础，是城市可持续发展的重要组成部分。

轨道交通线网规划是一个不断优化的决策过程。城市轨道交通线路一般沿人口稠密、岗位集中的交通走廊布设。在大城市中心区，线路一般沿主干道设置，并且敷设方式尽量选用地下线；在外围，线路一般采用高架或者地面线形式。依据这一特点，在线网规划初始阶段，初步选取可能的线路通道，为保泉勘测提供初步勘测范围，勘测的结果反馈于线网规划。随着线网方案的不断优化和勘测成果的不断更新，最终形成互为指导、以保泉论证成果为技术支撑的轨道交通线网规划成果。总的评价准则是：轨道交通建设不会导致泉水流量发生显著变化。在轨道交通建设过程中就要做到，不明显减少泉水的补给量，不阻挡（不揭露）泉水的径流通道，不改变泉眼出露结构。

因此，济南轨道交通采用了以保泉为前提的线网规划策略，依据泉水保护论证的成果，结合济南市城市特点、道路网及交通流的特点以及轨道交通系统技术要求，在线网规划中，采用泉水保护和轨道交通线路规划策略：

（1）泉水保护敏感区作为线网规划的泉水保护敏感区，即经十路、明湖路、顺河高架、历山路围成的区域。

（2）泉水保护敏感区外可按常规方式规划，敷设方式不受地质与泉水影响；敏感区内线网规划应首先研究敷设方式，优先研究高架与地面线的可能性，然后再研究采用地下线的可能性。

（3）保泉敏感区内，如果线路必须采用地下形式，须严格避开保泉研究中“不宜修建地铁”的通道，如泺源大街、泉城路。

（4）若规划线路以地下线形式通过泉水保护敏感路段，则应明确线路平纵断要求，深化区间及车站方案研究，以“工程方案可行”作为线网规划的基本前提。

（5）对因保泉而未能布设轨道交通的重要客流廊道（如泉城路、泺源大街），加强区域综合交通规划研究，提出有效的交通衔接方案，保证重要发展区具备较高的交通可达性，弥补轨道交通系统的不足。

5.3　保泉工程措施

针对泉城济南独特的水文地质环境，在济南修建轨道交通需要采取特殊的保泉措施，结合近年来在勘察、设计、施工以及新技术、新装备应用上对保泉工程的实践，济南轨道交通的参建单位整理了系列保泉措施。

5.3.1　勘察管理及监测措施

提高勘察技术精度要求和现场勘察管理要求，涉及保泉区段工点，勘察精度均按复杂场地考虑。现场勘察施工时确保泥浆材料不对地下水产生水质影响，施工完毕后及时采取有效措施封孔。施工期加强对第四系孔隙水、基岩裂隙水、深部岩溶水的监测，同时加强对地下水水质的监测。项目施工前对特殊地段再进一步探明地下水情况。

5.3.2　车站设计措施

（1）减小埋深措施。设置地面站厅，减小车站埋深，增加设备走廊以降低站厅层层高。

（2）缩小规模措施。①调整混变、降变变电所设置和配线设置，整体减小保泉范围内车站规模。②采用集中冷站模式及云平台方案，可取消车站通信设备室、通信电源室、AFC 设备室、公安通信设备室、综合监控设备室、电源室、信号设备室、站台门设备室等系统房间，仅保留车控室、站长室等管理用房及环控机房、变电所房间。③调整车站系统方案，取消轨行区排热以减小风道面积。④将车站管理及设备用房就近设置在地面附属建筑内。

（3）车站及区间结构措施。①围护体系采用济南当地成熟且刚性较大的围护桩（墙）+内支撑体系为主，严控车站围护结构插入比，必要时采取封底措施，确保基坑结构安全；基坑按需降水，及时回灌。回灌技术已成功运用于已运营的R1线、在建的R2线一期工程。②车站底板不设置泄压孔，采用全包防水，等级达到一级防水要求，提高车站建设及运营期间防渗能力。③车站实时对岩溶水进行深层监测，并在正式施工前进行基坑试降水，若试降水过程中发现浅部基岩裂隙水与深层岩溶水存在水力联系或水位异常，查明原因，并及时调整车站方案或埋深等。④区间进行线路纵断面优化，尽量浅埋，适当加大区间纵向刚度，特殊区间设置内置泵房，区间均采用盾构机施工；管片采用橡胶止水带+全断面嵌缝处理措施，拼缝处埋置遇水膨胀止水条，外侧采用刚性防水材料嵌缝。⑤盾构推进过程中采用环保型同步注浆及二次注浆浆液，不造成区间施工对地下水的水质影响。浆液由砂、粉煤灰、膨润土、石灰、水及减水剂等外加剂按适当的比例拌合而成，同类环保型浆液在上海青草沙水源地原水过江管工程中已有成功案例。

（4）工程筹划措施。结合保泉要求及地下水常年观测资料，除了设计方案确保对地下水的影响降到最低外，同时对地下工程采取错峰施工的方式，并结合区域地下水丰水—枯水季节的变化，例如济南上报的二期建设规划中，4号线、6号线临近敏感区区域相邻车站、区间分期实施，最大限度减少施工对区域地下水的临时叠加影响。对敏感区域的省体育中心站、泉城公园站、千佛山站、山大路南站、大明湖站、大明湖东站6座车站开挖施工时采用分块分段实施，减小基坑大面积降水引起的对周边地下水的影响。

5.3.3 封闭降水结合原位回灌

富水地层的地下车站施工采取基坑封闭降水与原位回灌保泉关键技术（图5.3-1、图5.3-2），在目前轨道交通建设中，正在使用咬合桩的封闭降水工艺，该工艺对帷幕外围地下水水位影响较小。降水回灌工艺，既能有效保护地下水资源，又能控制周边地质环境的影响，如1号线演马庄西站开始回灌率为30%，通过增加回灌井数量，改进回灌井结构，改进回灌设备，采用加压回灌等措施，使回灌率逐渐提升，两个月左右时间使回灌率达到80%以上。施工过程中通过对地下水回灌技术的不断探索，找寻出能够适应济南地区的回灌方法及设备，在此后的地铁车站基坑工程普遍应用并不断进行回灌系统升级。在玉王明挖段基坑工程降水回灌工程中，从工程开始便使回灌率达到90%以上，整个基坑降水与回灌过程中综合回灌率接近100%。

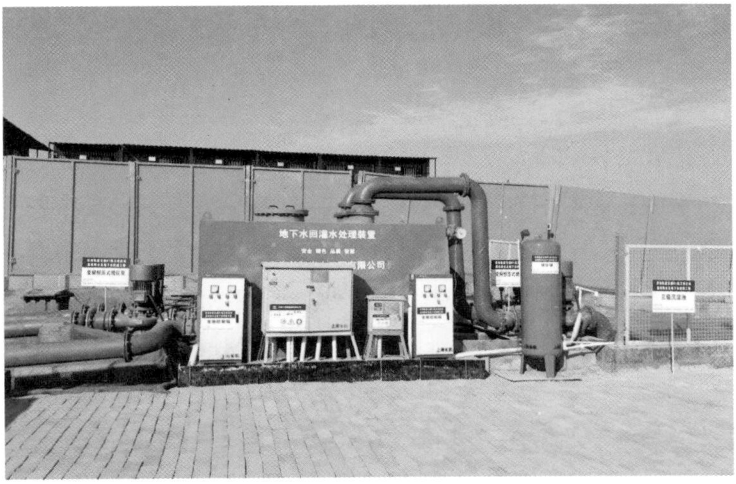

图 5.3-1　济南轨道交通 1 号线现场回灌图

图 5.3-2　济南轨道交通 3 号线现场回灌图

5.3.4　海绵城市设计

地铁车站附近采用海绵城市设计，增加绿化范围，设置下凹式绿地。与济南海绵城市建设相结合，在轨道交通沿线规划做好雨水渗、滞、蓄等工作，有效保护地下水资源，下面以 R3 线为例，作简要说明。

1. 龙洞停车场“海绵城市”设计策略及应用

1）下沉式绿地设计（图 5.3-3 ～图 5.3-5）

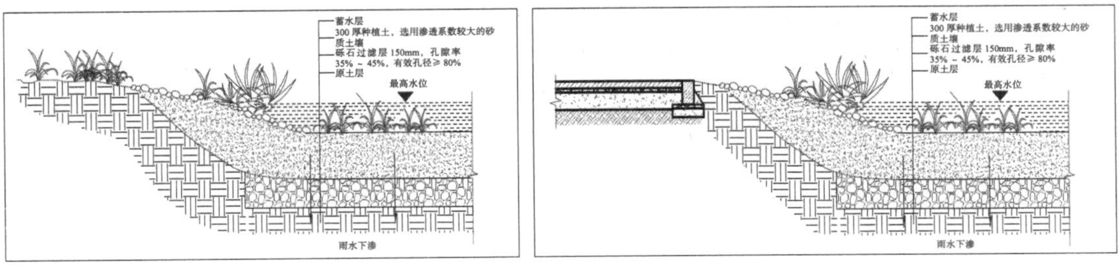

图 5.3-3　下沉式绿地设计大样图

图 5.3-4　盖上上车场侧绿地和盖上南侧待施工绿地

图 5.3-5　盖下东侧绿地（施工中）和盖下绿地（施工中）

2）生物滞留设施设计（图 5.3-6、图 5.3-7）

图 5.3-6　盖上上车场段生物滞留设施和盖上南侧待施工生物滞留设施

图 5.3-7　盖下东侧生物滞留设施

3）蓄水设施设计（图 5.3-8、图 5.3-9）

图 5.3-8　盖下东侧蓄水池和盖下南侧蓄水池

图 5.3-9　盖下东侧蓄水池（蓄水中）

4）透水铺装路面（图 5.3-10、图 5.3-11）

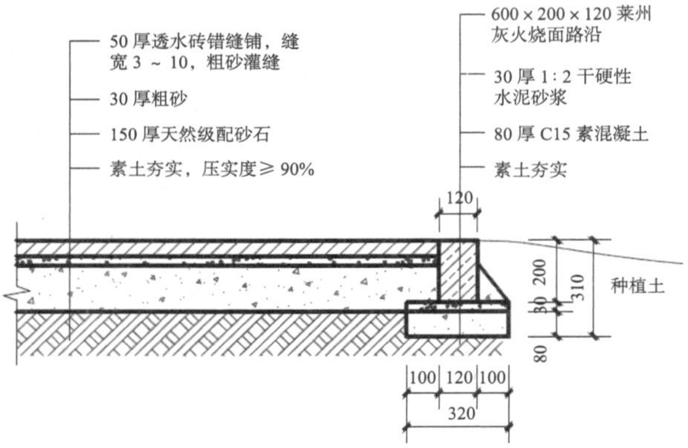

图 5.3-10　透水路面大样图

图 5.3-11　盖上透水铺装路面和游步道透水铺装路面

5）景观石加植被（图 5.3-12）

图 5.3-12　龙洞南侧景观石排水沟和龙洞东侧景观石排水沟

2. 南东车辆段“海绵城市”设计策略及应用

1）下沉式绿地设计（图 5.3-13、图 5.3-14）

图 5.3-13　济南东下沉式绿地（备控与综合楼中间）

图 5.3-14　济南东下沉式绿地

2）生物滞留设施设计（图 5.3-15 ~ 图 5.3-18）

图 5.3-15　济南东生物滞留设施

图 5.3-16　济南东生物滞留设施（维修楼北侧）

图 5.3-17　结合地铁附属结构监测井实际位置图

图 5.3-18　地下水流速测井

5.3.5　四维地质

1. 水文地质动态监测网

为充分论证轨道交通建设与泉水的关系，自 2017 年起，济南轨道交通集团逐步建立了水文地质动态监测网系统，目前该项目地下水动态监测网及平台正稳步推进中，并取得了部分成果，可实时查看轨道沿线及泉域范围内地下水的水位、水温及水质等参数，实时掌握泉域范围内轨道沿线周边地下水位情况，为轨道交通的设计、施工及运营提供数据支撑（图 5.3-19 ~ 图 5.3-22）。

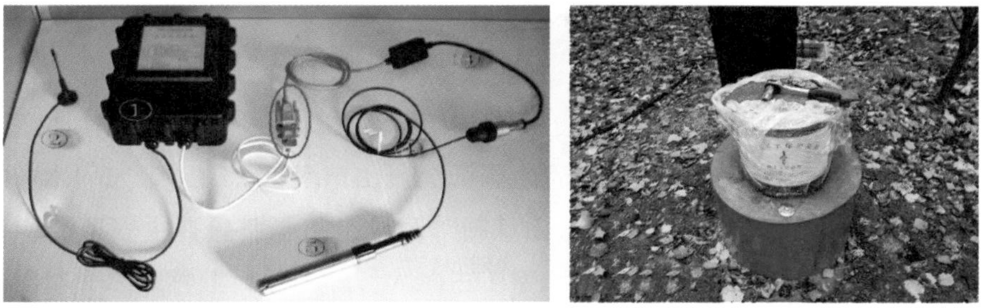

图 5.3-19　水文地质动态监测设备及检测孔

图 5.3-20　监测孔实施照片

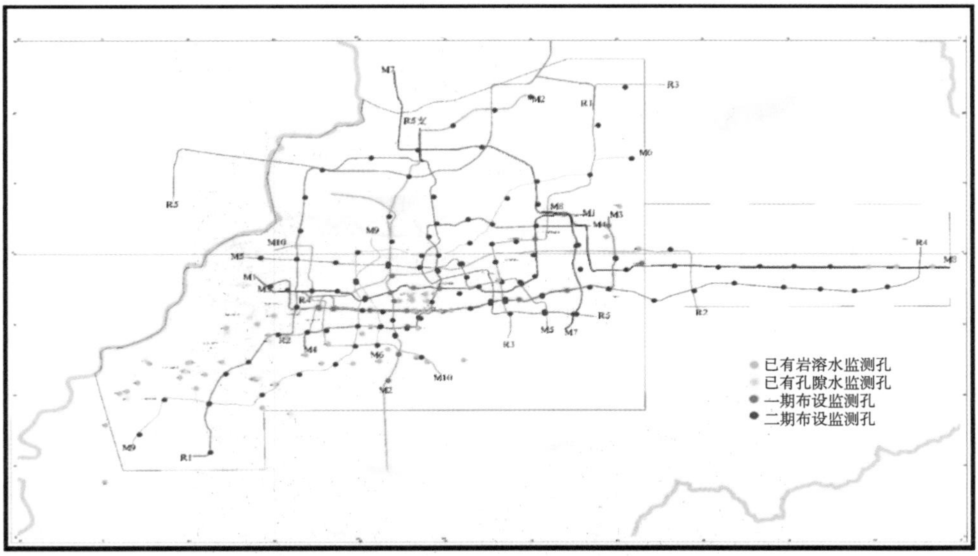

图 5.3-21　轨道交通沿线监测孔布置示意图

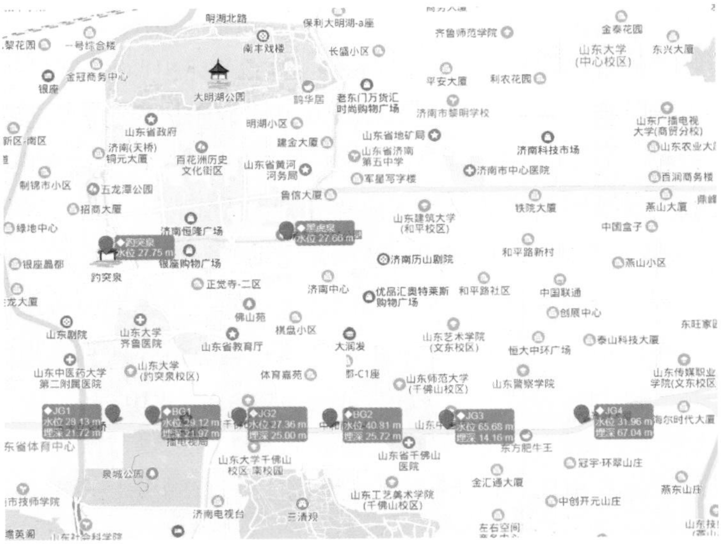

图 5.3-22　正在运行的实时监测系统

2. 四维地质信息平台

结合水文地质动态监测网，建立了“济南城区四维地质环境可视化信息系统平台”，该平台为一套系统（包括地上建筑地理地貌特征、地下管线、空间开发、浅部工程地质分层、深部地质地层、浅部潜水、深部承压水）、多尺度（模型的精度依据应用不同而区别处理）、四维（三维空间地质环境随时间变化）、可视化（形象化展示是平台的核心任务）的智慧平台，可形象展示济南市地铁建设与泉水保护的关系，为规划设计、工程建设、运营维护等各阶段工作提供地理、地质、环境方面的支持。目前，该项目地下水动态监测网及平台正稳步推进中，并取得了部分成果，其中，地下水动态监测网可实时查看轨道沿线及泉域范围内地下水的水位、水温及水质等参数，为相应工作提供了翔实、可靠的数据支撑（图 5.3-23）。

图 5.3-23　四维地质平台专家评审会

为建立“济南城区四维地质环境可视化信息系统平台”，进行了大量的数据采集及野外调查，主要包括钻孔资料收集、水文资料收集、野外实地踏勘、数据库建设等。

1）钻孔资料收集

（1）收集整理汪志浩、赵延铸等老一辈无偿提供的深钻孔（平均深度 300m）；

（2）整理 R1、R2、R3 线等轨道交通线路的全部钻探和试验数据；

（3）整理相关地勘合作单位提供的部分钻孔（图 5.3-24）。

图 5.3-24　收集部分钻孔资料照片

2）水文资料收集

（1）对早期形成的水井资料进行了整理；

（2）对尚可以正常使用的水井进行了现场踏勘及落点；

（3）对可直接为本项目服务的水井资料、泉流量资料进行了整理。

3）野外实地踏勘

（1）对趵突泉泉域直接补给区和间接补给区的界线进行了实地踏勘；

（2）对趵突泉地垒进行了实地踏勘；

（3）对趵突泉泉域主要岩溶水含水层进行了描述及划分等（图 5.3-25）。

4）数据库建设

建立多维数据库，并进行 2000 坐标系转换。包括整理钻孔 10000 余个（时间从 1958 ~ 2019 年，跨越 60 年），地质环境成果报告 100 余份，录入 682 个综合点，数据记录 20330 条，遥感解译 6040km^2，调查面积 6040km^2，机民井 4000 余眼，历史水位水质资料 11520 点次等各类资料（图 5.3-26、图 5.3-27）。

图 5.3-25　野外地层踏勘调查

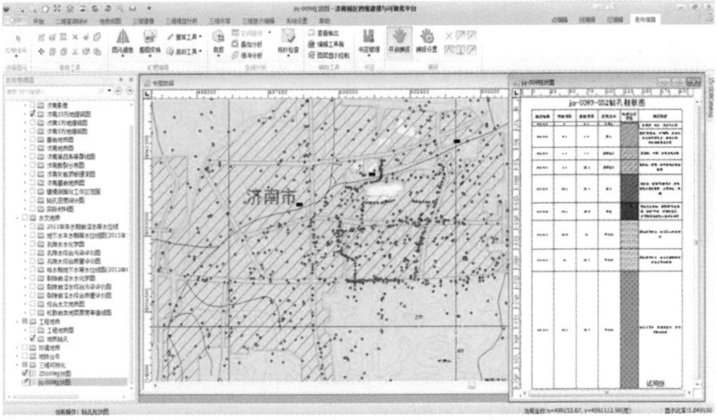

图 5.3-26　钻孔标准化录入

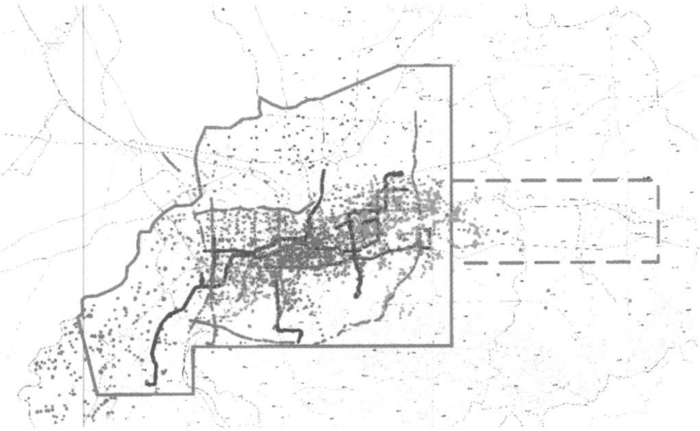

图 5.3-27　数据库录入钻孔分布示意图

5）四维地质环境可视化信息系统平台作用

目前正在建设的四维地质平台及水文地质动态监测网数据翔实、可靠（分析整理钻孔 3 万余个，平台收录 1 万余个）、内容丰富（涵盖趵突泉泉域所有地层结构及含水层）、覆盖面广（覆盖整个线网范围及趵突泉泉域）、功能多样（水位在线实时查看、切割剖面、三维地质建模）、分析可信、结论可证的多功能平台，为泉水环境影响评价工作提供了翔实、可靠的数据支撑（图 5.3-28 ~ 图 5.3-30）。

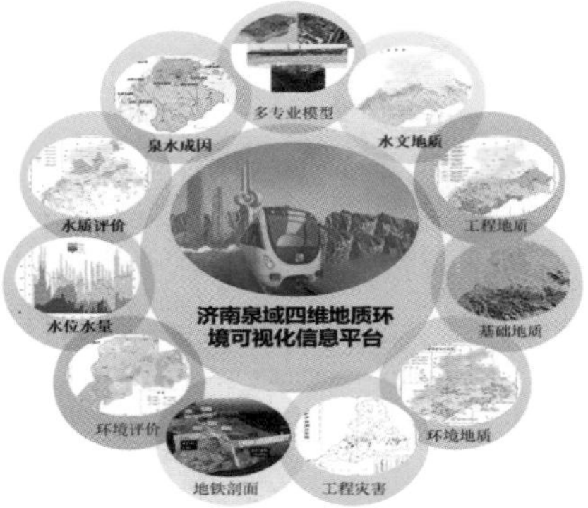

图 5.3-28 四维平台功能示意图

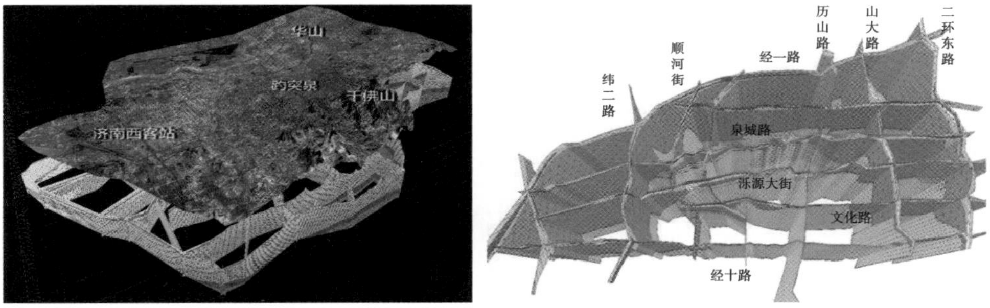

图 5.3-29 三维建模示意图

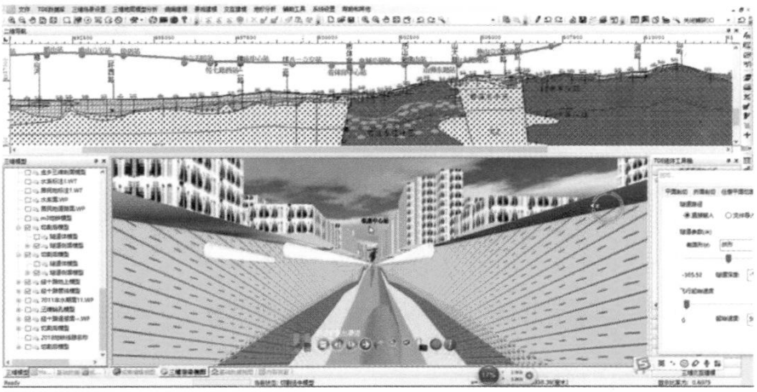

图 5.3-30 地质剖面与地下漫游双屏动态展示

四维地质项目实施以来，在不同的领域得到了应用。除了泉水和地铁的关系外，在不良地质、特殊岩土分布区域等都得到了广泛的应用，相应的成果为轨道交通建设提供了支持。

例如：根据济南遥墙机场航站楼、莱钢永锋钢厂、济阳含章造纸厂等重大工程勘察时对场地饱和粉（砂）土液化的判别资料，黄河沿岸和以北平原区，地基液化等级以轻微至中等为主，主要液化地层为黄河组中的粉砂层，其次为粉土，埋深一般在 15m 以上，液化指数 0.91 ~ 14.88；严重液化的粉（砂）土层仅零星分布，如桑梓店等一带。据裕兴化工厂和莱钢永锋钢厂等工程勘察时液化的判别，该区液化指数最大可达 48.6。其余地区不存在液化土层或不具备液化条件。

5.3.6 数值模拟

近年来，随着计算机技术的迅猛发展，地下水数值模拟的软件也有了长足发展，在人机交互、计算机图形学、可视化等技术的推动下，具有可视化功能的地下水数值模拟软件迅速突起，已经占据国际地下水模型软件市场的主导地位，目前应用比较广泛的有：

（1）FEFLOW（Finite Element Subsurface FLOW system）：是德国 WASY 水资源规划和系统研究所基于有限单元法研制的地下水模拟软件。该软件包括图形人机对话、地理信息系统数据接口、自动产生空间各种有限单元网格、空间参数区域化以及图形显示及数据结果分析工具，其特点是具有快速、精确的数值算法和先进的图形视觉技术等。

（2）GMS（Groundwater Modeling System）：是美国 Brigham Young University 的环境模型研究室和美国军队排水工程试验工作站在综合已有地下水模拟软件的基础上开发的用于地下水模拟的综合性图形界面软件包。GMS 包含了 Modflow、Femwater、MT3DMS、RT3D、SEAM3D、MODPATH、SEEPZD、NUFT、UTCHEM 等地下水模型，是实用性较强的软件。GMS 软件由图形用户界面模块和地下水数值计算模块耦合而成，结构为模型前处理（模型构造与初始及边界条件的给定）、数值计算模型（MODFLOW、FEMWATER 等）及后处理（模型和计算机图像输出）。主要功能包括水文地质数据可视化建模、模型检验与计算、计算结果的图形图像显示。

（3）Visual Modflow：MODFLOW（Modular Three.dimensional Finite Difference Groundwater Flow Model）是由美国地质调查局的 McDonald 和 Harbaugh 于 20 世纪 80 年代专门用于孔隙介质中三维有限差分地下水数值模拟的软件，是最为普及的地下水运动数值模拟的计算软件。Visual Modflow 是由加拿大的 Waterloo Hydrogeologic Inc 在 Modflow 软件基础上应用可视化技术研制的，综合了 Modflow、Modpath、MT3D、RT3D、WinPEST 等地下水模型，具有水质点的向前、向后示踪流线模拟，任意水均衡的水均衡项，允许用户直接接收 GIS 的输出数据文件和各种图形文件，将模拟的复杂性降到最小，简化数值模拟数据前处理和后处理等特点。

地下水流数值模拟是研究地下水流运移规律的基本方法，对于轨道交通建设来说，对评价区地下水流进行数值模拟是基于以下目的：①全面掌握评价区地下水流的运动规律，应用计算机技术重现水位观测期地下水水位变动过程，并通过对计算结果的分析，进一步了解区域的水文条件和地质条件。②获得一个合理的，能够反映评价区地下含水层系统特性的数值模拟模型，并将轨道交通线路位于泉域敏感区（或距离敏感区较近）的车站设置在模型上，以模拟各车站降排水施工时对泉水的影响。

就区域水文地质条件分析，泰山山脉北侧的寒武、奥陶系地层受到一系列北北西或北西向断层切割，石灰岩在空间位置上被分割成许多断块。这些断层往往又构成这些断块的相对隔水边界，如文祖断裂构成明水断块的西边界，又是白泉断块的东边界，马山断裂构成长清—孝里铺断块的东边界，又是趵突泉泉域的西边界。每一断块就其水文地质意义都是一个相对独立的水文地质单元——地下水系统或泉域。它们都有相似的补给、径流、排泄条件，具有分散补给（汇水）山前集中排泄的水文地质特征，存在一个或几个排泄区（富水区）。但由于这几个断块在构造、地层岩性及含水岩组方面都具有一致性，其作为边界的断裂只是起到一个相对阻水的作用，仍然存在透水或弱透水段，具有水量交换。因此，为了更好地认识趵突泉泉域的水文地质特征及其与相邻的水文地质单元的关系，将这几个断块（东阿岩溶水系统、长孝岩溶水系统、趵突泉泉域、白泉泉域）作为一个整体（济南岩溶水系统）进行建模研究。

从水文地质的角度分析，研究区含水系统主要包括第四系孔隙含水层和裂隙岩溶含水层。对研究区的含水系统来说，研究重点为裂隙岩溶含水系统。在模型中，将研究区分为三层，分别概化如下：

第一层为潜水含水层，该目的层主要为第四系全新统及上更新统地层，含水层岩性为中粗砂、砂砾石层，含水层总厚 10 ~ 40m，根据抽水资料和第四系含水层地层结构，概化为二维流。

第二层为越流层，为潜水含水层底板以下的黏土层，只考虑垂向一维流。

第三层为承压水含水层，该目的层是寒武系的张夏、凤山组和奥陶系地层。据济南地区水文地质勘探资料，灰岩层主要发育为网络状溶隙裂隙，因此将裂隙岩溶含水介质概化为各向同性的，非均质的，水位状态随时间而变化的地下水流。综上所述，可将裂隙岩溶含水系统概化为非均质的各向异性的承压三维非稳定流。

考虑到岩溶含水系统的完整性，以及边界有可能对评价区计算结果造成一定影响，在确定模型边界时的主要原则为：①尽量以自然边界作为模型边界；②在没有自然边界的情况下，模型边界尽可能远，以减小边界对评价区计算结果的影响。基于以上原则，结合本区实际条件认为，研究区边界条件可概化为隔水边界和径流边界，即第二类边界。

将研究区含水层分为两层，第一层为潜水含水层（图 5.3-31），边界概化为：

东部边界：以玉符河冲洪积扇的东缘为界，可概化为隔水边界。

南部边界：冲洪积扇首部，为隔水边界。

西部边界：以南沙河冲洪积扇的西缘为界，可概化为隔水边界。

北部边界：由于第四系砂砾石含水层向北延伸较远，北部计算边界为透水的排泄边界。

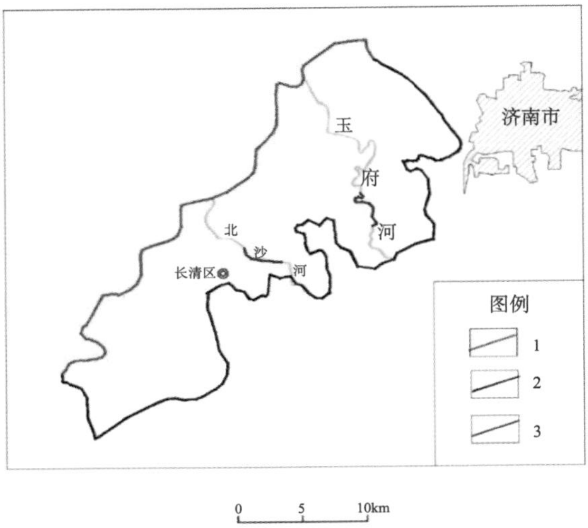

图 5.3-31　第一层潜水含水层边界条件图

1—排泄边界；2—零流量边界；3—河流渗漏段

第二层为承压水含水层（图 5.3-32），边界概化为：

东部边界：以文祖断裂为界，为隔水边界。

西部边界：以平阴—东平的地下（地表）分水岭为边界，为隔水边界。

南部边界：分别以平阴—东平的地下（地表）分水岭、孝直断裂以及寒武系中统张夏组底界面为界，为隔水边界。

北部边界：趵突泉泉域西侧北边界以一系列近东西向断裂为界，趵突泉泉域以火成岩体为界，趵突泉泉域以东以奥陶系灰岩顶板埋深 600m 线为北边界。

综上所述，对研究区水文地质条件概化后，模型可归结为：非均质各向异性的无压—承压裂隙岩溶三维非稳定流数学模型。

模拟区概化为三层结构，第一层孔隙含水层当潜水处理，第二层为弱透水层只考虑垂向一维流，第三层为具承压性质的岩溶含水层。第一层与第三层可通过中间的弱透水层发生水力联系，各个地段的联系程度不同，模型中通过调整弱透水层垂向渗透系数来实现对越流程度的控制。计算时采用 Visual Modflow 进行模拟模型和建立及计算，网格划分范围为 x：20423000 ~ 20550000m，y：3990000 ~ 4075000m，z：−600 ~ 400m。网格划分密度为 254 行，170 列和 3 层地层，其中 1、3 层为含水层。每个单元的面积约为 500m × 500m，计算单位选用软件自定的缺省值。模型范围内定义为活动单元，范围外为不活动单元。模型中计算区内的断裂构造由于导水作用强弱不一，作内边界处理。河流方面，资料较多的河流概化为第三类边界（Visual Modflow 中的 river）处理，资料较少的概化为第一类边界（Visual Modflow 中的 constant head）处理；南部山区地下分水岭为隔水边界，边界以内为计算区、接受大气降水入渗补给区。

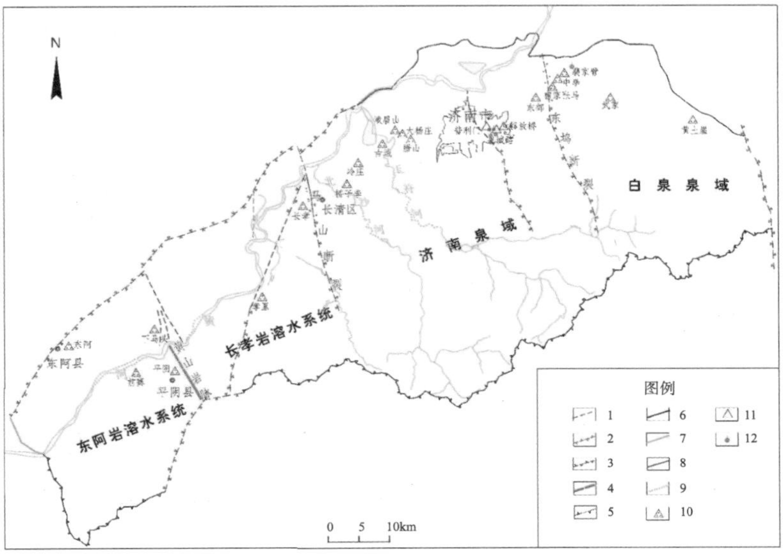

图 5.3-32　第二层承压水含水层边界条件图

1—排泄边界；2—补给边界；3—零流量边界；4—地表分水岭；5—透水断层；6—弱透水断层；7—阻水断层；8—阻水岩脉；9—河流渗漏段；10—开采水源地；11—停采水源地；12—泉群

为了模拟轨道交通建设和泉水的关系，建立了趵突泉泉域、白泉泉域、明水泉域以及泉域以北孔隙水区模型，详见图 5.3-33 ~ 图 5.3-36。

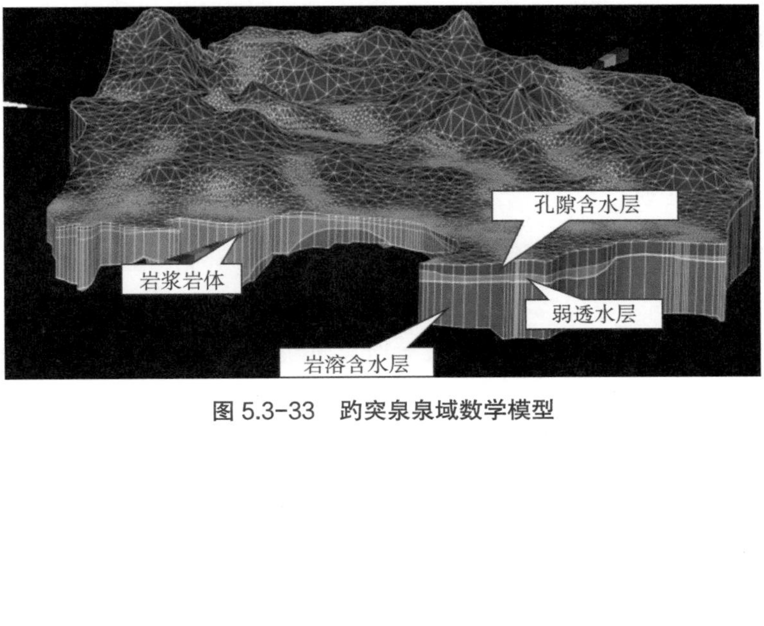

图 5.3-33　趵突泉泉域数学模型

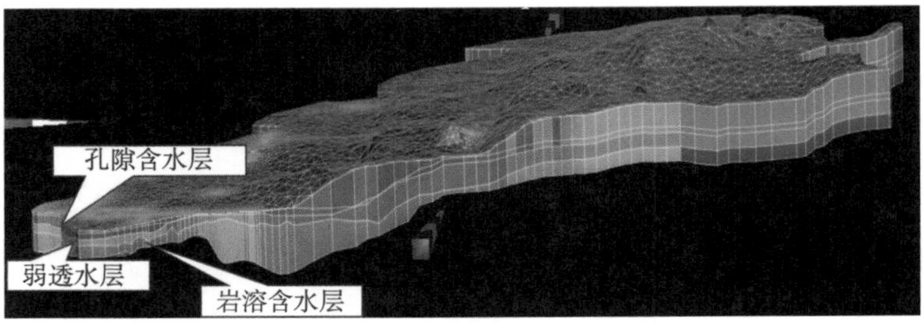

图 5.3-34　白泉泉域数学模型

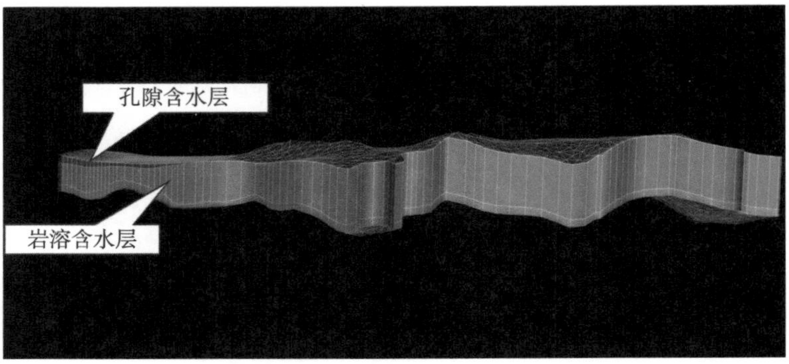

图 5.3-35　明水泉域数学模型

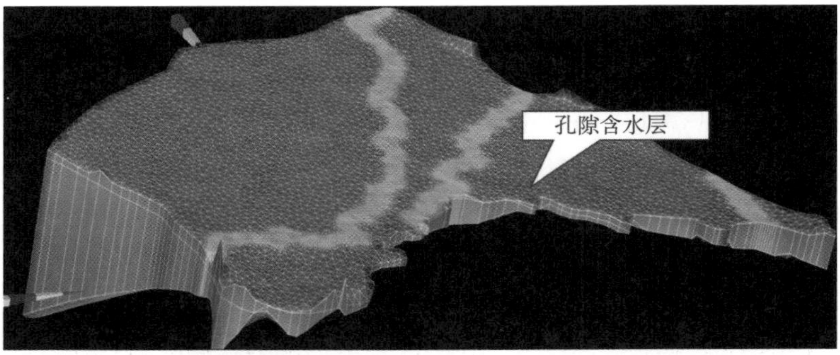

图 5.3-36　泉域以北孔隙水区数学模型

模型的识别与验证过程是整个模拟中极为重要的一步工作，通常要反复地修改参数和调整某些源汇项才能达到较为理想的拟合结果。

模型的识别和验证主要遵循以下原则：①模拟的地下水流场要与实际地下水流场基本一致，即要求地下水模拟等值线与实测地下水位等值线形状相似；②模拟地下水的动态过程要与实测的动态过程基本相似，即要求模拟与实测地下水位过程线形状相似；③从均衡的角度出发，模拟的地下水均衡变化与实际要基本相符；④识别的水文地质参数要符合实际水文地质条件。

在验证期内，将经识别后的各项水文地质参数代入验证模型，进行计、测水位与流场拟合，拟合效果良好，则说明识别参数可代表模拟区实际水文地质条件（图 5.3-37 ~图 5.3-40）。

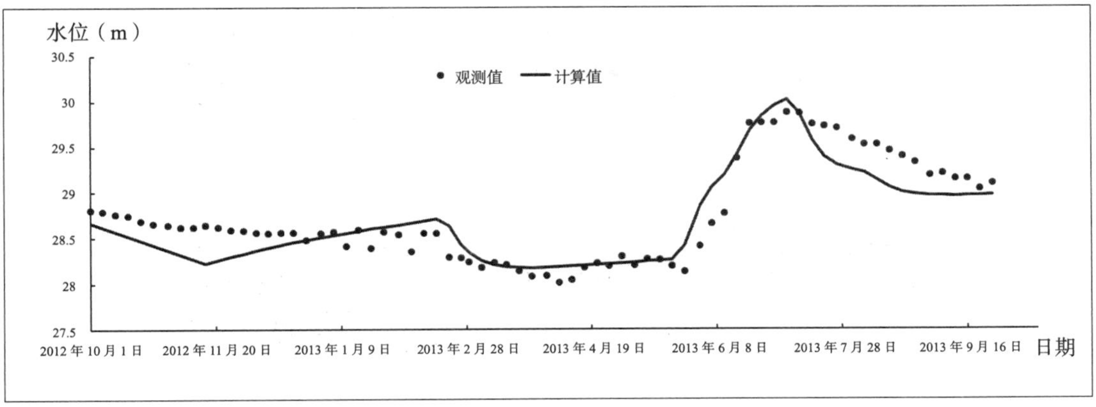

图 5.3-37　趵突泉泉域观测点水位动态过程拟合结果

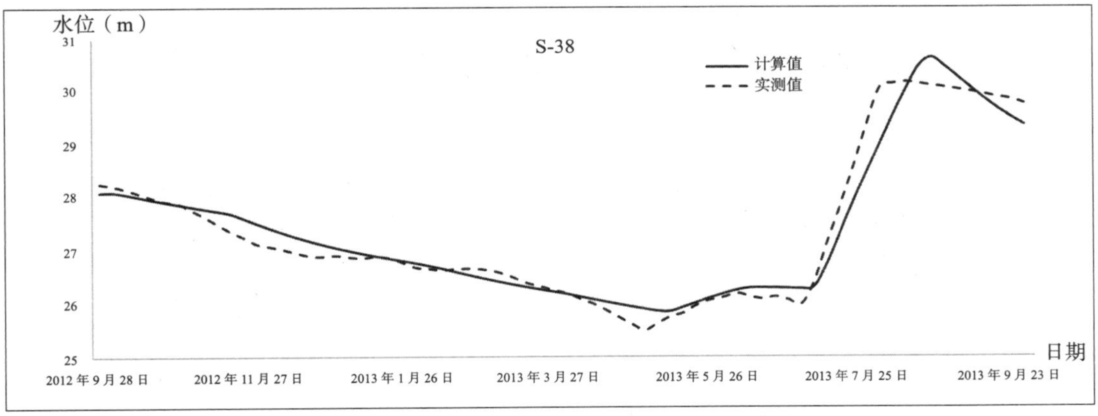

图 5.3-38　白泉泉域观测点水位动态过程拟合结果

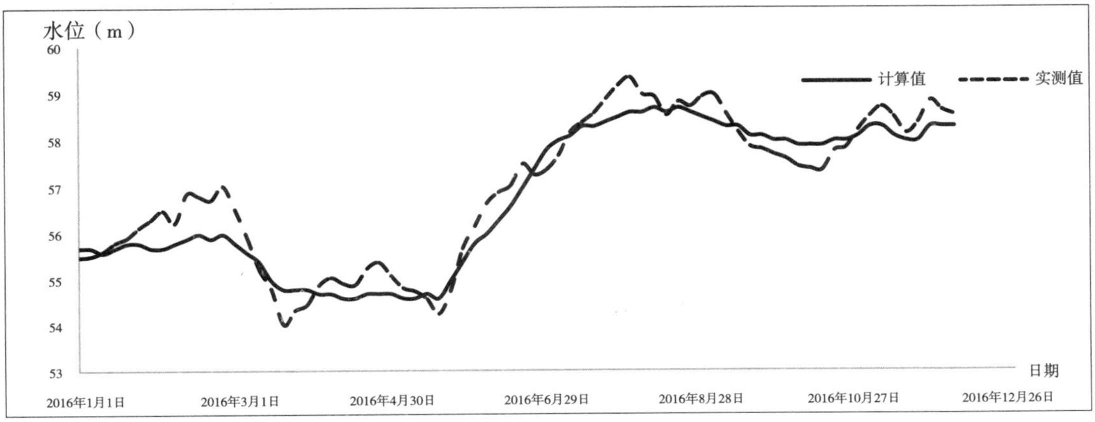

图 5.3-39　明水泉域观测点水位动态过程拟合结果

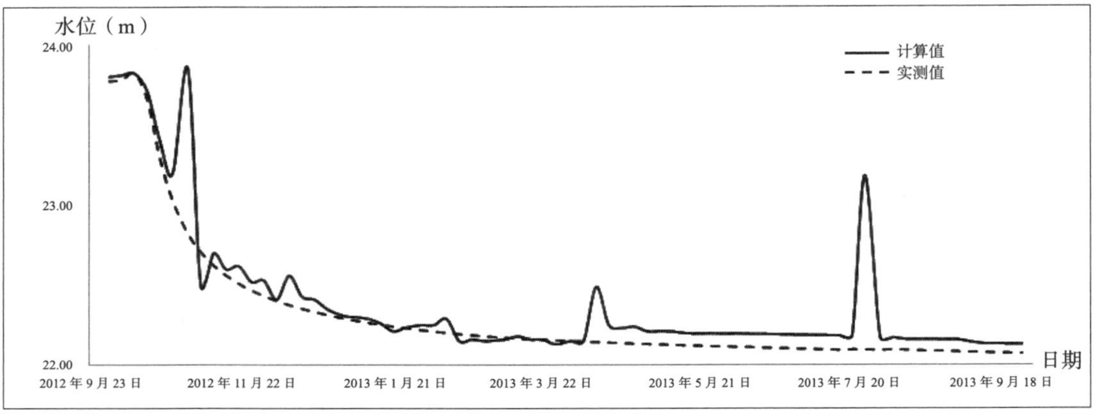

图 5.3-40　泉域以北孔隙水区观测点水位动态过程拟合结果

通过数值模拟，在评价区地下水水文地质模型的基础上，结合济南地下水现状，预测轨道交通线路位于泉水敏感区（或距离敏感区较近）的车站在进行基坑降排水时对泉水的影响。模拟轨道交通线路在施工期、施工后的降水量，对比岩溶水施工前后的等水位线变化，推测地下水位的变化，可以提前对地下水位的变化进行预判，为泉水保护、施工安排提供依据。以下为数值模拟的部分结果（图 5.3-41）。

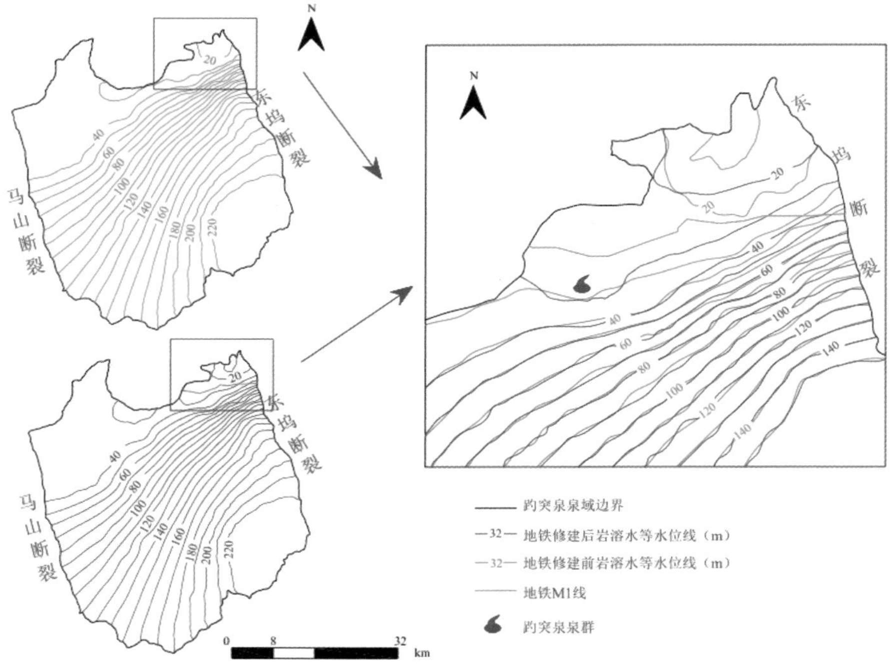

图 5.3-41　6 号线施工前后趵突泉泉域岩溶水水位等值线图对比

5.4　地下水保护应急预案

根据第二轮建设规划的保泉评价及成果，线路的线站位设置及工程措施均严格按照相关要求执行，保泉措施落实到具体设计方案并贯彻到全过程实施方案中，把工程对地下水的影响控制到最低，确保泉水保护万无一失的底线。

全线工程实施中严格遵守市保泉要求，并与泉水监测密切结合，制定以下应急预案，并保证应急预案中所采取的工程措施和材料对地下水无水质影响和永久性影响：

（1）当趵突泉监测水位降至标高 28.15m 时（黄色预警线），要加强巡查工作，并增加浅部孔隙水和深部岩溶水水位监测频率（1 次 /8h），确保各工地正常运行。

（2）当趵突泉监测水位降至标高 27.6m 时（红色警戒线），停止全部地下工程降水施工，防止区域地下水可能产生的叠加效应。当趵突泉水位降幅异常时，即刻停止基坑降排水工作，联系相关咨询单位及泉水保护办公室，在未查明降幅异常原因前，禁止基坑降排水。

（3）受勘察资料精度的限制，在基坑开挖过程中发现相交于车站结构的地下水渗流通道时，立即调整设计方案，增加不低于原断面 1.2 倍的渗流断面补偿设计，并确保渗流通道畅通。

（4）根据实施监测数据，第四系孔隙水降水过程中发现深部岩溶水水位波动时及时停止降水施工，查明原因，如果存在水力联系立即调整设计方案，确保所有实施方案对深部岩溶水无影响。

（5）施工中全部采用对地下水水质无影响的注浆材料，当地下水水质监测发现异常时，立即停止地下水回灌、注浆、盾构推进等施工，及时查明原因，待隐患消除后方可恢复相应施工。

（6）当施工中遇到基岩裂隙水涌水或地下水量明显增大时，即刻停止施工并予以回填覆盖，联系泉水保护评价单位，查明地下水来源，根据泉水保护评价单位意见采取处理措施，必要时重新论证施工方案或重新选址规避。

（7）基坑施工过程中止水帷幕局部渗漏的应及时予以封堵，防止对周围地下水造成影响。发生局部突涌或渗流破坏的应采取应急砂袋等措施予以回填，确保基坑安全和地下水环境安全。处理完毕后应及时增加相应区位的地下水回灌量（图 5.4-1）。

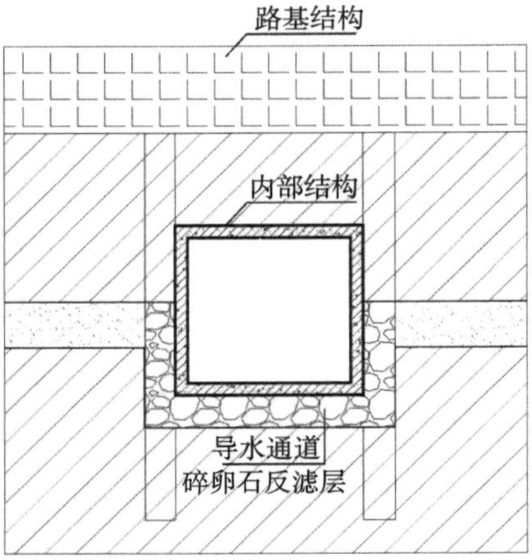

图 5.4-1　卵砾石层反滤层导水示意图

（8）成立应急预案小组，当施工、运营阶段出现地下水监测数据异常或正在发生险情时，应急预案小组及时调配人员、应急物资等，采取针对性的措施；同时，将情况如实上报上级相关部门。

结　语

济南南面山、北临河，城内建筑、泉水、大明湖交相辉映，登千佛山北望，黄河如带，明湖似镜，鹊华峙立，齐烟九点，泉城秀色尽收眼底。

时光的沉积，历史的变迁，造就了泉城济南这片地质遗迹，成就了“天下第一泉”的美誉。

济南因泉而生，城市的发展是一个连续生长和不断更新的有机体，每一次发展都意味着功能的演替与拓展，意即新的形态形成，并导致新、旧形态的矛盾与最终融合。近代济南城市形态的演变是“自然力与人为力”综合作用的结果。

“城市的发展是一个连续的过程，过去、现在、未来在同一时间链上”，不了解泉城的过去，就无法认识泉城的现在，更不可能预想泉城的未来。不管是承载济南历史的泉水，还是开启城市未来的地铁，都是城市的一部分。

人类自诞生之日起就在思考与自然的关系，时光弹指一挥间，泉城这座充满挑战的城市已经开通了自己的地铁，这得益于技术的进步。我们期待着欢愉的泉声，期待着更便捷的交通，期待着更美好的城市。

名词解释

加积：加积指河水搬运过程中携带物质的沉积。当搬运介质无力将碎屑物质往下搬运时，就将其堆积在河床、坡麓或河漫滩上。

进积：进积指沉积中心和沉积相带逐步由盆地边缘向盆地内部迁移过程中，以侧向为主的沉积物堆积作用。其特点是地层柱的岩性自下而上变粗或岩相变浅，并形成向盆地原始倾斜的反S或陡斜型退覆沉积层。进积作用在盆地的沉积物容纳空间增长速率小于沉积物堆积速率的时期发生，并且二者的差越大，退覆沉积层的原始倾角越陡。

沉积旋回：当海退序列紧接着一个海进序列时，就形成地层中沉积物成分、粒度、化石等特征有规律的镜像对称分布现象，这种现象称为沉积旋回，沉积旋回是沉积作用和沉积条件按相同的次序不断重复沉积而组成的一个层序。在柱状图中它表现为岩性由近岸沉积转变为远岸沉积，再由远岸沉积转变为近岸沉积的发展过程。沉积旋回是沉降速率、沉积速率和侵蚀速率组合的结果。

怀远运动：怀远运动发生于张夏期末，延续到大湾期初，是一个长时期的复杂过程。该构造运动经历了海床抬升→暴露剥蚀→震荡性沉积等阶段，其影响范围波及华北大部分地区。区域地质研究表明，自晚太古代以来，地球处于持续的减速过程中，因而造成地壳由低纬度向中纬度漂移，由南而北的挤压作用（和由北而南的反作用）就成为区域性应力作用的基本方式。由于应力长时期积累，豫中地区于张夏期末首先隆起，并向四周拓展，造成海水退却，沉积环境由浅海—潮坪—潟湖，致使灰岩发生白云岩化。马家沟组沉积标志着从崮山期开始的构造隆起剥蚀阶段的结束。大湾期初海水从东北涌入，迅即淹及华北全区。这一大面积沉降现象，既是奥陶纪全球性海平面上升的结果，也是长时期南北向挤压与松弛作用所派生的东西向补偿性收缩的结果。而后不久由东南向西北的推挤作用加强，将尚未固结的东黄山段泥质白云岩角砾岩化。此后转入相对稳定的马家沟组沉积阶段，怀远运动即告结束。

加里东运动：加里东运动是古生代早期地壳运动的总称。泛指早古生代寒武纪与志留纪之间发生的地壳运动，属早古生代的主造山幕。经加里东运动阿尔金、祁连—西秦岭洋已封闭，塔里木、华北、扬子板块相联。扬子板块与华夏板块间的华南裂谷海盆这时形成了一条重要的造山带。

克拉通：大陆地壳上长期稳定的构造单元，即大陆地壳中长期不受造山运动影响，只受造陆运动影响发生过变形的相对稳定部分，常与造山带对应。

燕山期运动：燕山期是侏罗纪至早白垩世早期（距今2.05亿～1.35亿年前）之间的构造期，在此期间，在今中国及周边地区发生了燕山运动或称燕山事件，是中国地质学家翁文灏（1927，1929）最早提出的术语，用来表述以侏罗纪为主发生的构造事件。不少学者把侏罗纪至早白垩世早期的构造期称为早燕山期，而把早白垩世早期至古近纪古新世的构造期称为晚燕山期。

伊邪那岐板块：是一个大洋型的古板块，现在已经全部消减于北美洲板块之下。伊邪那岐板块在中生代之前已经存在。在侏罗纪时，它与古太平洋板块、法拉龙板块和菲尼克斯板块彼此远离，共同作放射性运动。伊邪那岐板块向西北方向运移，与欧亚板块发生俯冲，从而使中国大陆地区发生了燕山运动。这一俯冲作用还使日本中央构造线以西的地区（大致相当于“日本海侧”地区）向北移动，在其东部边缘形成三波川变质带，在其西部边缘则形成阿武限变质带，二者构成双变质带。进入白垩纪，伊邪那岐板块与欧亚板块的俯冲作用减弱，转为以彼此走滑为主，但与北美洲板块的俯冲作用则加强，并在约距今 9500 万年的时候完全消减于北美洲板块的西北部之下。现在已经在白令海发现了属于伊邪那岐板块的残余碎块。之后，太平洋板块即代替伊邪那岐板块而和欧亚板块及北美洲板块西北部发生俯冲，使中国大陆大部分发生华北运动，并使日本形成领家变质带。

华北构造期：简称华北期，是古近纪始新世至渐新世（距今 5200 万 ~ 2350 万年前）之间的构造期，在此期间，在今中国及周边地区发生了华北运动或称华北事件。比起之前的四川期和之后的喜马拉雅期，华北期是一个相对比较宁静的构造期。在此期间发生的最主要的构造活动是西太平洋俯冲带的形成。在四川期，大洋型的古伊邪那岐板块与欧亚板块之间形成走滑断层，并未发生明显的俯冲作用。但是在距今 4000 万 ~ 3600 万年前（最新研究则认为是距今 5000 万 ~ 4200 万年前）的时候，太平洋板块的运动突然发生变化，从北北西向转为北西向，这个方向的突变可以从夏威夷—天皇海山链的走向清晰地看出来。之后，太平洋板块便逼迫伊邪那岐板块向北俯冲于北美洲板块西北部之下，而在太平洋板块内部也出现了罕见的大洋—大洋俯冲带，形成菲律宾板块。最终的结果是伊邪那岐板块全部被消减掉，太平洋板块代替伊邪那岐板块直接向欧亚板块和北美洲板块西北部俯冲，从而形成了现代西太平洋俯冲带。西太平洋俯冲带的形成使今中国大陆大部分地区重新受到了近东西向的挤压，河北平原地区发生坳陷，接受了 14km 厚的沉积。闽粤沿海断层带也是这一时期出现的。但是受影响最强烈的是西南地区，在这里出现了许多大型褶皱。在近东西向的挤压的作用下，近南北向发生张裂，在今中国东部形成了许多构造盆地，成为重要的油气资源聚集区。在这些盆地的底部沿断层有玄武岩溢出，在一定程度上填塞了原本深达岩石圈下部的大断裂，保证了华北—东北地区地壳的完整性。同时，塔里木盆地、柴达木盆地、准噶尔盆地也因张裂作用而坳陷，塔里木盆地西缘当时一直是浅海环境，接受了 13.8km 厚的沉积。与此同时，南海北部也发生张裂作用，出现新生洋壳。西藏南部的构造活动则和今中国大陆大部分地区不同。在华北期，喜马拉雅地块向北与已经拼合到欧亚板块之上的冈底斯地块发生碰撞，形成雅鲁藏布江碰撞带，今中国大陆的面积又一次扩大了。

角度不整合：当下伏地层形成以后，由于受到地壳运动而产生褶皱、断裂、弯曲作用、岩浆侵入等造成地壳上升，遭受风化剥蚀。当地壳再次下沉接受沉积后，形成上覆的新时代地层。上覆新地层和下伏老地层产状完全不同，其间有明显的地层缺失和风化剥蚀现象。这种接触关系叫角度不整合接触。这种接触关系的特征是：上、下两套地层的产状不一致，以一定的角度相交；两套地层的时代不连续，两者之间有代表长期风化剥蚀与沉积间断的剥蚀面存在。

参考文献

报告类

[1] 山东省革委地质局水文地质队．济南地下水动态长期观测综合报告（1958—1972 年）[R].

[2] 山东省地质矿产局 801 水文地质工程地质大队．山东省济南市长清—孝里铺地区供水水文地质勘探报告 [R].

[3] 山东省地质矿产局第一水文地质队．济南地区地下水动态观测阶段报告（1978—1982 年）[R].

[4] 山东省地质矿产局 801 水文地质工程地质队．山东省济南市保泉供水水文地质勘探报告 [R].

[5] 山东省地质矿产局 801 水文地质工程地质队．济南泉水恢复与供水关系的研究 [Z].

[6] 山东省地矿工程勘察院．山东省 1/25 万区域水文地质环境地质调查报告（济南市幅 J50C004002）[R].

[7] 山东省地质环境监测总站．济南市名泉保护研究 [Z].

[8] 山东省地矿工程勘察院．济南轨道交通建设与泉水保护监测预警研究 [Z].

[9] 山东省地质矿产局 801 水文地质工程地质队．千佛山区域调水补源工程可行性研究 [Z].

[10] 济南大学．济南市兴隆—兴济河补源示踪试验报告 [R].

[11] 济南轨道交通集团．济南市城市轨道交通第二期建设规划（2019—2024 年）泉水环境影响评价报告 [R].

[12] 济南轨道交通集团．济南市城市轨道交通第二期建设规划（2019—2024 年）泉水环境影响评价报告说明 [R].

[13] 山东省环境保护科学研究设计院．济南市城市轨道交通建设规划（2016—2023 年）及线网规划修编环境影响评价报告书 [R].

[14] 北京城建勘测设计研究院有限公司．济南市轨道交通线网规划泉水影响评价报告（线网规划阶段）[R].

[15] 北京城建勘测设计研究院有限公司．济南市轨道交通建设对泉水影响研究报告（近期线网规划阶段）[R].

[16] 济南市城乡水务局．济南市名泉保护总体规划 [Z].

[17] 山东省地质调查院．区域地质调查报告（济南市幅、兴隆村幅、齐河县幅、历城区幅）[R].

[18] 山东省水科院．济南市趵突泉泉域强渗漏带保护区划分 [Z].

文献类

[19] 翟明国．克拉通化与华北陆块的形成 [J]. 中国科学：地球科学，2011，41: 1037-1046.

[20] 邓晋福，苏尚国，刘翠，等．关于华北克拉通燕山期岩石圈减薄的机制与过程的讨论：是拆沉，还是热侵蚀和化学交代 [J]. 地学前缘，2006，13（2）.

[21] 万利勤．济南泉域岩溶地下水的示踪研究 [D]. 北京：中国地质大学（北京），2008.

[22] 侯新文，邢立亭，孙蓓蓓．济南市岩溶水系统分级及市区与东西郊的水力联系 [J]. 济南大学学报（自然科学版），2014，28（4）: 300-305.

[23] 孙斌，邢立亭．济南市区附近地下水化学特征研究 [J]. 中国农村水利水电，2011，11: 33-37.

[24] 孙蓓蓓．济南岩溶水系统水资源调蓄潜力研究 [D]. 济南：济南大学，2014.

[25] 孟庆斌，邢立亭，滕朝霞．济南泉域三水转化与泉水恢复关系研究 [J]. 山东大学学报（工学版），2008，38（5）:82-87.

[26] 徐军祥，邢立亭．济南泉域岩溶水数值预报与供水保泉对策 [J]. 地质调查与研究，2008，31（3）:209-213.

[27] 徐慧珍．济南泉域岩溶地下水水文地球化学特征及防污性能研究 [D]. 北京：中国地质大学博士学位论文，2007.

[28] 李常锁，秦品瑞．济南市水资源概况及开发利用初探 [J]. 山东国土资源，2010，26（10）:22-26.

[29] 刘莉莉．济南泉域保泉技术措施与管理措施总结与研究 [D]. 济南：山东大学硕士学位论文，2011.

[30] 刘莉莉，宋苏林，崔春梅．济南泉水的成因及保泉对策研究 [J]. 山东水利，2013（5）:17-18.

[31] 刘元晴，周乐，李伟，等．鲁中山区下寒武统朱砂洞组似层状含水层成因分析 [J]. 地质论评，65（3）:653-663.

[32] 张剑，李三忠，李玺瑶，等．鲁西地区燕山期构造变形：古太平洋板块俯冲的构造响应 [J]. 地学前缘，2017，24（4）: 226-238.

[33] 赵增文．济南市保泉供水研究 [D]. 西安：西安建筑科技大学硕士学位论文，2004.

[34] 朱日祥，徐义刚，朱光，等．华北克拉通破坏 [J]. 中国科学：地球科学，2012，42（8）:1135-1159.

[35] 朱日祥，郑天愉．华北克拉通破坏机制和古元古代板块构造体系 [J]. 科学通报，2009，54: 1950-1961.

[36] 主恒祥，邢立亭，相华，等．示踪试验在济南泉群优势补给径流通道研究中的应用 [J]. 地下水，2017，2:5-7.

[37] 王茂枚，束龙仓，季叶飞，等．济南岩溶泉水流量衰减原因分析及动态模拟 [J]. 中国岩溶，2008，27（1）:19-23.

[38] 万利勤．济南泉域岩溶地下水的示踪研究 [D]. 北京：中国地质大学（北京），2008.

[39] 张文娟．济南泉域回灌补源问题研究 [D]. 济南：山东大学，2006.

[40] Chen L. Lithospheric Structure Variations between the Eastern and Central North China Craton from S- and P-Receiver Function Migration[J]. Phys Earth Planet Inter，2009，173: 216-227.

[41] Zhou J.，Xing L. T. Chemical Characteristics Research on Karst Water in Jinan Spring Area[J]. Advanced Materials Research，2015，1092/1093:593-596.

[42] Zhao L.，Zheng T. Y. Complex Upper-Mantle Deformation Beneath the North China Craton: Implications for Lithospheric Thinning[J]. Geophys J Int，2007，170: 1095-1099.

[43] Zhao L.，Zheng T. Y.，Chen L.，et al. Shear Wave Splitting in Eastern and Central China: Implications for upper Mantle Deformation Beneath Continental Margin[J]. Phys Earth Planet Inter，2007，162: 73-84.

[44] Zhao L.，Zheng T. Y.，Lü G. Insight into Craton Evolution: Constraints from Shear Wave Splitting in the North China Craton[J]. Phys Earth Planet Inter，2008，168: 153-162.

书籍类

[45] 奚德荫，孙斌，秦品 . 济南泉水研究 [M]. 济南：山东城市出版传媒集团，2017.

[46] 赵延铸 . 济南泉水地理 [M]. 济南：济南出版社，2015.

[47] 邱家骧 . 岩浆岩岩石学 [M]. 北京：中国地质大学出版社，1985.

[48] 徐军祥，邢立亭，魏鲁峰 . 济南岩溶水系统研究 [M]. 北京：冶金工业出版社，2012.

[49] 蔡武田，等 . 济南岩溶水系统水力联系研究 [M]. 北京：地质出版社，2013.

[50] 济南市史志办 . 济南泉水志 [M]. 济南：济南出版社，2013.